高校数学の計算問題が、誰でもスラスラ解けるようになる

南みや子

はじめに

　問題が解けるから数学は楽しい！
　これはゼッタイに確かなことです。
　でも、ウワサによれば、数学という教科は、「数学という学問」に通じていて、この学問は早晩、途方もなく難しいフェーズ（局面）に突入していくものらしい。
　とすると、この私にも、いつか数学の勉強に付いて行けなくなる日がやってくるのではないか。
　その日は明日やってくるのかもしれないし、今から10分後に始まる午後の授業の最中に訪れるのかもしれない。
　でも、まだ大丈夫。
　今日の昼休みに解いたこの練習問題、私に解けたじゃない！

　現実の私は、「自分に解けない数学の問題が現れたらどうしよう？」と絶えず心配しながら、とぼとぼと数学の教科書に付いて行きました。
　教科書や、それに準ずる問題集の問題を解いてみて、幸運にもそれが解けたら「じゃあこんな問題はどうかしら？」と次なる難問（？）を予測し、胸をドキドキさせていました。

　この問題集は、そうして予想しながら挑戦していった数々の問題を、ほぼその順番に紹介したものです。だからフツウの問題集とは、問題の選び方や、その並べ方の順番がちょっと違っているかもしれません。
　けれども結果的に、高校数学の数式に関するほとんどすべての分野を網羅しています。
　おたおたしながらも、必死で数学に付いて行き、ひとつの問題が解けると手を打って喜び、「じゃ、次はこんな問題、私に解けるかしら？」

と予測しながら挑戦心を燃やす、いわば学び手の「今」が詰まった問題集だといえます。

　教師になった私は、自分自身が中学生の頃には見過ごしていた「数式の計算」のはじめの部分でも、教科書がもっぱら「生徒にわかるように」ではなく、「自分が思うように」数学の話を展開しようとしていることを知ります。
　そうして教え子の高校生たちが、案外とそういう部分に引っ掛かりを感じたために、数学が「苦手」になったり、数学を学ぶのが「面倒くさく」なったりしている現実を痛切に感じます。
　そうか、生徒たちも、私と同じように、いやそれ以上に、数学の教科書がはらむ矛盾を鋭敏に感知していたのね。
　それなら私は彼らが漠然と感じてきた、数学という教科に対する不安感や不信感を吹き飛ばしてあげたい。
　教師になった私には、それが出来ると思うから。
　という思いから、この問題集は、高校数学の前段階をおさらいするいくつかのやさしい問題から始まっています。
　いくらか助走をつけて走るほうが、高校数学という風に乗って自由に空を羽ばたくことが出来ると思うからです。
　読者のみなさんに、これらの問題を楽しんでいただき、数式の問題によって語られる、高校数学の多くの部分をご自分のものにされることを祈ります。

著者

高校数学の計算問題が、誰でもスラスラ解けるようになる

◆ 目 次 ◆

第1章 数と式の計算　11

- その1　この計算のやり方はどうしてこれでいいんでしたっけ？　12
- その2　今度の問題にはカッコがあります。　16
- その3　「同類項」という言葉にはちょっとした注意が必要です。　20
- その4　威力発見！たて型計算。　22
- その5　累乗の考え方は、掛け算の意味にさかのぼるとわかります。　26
- その6　プラスマイナスで結ばれた文字式どうしの掛け算はどうやるか。　29
- その7　掛け算にもあった「たて型計算」。　32
- その8　展開公式を「便利だ」と感ずるまで。　35
- その9　高校に入ると展開公式もややこしさを増します。　40
- その10　文字式には「割り算」という計算もあります。　45
- その11　「多項式」を「多項式」で割る計算はどうやるのでしょう。　54

| その12 | 因数分解の問題をスラスラ解くためには どうしたらいいのでしょうか。 | 60 |

第2章　方程式と不等式　83

その1	方程式って思ったより単純なものではないらしい。	84
その2	連立方程式には2通りの解法があります。	88
その3	次にめぐり合ったのは、2次方程式でした。	93
その4	ここでぶつかる2つの岐路、因数分解と平方完成。	96
その5	もうひとつの岐路をもたどらざるを得なくなります。（平方完成という方法）	99
その6	平方完成の考えを一般化したのが「2次方程式の解の公式」です。	102
その7	次に私は理解しがたい状況に直面しました。	105
その8	やっぱり出てきた2次の連立方程式の問題！	111
その9	2次より大きい次数を持つ方程式（高次方程式）はどう解くのでしょうか。	116
その10	等号（＝）と不等号（＞、＜、≧、≦）の似たところ、似ていないところ。	121
その11	連立不等式というものが出てきました。	124

| 目　次 |

その12	2次の不等式はどうやって解くのでしょうか。	126
その13	分数方程式はどのように解くのでしょうか。	138
その14	無理方程式はどのように解くのでしょうか。	142
その15	問題に記号イコール（＝）を見つけたからといって、答えを出すことばかりに走ってはいけません。	148

第3章　関数とグラフ　155

その1	グラフの問題なんて、どうして考えなければならないの？	156
その2	まずは「直線」を表す関数の形とその性質からいきます。	159
その3	2次式で表される関数は、どんなグラフを描くの？	170
その4	2次関数を求める問題はどうやるのか。	176
その5	やっと心から納得した2次不等式の問題。	180
その6	やっぱり出てきた、分数関数と無理関数、まずは分数関数から。	185
その7	次には無理関数というものが現れました。	189

| その8 | 連立方程式とは、2つのグラフの交点を求める問題だったのだ！ | 195 |

| その9 | これからは、考えてもいなかったものが関数に化けます。それは三角関数と、指数・対数関数です。 | 198 |

- その9－A　まずはじめに、三角関数がやってきました。 198
  - その9－AのⅠ　三角比とは。 198
  - その9－AのⅡ　三角定規の三角形。 202
  - その9－AのⅢ　三角比の拡張とは。 204
  - その9－AのⅣ　単位円という円が登場。 209
  - その9－AのⅤ　360°より大きい角とマイナスの角が現れました。 211
  - その9－AのⅥ　さらにもう一段、階段があった、三角比が三角関数に化ける道。 215
  - その9－AのⅦ　やっとたどりついた三角関数。 218
  - その9－AのⅧ　やっぱり出てきた、三角方程式。 222

- その9－B　指数関数とは。 224
  - その9－BのⅠ　どうにもつかめなかった「2の3乗」の「3」が動き出すまでの顛末。 224
  - その9－BのⅡ　教科書の不審な行動。 226
  - その9－BのⅢ　$\sqrt{2}$ を2の「分数乗」と考える。 228
  - その9－BのⅣ　ここで教科書は、指数関数 $y = 2^x$ のグラフを描かせちゃいます。 234

その9－C	対数関数とは。 238
その9－CのⅠ	はじめはちんぷんかんぷん、対数の定義。 238
その9－CのⅡ	「逆関数」の考え方が救い主になる。 240
その9－CのⅢ	指数に直すとわかる「対数の性質」をめぐる公式。 244
その9－CのⅣ	おなじみの疑問が復活しました。 248
その9－CのⅤ	やっぱり出てきた指数方程式と対数方程式。 253

第4章 微分と積分 267

その1	数表を用いればどんなグラフも描けるの？ 268
その2	ある左官屋さんの方法。 269
その3	放物線 $y = x^2$ の接線とは。 271
その4	3次関数 $y = x^3$ の場合。 275
その5	出てきました「導関数の定義」と呼ばれる式。 278
その6	微分できない関数もあるの？ 282
その7	微分法の公式。 285
その8	$y = x^3$ 以外の3次関数のグラフはどんな形をしているの？ 289

その9	x の多項式以外の関数のグラフはどう描くの？	295
その10	三角関数や指数・対数の関数はどうやって微分するの？	302
その11	ほかの見方もあるはず「微分法」の意味。	304
その12	はじめは素直に理解できた「積分すること」の意味。	309
その13	次に「定積分」という計算が出てきました。	314
その14	へーと驚いた、曲線で囲まれた面積を求める方法。	319
その15	定積分を用いて面積を求める問題では、やっぱり具体的なグラフの形をつかんでおくことが必要だとわかったこと。	325
その16	どうして式をまぜこぜにしていいの？	331
その17	「積分は微分の逆」とはいうけれど。	337
その18	立体の体積を積分法で求める問題。	339
その19	やっぱりワープしてみたい物理学の実験室。	348

索引　354

第1章
数と式の計算

その1　この計算のやり方はどうしてこれでいいんでしたっけ？

まずは次のような計算をしてみてください。

問題1の1

次の式を簡単にしましょう。
① $3x + 2 + 4x + 1$
② $5x - 2 - 2x + 3$

問題1の1解説

問題①の式を次のように並び替えます。
$3x + 2 + 4x + 1 = 3x + 4x + 2 + 1 = 7x + 3$
問題②も
$5x - 2 - 2x + 3 = 5x - 2x - 2 + 3 = 3x + 1$
これでいいんですよね。

問題1の1解答

① $7x + 3$　② $3x + 1$

でもどうしてこんな計算をしていいんでしたっけ？

まず、**問題1の1**のような文字式を作っている1つ1つのパーツのことを「項」というのでした。

たとえば、**問題1の1の①**なら、$3x$、2、$4x$、1、これらがそれぞれ、この式の「項」。

そうして文字の部分が同じ項のことを「同類項」といって、同類項ど

うしは、まとめて計算していいのでしたよね。数字の2と4には、文字が含まれていないけど、これも「文字のない項」としてひとまとめに計算できるのですよね。だから問題①のように答えが出たのでした。

だけど、同類項はなぜ、まとめて計算していいのでしょう？

そもそも**問題①**で $3x + 2 + 4x + 1 = 3x + 4x + 2 + 1$ と項の位置を自由に変えて計算していいのはなぜでしたっけ？

そう、それは、「足し算」という計算では、足す順番を入れ替えて計算してもいい、からなのでした。たとえば、$2 + 3$ も $3 + 2$ も結果は同じ5になりますからね。

このことを文字 a と文字 b とを使って公式風に書くと、足し算という計算では $a + b = b + a$ というルールが成り立つからなのです。これを「足し算の交換法則」といいます。

それから $3x + 4x + 2 + 1 = 7x + 3$ と計算結果が出たところは実は
$$3x + 4x + 2 + 1 = (3 + 4)x + (2 + 1) = 7x + 3$$
と頭の中でまとめて計算していたのでしょう？

特に $3x + 4x$ を $(3 + 4)x$ とまとめて計算してよい、というところは「**分配法則**」という足し算と掛け算に関係する、別の法則を使っていたのです。それと「**掛け算の交換法則**」も使っていますよね。

分配法則というのは、こんな法則です。文字 a、b、c を用いて書けば

$$a(b + c) = ab + ac$$

「掛け算の交換法則」とは、「掛け算」という計算では掛ける順番を入れ替えて計算しても結果は同じになるというルールのことですから、公式風に書けば

$$ab = ba$$

ということになります。

だから、$3x + 4x = x \times 3 + x \times 4 = x(3 + 4) = x \times 7 = 7x$ とな

るのでしょう？

　こんな具合に一見、簡単そうに見える問題1の1のような計算問題にも、結構きちんとした「なぜこんな計算をしていいのか」を保障するルールがあったのです。

　じゃ、どうしてこんな法則があるのか、どこからこんな法則が出てきたのか、もっというと、私たちとして、なぜそんな法則に従わなくてはならないのか、そこまで疑問を持つと、これは数学という学問のそもそもにかかわるところにまで考えをさかのぼらなくてはならなくなるのです。

　だからここのところは、小学校以来習ってきた数の世界では、こういうルールが成り立っているのだ、と認めるしかないことなのです。

　それと文字 a とか、文字 b の表す意味も、まずは、今まで習ってきた「数」を代表するもの、と漠然と考えておいてくださいね。

　問題1の1の②のほうは、「項」に当たる部分はそれぞれ $5x$、-2、$-2x$、3 です。つまりマイナスの符号が付いている場合には、その符号ごと「項」と考えるのです。

　実は、この問題の $5x$ や、3 のように符号が付いていない式にも、本当は、＋という符号が付いているのですが、プラスの記号は省略してもいいから書かなかっただけのことなのでした。

　だから**問題1の1の②**をすべての符号を省略しないで書けば

$$5x - 2 - 2x + 3 = (+5x) + (-2) + (-2x) + (+3)$$

ということになり、このうちカッコでくくられたおのおののパーツが、符号を含めて、この式の「項」ということになります。

　つまり**問題1の1の①**も②も、数字も含む文字式の項どうしの「足し算」と考えていたのです。

　だから自由自在に項の位置の変更ができたのですよね。

　だって引き算という計算には「交換法則」が成り立たないではありま

せんか。

たとえば、5 − 3（= 2）と 3 − 5（= − 2）では、違った答えになってしまうでしょう？

つまり足し算・引き算が入り混じった数式の問題は、すべて「足し算」の問題に帰結されるってわけなんです。

いままでスラスラ（？）解いてきた文字式の計算にも、裏で支えているちゃんとしたルールがあるのだ、しかも、数学者などになってこういう問題をとことん追及するのでない限り、このルールの大元までは疑ってはいけないのだ、そこのところはアバウトにしておかなくてはならないのだ、という大いなる矛盾が存在することを念頭におきながら、次のような類題はどうでしょうか？

問題 1 の 1 類題

次の式を簡単にしましょう。

① $8x − 6 − 1 − x$

② $5a − 3b − 3a + 2b$

問題 1 の 1 類題の解説

① $8x − 6 − 1 − x = 8x − x − 6 − 1$
$= (8 − 1)x + (− 6 − 1) = 7x − 7$

② $5a − 3b − 3a + 2b = 5a − 3a − 3b + 2b$
$= (5 − 3)a + (− 3 + 2)b = 2a − b$

特に①で $8x − x$ をカッコでくくるとき、$(8 − 1)x$ と数字の 1 が表れるところはどうでしょうか。

そう、文字 x が単独で式の中に現れるときは、x の前の数字の 1 が省略されていると考えるのでした。

同様に②の場合も $(− 3 + 2)b = − 1b$ となるところを、b の前の数

字の 1 を省略して $-b$ と書いているのです。

> **問題 1 の 1 類題の解答**
> ① $7x - 7$　② $2a - b$

その 2　今度の問題にはカッコがあります。

では、次のような文字式の計算はどのようにやるのでしたっけ。

> **問題 1 の 2**
> 次の計算をしましょう。
> ① $(2x - 4) + (3x + 2)$
> ② $(4x - 5) - (6x - 8)$

> **問題 1 の 2 解説**

　この問題を解くために、一番はじめにしなければならないのは、問題に出てくるカッコをすべてはずすということですよね。

　だけどこれも、文字（文字式）の前の数字の 1 は省略されているというルールを用いて考えるといちおう筋はとおります。

　たとえば問題 1 の 2 の①の場合は、

　① $(2x - 4) + (3x + 2) = 1(2x - 4) + 1(3x + 2)$

　そうして、またしても分配法則を用いて、カッコの中の文字式に、数字の 1 を掛けてやれば $1(2x - 4) + 1(3x + 2) = 2x - 4 + 3x + 2$ とカッコがはずれます。

| 今度の問題にはカッコがあります。|

だからこの問題の答えは、$2x - 4 + 3x + 2 = 2x + 3x - 4 + 2 = (2 + 3)x + (-4 + 2) = 5x - 2$ です。

だけど今まで数字の1が省略されている、と考えるのは単独の文字の前だけだったでしょう？ つまり $x = 1x$ とか、$b = 1b$ のこと、という具合。

今度は（　　　）の前にも数字の1が省略されていると考えなくてはなりません。

こういった応用（？）って、生徒の身として、簡単に効くものでしょうかね？

少なくとも、中学生時代の私には無理でした。

実はこれは（　　　）の部分を別の文字、たとえば X と置き換えて考え、この X の前に数字の1が省略されていると考えたのです。

この文字式のある部分を、ひとかたまりだと考え、これを別の文字に置き換えるという考えは、これからの数学ではよく出てくる考え方です。

中学校の教科書のはじめに現れる文字 a とは、漠然と、それまでに習った「数字（数）」を代表するものだと考えておけばいい、と私は言いました。しかし実は、文字 a によって代表されるものは、「数字（数）」のみならず、その「数」を代表する「文字式」をさらに代表するものでもあったのです。

しかしここのところの理屈が、中学校時代の私によくわかっていたかというと、どうもさっぱりわかっていなかったのではないかという気がします。

その上、文字が代表する「数」というものも、実のところその正体が何なのか、当時の私にはさっぱりわかっていませんでした。わかってないどころか、「数」の正体なんて、ろくろく意識していなかったような気がします。文字通り、土台の怪しいところに「屋上屋を重ねる」やり方で、私の数学の勉強はスタートしたのです。

そうして、現在の中学・高校の数学も、昔とあまり変わらぬやり方で、ここのあたりを乗り切っているのです。教科書のほうは「乗り切っている」のかもしれませんが、この教科書で学ぶ生徒たちのほうが「乗り切れている」かどうかその保障はさっぱりありません。

　問題1の2の②のほうもカッコの前に省略された数字の1を復活させると考えて

$$(4x - 5) - (6x - 8) = 1(4x - 5) - 1(6x - 8)$$
$$= 4x - 5 - 6x + 8 = 4x - 6x - 5 + 8$$
$$= (4 - 6)x + (-5 + 8) = -2x + 3$$

ここで、マイナスの数とマイナスの数を掛けると、結果がプラスになる、というルールはいいでしょうか。

　念のため、プラスマイナスの掛け算の符号についてのルールをまとめておくと

$$(+の数) \times (+の数) = (+の数)$$
$$(+の数) \times (-の数) = (-の数)$$
$$(-の数) \times (+の数) = (-の数)$$
$$(-の数) \times (-の数) = (+の数)$$

　このルールなども実は「疑えば疑えそう」なルールなのですが、これから計算問題をスラスラ解きたいと考えている人には、あんまり「疑っちゃいけない」ルールなのです。

　ともあれ数学という教科に付いて行くためには何を「疑っていい」のか、何を「疑ってわるい」のかは、いつも考えておかなくてはならないことなのです。

　でもこのあたりのかねあいについては、しゃくなことに、数学の教科書はもちろん、学校の数学の先生は決して教えてくれないのです。

　学ぶほうの身になってみると「自分は頭が悪いのではないか」という劣等感にさいなまれる箇所でもあります。

| 今度の問題にはカッコがあります。 |

　そんなことで数学をあきらめないためには、**中学・高校の数学という教科の大元には、「隠し事」があるのだ、という事実はあらかじめ知っておくほうがいいような気**がします。

　数式の問題を解く上で「何を疑っていいのか」「わるいのか」については、この私がこっそり、皆さんにお話しすることにします。

> 問題1の2解答
> ① $5x - 2$　　② $-2x + 3$

こんな類題はどうでしょうか。

> 問題1の2類題
> 次の計算をしましょう。
> ① $(4x - 2) + (6x + 8)$
> ② $(x - 1) - (3x + 2)$

> 問題1の2類題の解説

　いっそこんなルールで「カッコのはずし方」を覚えておくのもわるくない方法です。

　カッコの前に、＋の符号が付いているときと、符号が何も付いていないときは、そのカッコをないものとしてカッコを取りはずせばよい。

　カッコの前に、－の符号が付いているときは、－の符号を取り去り、同時に、カッコの中の数字や文字式の符号をすべて変えてカッコを取りはずす。

　①なら2つのカッコの前にマイナスの符号が付いていませんので、これら2つのカッコははじめから「ないもの」としてカッコを取りはずせばいい。

つまり $(4x - 2) + (6x + 8) = 4x - 2 + 6x + 8$ です。

②については、2番目のカッコの前には符号マイナスがありますので、この符号－を取り去り、かつ、カッコの中の文字式と数字の符号をすべて変えてカッコを消せばいいのです。

$(x - 1) - (3x + 2) = x - 1 - 3x - 2$ ですよね。

問題1の2類題の解答
① $10x + 6$　② $-2x - 3$

その3 「同類項」という言葉にはちょっとした注意が必要です。

文字式の計算で「文字の部分が同じ項」のことを「同類項」というのですよね。

文字がない、数字だけの項も「同類項」として計算します。

だけど「文字の部分が同じ項」といってもたとえば x と x^2 は同類項とはいわないので注意が必要です。

x は x という文字が1つ、x^2 のほうは x という文字を2つ掛け合わせたものですので、違う項だと考えるのです。

同様に、たとえば、xy と xy^2、x^2y、x^2y^2 なども、出てくる文字の種類は x と y のみですが、掛け合わされている文字の個数がそれぞれ違うので、同類項ではありませんよね。

では同類項に関係する問題を1つ。

「同類項」という言葉にはちょっとした注意が必要です。

問題1の3

次の式の同類項をまとめて簡単な式に直しましょう。

① $5y - 4z + 8x + 5z - 2x - 6y$
② $-6x^2 - 3x + 5 + 7x^2 - 5 + 5x$

問題1の3解説

①は文字 x、y、z を含む部分どうしがそれぞれ同類項ですから

$5y - 4z + 8x + 5z - 2x - 6y$
$= 5y - 6y - 4z + 5z + 8x - 2x$
$= (5-6)y + (-4+5)z + (8-2)x = -y + z + 6x$
$= 6x - y + z$

この答えは、別に x、y、z の順番に項を並べ替えなくても正解なのですが、習慣的にアルファベットの順番に項を入れ替えて答えることがあります。

何かのルールによって、項を並び替えるという考え方は、単なる習慣という以上に大きい意味を持つことがあります。式を見やすくし、計算ミスを防ぐ、という意味からです。

②のほうは x^2 と x、それに x が付いていない項を同類項としてまとめて計算します。

$-6x^2 - 3x + 5 + 7x^2 - 5 + 5x$
$= (-6+7)x^2 + (-3+5)x + (5-5)$
$= x^2 + 2x$

問題1の3解答

① $6x - y + z$ ② $x^2 + 2x$

問題1の3類題

次の式の同類項をまとめて計算しましょう。

① $5x^2 - 2xy + y^2 - 3x^2 + 3xy - 4y^2$
② $7p^3 - 3p^2q - 2q^3 + 3pq^2 - 4p^3 - 4pq^2 + p^2q + 3q^3$

問題1の3類題の解答

① $5x^2 - 2xy + y^2 - 3x^2 + 3xy - 4y^2$
$= (5-3)x^2 + (-2+3)xy + (1-4)y^2$
$= 2x^2 + xy - 3y^2$
② $7p^3 - 3p^2q - 2q^3 + 3pq^2 - 4p^3 - 4pq^2 + p^2q + 3q^3$
$= (7-4)p^3 + (-3+1)p^2q + (3-4)pq^2 + (-2+3)q^3$
$= 3p^3 - 2p^2q - pq^2 + q^3$

p^2q と pq^2 は同類項ではないというところは、いいでしょうかね。念のため。

その4　威力発見！ たて型計算。

　私自身、中学・高校生時代、計算ミスが多く、試験のあとなど悔しい思いをすることが多い生徒だったので、文字式の計算を「たて型」でする方法を教わったときは感動でした。日常の計算練習でも、ノートを使うスペースが狭くていいことになったし、テストのときも、余白で計算が済むし、第一、見やすいのでうっかりミスが少なくなったのです。
　たとえば、こんな問題です。

問題 1 の 4

$A = 10x^3 - 7x^2 - 4x + 9$
$B = 8x^3 - 7x - 5$ であるとき、次の計算をしましょう。

① $A + B$

② $A - B$

問題 1 の 4 解説

①は A の式をまず書きます。それから、その下に B の式を書けばいいのですが、ここにはここで、ちょっとした注意が必要でした。というのも A の式は x^3 の項、x^2 の項、x の項、x のない項、と順序よく項が並んでいますが、B の式では x^2 に当たる項がないでしょう。こういう場合には、その分スペースを空けて書かなくてはなりません。こんな具合に

A の式　　　　　$10x^3 - 7x^2 - 4x + 9$

B の式　　　　　$8x^3 \qquad - 7x - 5$

そうして上下の項を、それぞれ足せばいいのです。

答えは　$18x^3 - 7x^2 - 11x + 4$

となります。B の式には x の 2 乗の項がないので、A の $-7x^2$ の項には 0 を足すことになりますが、これはいいでしょうかね。

②は引き算です。

足し算の場合と同様、A の式と B の式をたてに並べて、項ごとに引けばいいのですが、引き算というものは、足し算より厄介（ミスをしやすいってこと）です。そこで B の式の符号をすべて変えてしまって足し算として、計算するのです。

$A - B = A + (-B)$ ですから、ここで**その 2 で確認したように、$-($　　　$)$ はカッコの前のマイナスを取った上で、カッコの中の項の符号をすべて変える**、あの考え方を応用すればいいのです。そうする

と②の計算は、A の式に（$-B$）の式を足せばいいことになります。

A の式　　　　　　　$10x^3 - 7x^2 - 4x + 9$
$-B$ の式　　　　　　$-8x^3 \qquad\quad + 7x + 5$

上下の項をそれぞれ足すと、結果は $2x^3 - 7x^2 + 3x + 14$ となります。

　問題1の4解答
　① $18x^3 - 7x^2 - 11x + 4$
　② $2x^3 - 7x^2 + 3x + 14$

　たて型の計算は便利だけど、それなりに頭を使わなくてはならない部分もあるということもわかりました。
　2つの式を足したり引いたりする場合、どちらの式にも共通なある順番で、その式の項を並べておく必要があります。つまり上下に同類項が揃うように並べておく必要があるのです。
　問題1の4などは、あらかじめ x の次数（文字 x の肩に付いている小さな数字）の大きいほうから小さいほうへと項が並んでいましたので、難なくたて型計算に持ち込めたのですが、世の中は、そういう計算問題ばかりとは限りません。
　x の次数の「大きいほうから小さいほう」へと項を並べることを「降べきの順」に並べるというのですが、高一のはじめにこれを習ったときは、どうしてこんなことを習うのかよくわかりませんでした。しかし、まもなくこの考え方が「たて型」計算で威力を発揮するのだ、ということがわかってきました。
　もちろん x の次数が「小さいほうから大きいほう」へ項を並べておいたって構いません。こういう並べ方を「降べき」に対して「昇べき」というのですよね。要は、組織的なある順番に項を並べておくほうが、

計算ミスが出ない、というだけのことなのですから。

混乱を避けるために、ここではもっぱら「降べき」の順を使うことにします。

次の**問題1の4類題**は、文字式Aと文字式Bの項をそれぞれ降べきの順に並べておかないと、組織的に計算ができません。

ある次数の文字式が欠けている場合には、その部分、スペースを開けるなどの注意も必要ですよね。そうして②の場合は$A-B$の計算を$A+(-B)$と変えておくほうがミスが少ないというのも、かつてミスの多かった私からのアドバイスです。

問題1の4類題

$A = -5x^2 + 8x^3 - 2x + 1$
$B = -3 + 10x^3 - 5x$ であるとき、次の計算をしましょう。

① $A + B$
② $A - B$

問題1の4類題の解説

① 　並び替えたAの式　　　$8x^3 - 5x^2 - 2x + 1$
　　並び替えたBの式　　　$10x^3 \qquad - 5x - 3$

これを上下に足すと答えは $18x^3 - 5x^2 - 7x - 2$

②の場合も
　　並び替えたAの式　　　$8x^3 - 5x^2 - 2x + 1$
並び替えたBの式にマイナスを付けたもの $-10x^3 \qquad + 5x + 3$

これを上下に足すと答えは $-2x^3 - 5x^2 + 3x + 4$

問題1の4類題の解答

① $18x^3 - 5x^2 - 7x - 2$

② $-2x^3 - 5x^2 + 3x + 4$

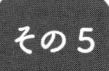 累乗の考え方は、掛け算の意味に
さかのぼるとわかります。

　これから、文字式の掛け算や割り算の計算に入るのですが、ここでしっかり身につけておかなくてはならないのは「累乗」の考え方と、カッコの位置やありなしに気をつけるということではないかと私は思うのです。

　たとえば a^2 は $a \times a$ の意味です。これに対して $2a$ は $a + a$ の意味ですよね。

　しかし実際の計算になると、たとえば 3^2 を 6 と答える人は相変わらず多いのです。もちろん 3^2 は 9 が正解ですよね。

　カッコの位置や、ありなしに気をつけるとはどういうことなのかは、具体的な問題の中で考えてみることにしましょう。こんな問題はどうでしょう。

問題1の5

次の計算をしましょう。
① $(-2a^2b)^3$
② $(-ab)^2(-2a^3b)$

問題1の5解説

　①のこの問題は $(-2a^2b)$ という文字式を3回掛ける、という意味です。実際にやってみると $(-2a^2b) \times (-2a^2b) \times (-2a^2b)$ ですので、

累乗の考え方は、掛け算の意味にさかのぼるとわかります。

結果は－2を3回掛けたもの（－8）に、文字aを6回掛けたものを掛け、さらに文字bを3回掛けたものを掛ければいいことになります。

つまり（－8）×a^6×b^3、「掛ける」を省略して$-8a^6b^3$となります。

②のほうは$-ab$を2回掛け、その結果に$-2a^3b$を掛ければいいのです。

$-ab$を2回掛けた結果がa^2b^2、これに$-2a^3b$を掛けると答えは、$-2a^5b^3$。

カッコの位置やありなしに気をつけてくださいという意味は、たとえば問題1の5の①で$-2(a^2b)^3$という具合にカッコが付いていたら、－2は1回だけ掛ければいいことになるから、この問題の答えは$-2a^6b^3$でいいことになります。

またたとえば問題1の5の②、$(-ab)^2(-2a^3b)$で、前の部分のカッコがなかったら、この問題は$-ab^2(-2a^3b)$となりますから、その結果は$2a^4b^3$ということになるのですよね。

問題1の5 解答

① $-8a^6b^3$　　② $-2a^5b^3$

問題1の5 類題

次の計算をしましょう。
① $(-a^2b^2)^3(3ab^2c)^2$
② $(a^2b^2c)^2(3ab^2c)^2(-abc)^3$

問題1の5 類題の解説

① $(-a^2b^2)^3$の部分から計算をします。$-a^2b^2$を3回掛けてくださいという意味ですから、その結果は$-a^6b^6$です。

後半の$(3ab^2c)^2$の部分は、$3ab^2c$を2回掛けてくださいという意味

ですから、これが $9a^2b^4c^2$ となります。

そうして今計算した $-a^6b^6$ と $9a^2b^4c^2$ の2つの部分をそれぞれ掛け合わせればいいのですから、全体の答えは、$-9a^8b^{10}c^2$ ということになります。

ここでも出てくる、文字を a、b、c のような順番に並べて考えることと、カッコの位置に気をつける、ということは計算ミスを犯さないために、相変わらず効いている考え方のような気がします。それにもっとも大事なことは、一つ一つの計算の意味を確かめながら、計算を進める、ということでしょうか。

たとえば $(a^2)^3$ は a^2 を都合3回掛けることになるので結果は a^6。これに対して $a^2 \times a^3$ は a を都合5回掛けることになるので結果は a^5 ですよね。

さて②のほうは、カッコでくくられた3つの部分ごとに計算してみると、

$(a^2b^2c)^2$ の部分が $a^4b^4c^2$

$(3ab^2c)^2$ の部分が $9a^2b^4c^2$

$(-abc)^3$ の部分が $-a^3b^3c^3$ です。この3つの結果を掛け合わせればいいのですから、文字どうしを「掛け合わせる」という計算の意味をかみしめながら、正解を出します。

最終結果は $-9a^9b^{11}c^7$ ですよね。

問題1の5類題の解答

① $-9a^8b^{10}c^2$

② $-9a^9b^{11}c^7$

その6 プラスマイナスで結ばれた文字式どうしの掛け算はどうやるか。

たとえばこんな問題です。

問題1の6

次の文字式のカッコをはずしましょう。

① $(x + 2)(x + 3)$

② $(6y - 7)(5 - 3y)$

問題1の6解説

① $(x + 2)(x + 3) = x^2 + 3x + 2x + 6 = x^2 + 5x + 6$

② $(6y - 7)(5 - 3y) = 30y - 18y^2 - 35 + 21y$
$= -18y^2 + 30y + 21y - 35$
$= -18y^2 + 51y - 35$

とカッコをはずせばいいのですが、なぜ、これでいいのでしょうか？

問題1の6解答

① $x^2 + 5x + 6$ ② $-18y^2 + 51y - 35$

こういう具合にカッコをはずしてもいい、という考え方の底にはやっぱりあの「分配法則」と「交換法則」という2つのルールがあったのです。

もう一度繰り返すと、分配法則というのは $a(b + c) = ab + ac$ とカッコをはずしてよいことを保障する法則。

交換法則というのは、足し算では $a + b = b + a$、掛け算では、$ab = ba$ というルールが成り立つということでしたよね。

こんな法則がなぜ成り立つのか、根本的なところで納得できなかった中学生時代の私は、文字 a、b、c に具体的な数を当てはめてみて、計算結果が合うからこれでいいのだ、と自分自身を納得させました。

　たとえば、$a=2$、$b=3$、$c=4$ という数字を当てはめると、

　$a(b+c) = 2 \times (3+4) = 2 \times 7 = 14$

　一方、$ab + ac = 2 \times 3 + 2 \times 4 = 6 + 8 = 14$

と同じ結果になりますよね。

　思えば私はこんなことで「分配法則」全体を納得してしまったのです。

　掛け算の「交換法則」のほうはもっと単純明快、九九の 2×3 と 3×2 は、両方とも同じ 6 になるから「交換法則」は成り立つのだ、と悟った（？）ような按配でした。

　そのときは、自分でもちょっと後ろめたい気がしたのですが、あとになって考えてみると、こういう納得の仕方も、あの時は致し方なかったのかなという気はします。

　あとからわかったことですが、中学・高校の教室で扱う計算問題のすべては、この2つの法則が成り立つ世界での約束事だというのですからね。

　それとこの**問題1の6**の場合には、前にも申し上げたとおり、文字式を「ひとかたまり」に見るというさらにちょっと進んだ考え方をも使っていたのでした。

　たとえば**問題1の6の①**の場合なら $(x+2)$ という文字式の部分をひとかたまりに見て、分配法則を使っていたのですよね。

　$(x+2)$ を別の文字 A に置き換え、

　$(x+2)(x+3) = A(x+3) = Ax + A \times 3 = Ax + 3A$ という具合に分配法則と交換法則を使ったのです。

　これでいくと $Ax + 3A = (x+2)x + 3(x+2) = x^2 + 2x + 3x + 6$ となりますから、結果が $x^2 + 5x + 6$ となり**解答①**の結果と一致します。

> プラスマイナスで結ばれた文字式どうしの掛け算はどうやるか。

　さらにこの問題では、私がはじめに解説したように $(x+2)(x+3)$ を「頭から掛けていって」、$x^2+3x+2x+6$ と括弧をはずすのが普通ですが、これも文字式 $(x+2)$ を A とおき、文字式 $(x+3)$ を B とおいた上で、交換法則を用い $AB=BA$。A の部分をもとにもどした上で、分配法則を用いてカッコをはずし、さらに B の部分をもとにもどして、分配法則と交換法則を相互に用いるから、これでよいことになるのですよ。

$$AB = BA = B(x+2) = Bx + B \times 2$$
$$= (x+3) \times x + (x+3) \times 2$$
$$= x^2 + 3x + 2x + 6$$

「頭から掛けていって、カッコをはずせばいいのよ」などという説明を、私も中学校の先生からさんざん聞かされたし、のちに教師になった私自身も同じように、生徒たちに説明したような気がします。

　このような私の説明に対して、ぽかんとした表情を見せる生徒がいつも何人もいたのですが、このぽかんとした表情を見せる生徒たちのほうが数学という教科を学ぶ姿勢としては「ほんもの」ではなかったかという気が、今の私にはします。

　「頭から掛けていって、カッコをはずす」という操作には、こんなにいくつもの、ルールや考え方が複雑に絡み合っていたのですから。

　ともあれ「頭から掛けていってカッコをはずす」という操作がもうすでに身についておられる方々は次の類題も、もちろん、それで計算なさってくださいね。

問題1の6類題

次の式のカッコをはずし、簡単にしましょう。

① $(2a-b)(3x-2y)$
② $(x+4)(x^2+2x+3)$

> 問題 1 の 6 類題の解説

① $(2a - b)(3x - 2y) = 6ax - 4ay - 3bx + 2by$
② $(x + 4)(x^2 + 2x + 3) = x^3 + 2x^2 + 3x + 4x^2 + 8x + 12$
$= x^3 + 2x^2 + 4x^2 + 3x + 8x + 12$
$= x^3 + 6x^2 + 11x + 12$

> 問題 1 の 6 類題の解答

① $6ax - 4ay - 3bx + 2by$
② $x^3 + 6x^2 + 11x + 12$

その7 掛け算にもあった「たて型計算」。

　問題に現れる文字の種類がある程度限られていて、これらの項を組織的に並べることができる場合には、掛け算をたて型の計算で行なうこともでき、これがなかなか便利なものでした。

　だけどたて型計算には、注意しておかなくてはならない項の並べ方のルールがありましたよね。

　式をたとえば「降べきの順」に並べておくことと、欠けている次数の項があったら、その部分はスペースを空けて書くというルールでした。

> 問題 1 の 7

次の計算をしましょう。

① $(x^2 - 2x - 2)(x - 2)$
② $(x^3 + 3x - 1)(x^2 - 2x + 2)$

掛け算にもあった「たて型計算」。

> 問題1の7解説

①については掛けられる式と掛ける式とを上下に並べて

$$\begin{array}{r} x^2 - 2x - 2 \\ \times \quad\quad x - 2 \\ \hline x^3 - 2x^2 - 2x \\ -2x^2 + 4x + 4 \\ \hline \end{array}$$

上の式と下の式を足して $x^3 - 4x^2 + 2x + 4$

②の場合は、掛けられる式には2乗の項がないのでここはスペースを空けて書かなければなりません。

$$\begin{array}{r} x^3 \quad\quad\quad + 3x - 1 \\ \times \quad\quad x^2 - 2x + 2 \\ \hline x^5 \quad\quad\quad + 3x^3 - x^2 \\ -2x^4 \quad\quad -6x^2 + 2x \\ 2x^3 \quad\quad + 6x - 2 \\ \hline \end{array}$$

3つの式を足して $x^5 - 2x^4 + 5x^3 - 7x^2 + 8x - 2$

> 問題1の7解答
>
> ① $x^3 - 4x^2 + 2x + 4$
> ② $x^5 - 2x^4 + 5x^3 - 7x^2 + 8x - 2$

ちょっと目先は変わっていますが、類題としてこんな問題はどうでしょう。

問題1の7類題

次の式を展開したとき、x および x^2 の係数はいくつですか。

　　　（係数というのは、文字の前に付いている数字のことですよね）

① $(x^2 + x + 1)(2x + 3)$

② $(5x^3 + 2x + 1)(4x + 5)$

問題1の7類題の解説

①たて型計算でやるとこんな具合。

$$\begin{array}{r} x^2 + x + 1 \\ \times \quad 2x + 3 \\ \hline 2x^3 + 2x^2 + 2x \\ 3x^2 + 3x + 3 \\ \hline \end{array}$$

上下の式を足して $2x^3 + 5x^2 + 5x + 3$ ですので、x の係数が 5、x^2 の係数も 5 です。

②も、上の式で2乗の項がないことに気をつけて、その分スペースを空けて、

$$\begin{array}{r} 5x^3 + 2x + 1 \\ \times 4x + 5 \\ \hline 20x^4 + 8x^2 + 4x \\ 25x^3 + 10x + 5 \\ \hline \end{array}$$

上下の式を足して $20x^4 + 25x^3 + 8x^2 + 14x + 5$
ですので、x の係数が 14、x^2 の係数が 8 とわかります。

> **問題1の7類題の解答**
> ① x の係数が 5　　x^2 の係数が 5
> ② x の係数が 14　　x^2 の係数が 8

その8　展開公式を「便利だ」と感ずるまで。

　問題1の6や問題1の7のように、プラスマイナスで結ばれた文字式どうしを掛け合わせた式のカッコをはずして簡単にすることをこの式を「展開する」というのですよね。

　そうしてこの「展開」という計算には「展開公式」というものが、終始、付きまとっていました。

　念のために、この「展開公式」というものをいくつか書くと、中学校までの範囲ならこんな具合ですかね。

展開公式1（2乗の公式）
$(a + b)^2 = a^2 + 2ab + b^2$
$(a - b)^2 = a^2 - 2ab + b^2$

展開公式2（和と差の公式）
$(a + b)(a - b) = a^2 - b^2$

展開公式3（和と積の公式）
$(x + a)(x + b) = x^2 + (a + b)x + ab$

展開公式4（たすきがけ型の公式）
$(ax + b)(cx + d) = acx^2 + (ad + bc)x + bd$

　展開公式には「公式」という名前が入っているので、証明が必要です。

学ぶほうの立場からいうと、ここは堂々、なぜそうなるのか「疑っていい」場所なのですよ。一方、教科書の立場に立つと「そんなことは自分で考えなさい」と生徒たちを突き放すことのできる場所でもあります。
　展開公式を証明するには、そう、さっき**問題 1 の 6** のあたりでやった、分配法則と交換法則を用いたカッコのはずし方を繰り返し使ってやってみればいいのでした。
　実際に 1 つだけやってみましょうか。
　2 乗の公式の 1 番目のものはこんなふうに出てきます。

$$(a + b)^2 = (a + b)(a + b) = a^2 + ab + ab + b^2$$
$$= a^2 + 2ab + b^2$$

　で、「展開公式なんか知らなくたって展開くらいできるよ」と主張する人もいます。たしかに理屈ではそのとおりなのですが、教師としての経験から言わせてもらうと、展開公式を使おうとしない人は、次の「因数分解」の計算がどうもうまくいかないような気がするのです。
　「因数分解」というのは、「展開」の逆の計算なのですが、この詳しい話については、「因数分解」の項に譲りましょう。
　それに「展開公式」は、無理やり覚えるものではなく、カッコをはずす問題をたくさんやっていくうちに、自然に身についていくもののような気が私にはします。
　だから「展開公式」を特に意識しないでも、この公式が使えるようになれればホンモノ！
　そういう人は、高校数学の第一の難関ともいえる「因数分解」の問題もスラスラ解けるようになるでしょうと保障しますよ。
　それとこれらの展開公式の下に私が書いた、「2 乗の公式」とか「和と差の公式」などというものは、これらの公式に私が付けた「あだ名」のようなものです。
　因数分解をも含めてあとでこれらの公式を使うときに、頭の中から引

展開公式を「便利だ」と感ずるまで。

き出しやすくしているだけなのですよ。

次の問題、「展開公式」を自由に使える人は「展開公式」を用いて、まだあまり公式の使い方に慣れていない人は「頭からカッコをはずしてから同類項をまとめる方法」で、やってみてください。

問題1の8

次の各式のカッコをはずして簡単にしましょう。

① $(x + 3)^2$
② $(x - 5)^2$
③ $(x + 5)(x - 5)$
④ $(x + 3)(x + 5)$
⑤ $(2x + 3)(3x + 5)$

問題1の8解答

① $x^2 + 6x + 9$
② $x^2 - 10x + 25$
③ $x^2 - 25$
④ $x^2 + 8x + 15$
⑤ $6x^2 + 19x + 15$

次のような問題になると、私の言う、数式を「ひとかたまり」に見る目ができていると、より公式の応用度が高くなります。

問題1の8類題

① $(5x + 3y)^2$
② $(xy - 1)(xy + 1)$
③ $(x + y - 3)^2$

④ $(a + b + 1)(a + b + 2)$
⑤ $(4 - x - y)(4 + x + y)$

問題1の8類題の解説

①は $5x$、$3y$ をそれぞれ「ひとかたまり」に見られれば、**展開公式1（2乗の公式）**が応用できますよね。たとえば $5x$ を A、$3y$ を B だと見なせば

$(5x + 3y)^2 = (A + B)^2 = A^2 + 2AB + B^2$

ここで、A を $5x$、B を $3y$ ともとにもどして代入します。

$(5x)^2 + 2 \times (5x) \times (3y) + (3y)^2$ ですので、結果は

$25x^2 + 30xy + 9y^2$ となります。

②は xy を「ひとかたまり」に見て、たとえばこれを Z に置き換えれば、

$(xy - 1)(xy + 1) = (Z - 1)(Z + 1) = (Z + 1)(Z - 1)$

展開公式2（和と差の公式）が応用できて

$(Z + 1)(Z - 1) = Z^2 - 1^2$

ここで文字 Z をもとの xy にもどして

$Z^2 - 1^2 = (xy)^2 - 1 = x^2y^2 - 1$

③は $(x + y)$ を「ひとかたまり」に見ることができますか。

$(x + y)$ をたとえば、文字 A に置き換えれば

$(x + y - 3)^2 = (A - 3)^2 = A^2 - 6A + 9$

ここで文字 A を $(x + y)$ にもどせば

$A^2 - 6A + 9 = (x + y)^2 - 6(x + y) + 9$

ここでふたたび、**展開公式1（2乗の公式）**を使って $(x + y)^2$ の部分を展開すれば

$(x + y)^2 - 6(x + y) + 9 = x^2 + 2xy + y^2 - 6x - 6y + 9$ となります。

④は $(a + b)$ の部分を「ひとかたまり」に見ればいいのですよね。$(a + b)$ をひとかたまりに見てたとえば C とでもおきましょうか。

$(a+b+1)(a+b+2) = (C+1)(C+2)$ となりますので、**展開公式3（和と積の公式）** を応用すればいいことがわかります。

$(C+1)(C+2) = C^2 + 3C + 2$

ここで、文字 C をもとの $(a+b)$ にもどして、さらにもう一度「2乗の公式」を使います。

$C^2 + 3C + 2 = (a+b)^2 + 3(a+b) + 2$
$\quad\quad\quad\quad\quad = a^2 + 2ab + b^2 + 3a + 3b + 2$ これが最終結果です。

⑤は $(x+y)$ をひとかたまりに見ることができれば、ナイスなんですけど、このあたりになると、日頃から意識して「ひとかたまり」に見る目を養っておかないと難しいでしょうか。

$(4-x-y)(4+x+y) = \{(4-(x+y)\}\{4+(x+y)\}$ というふうに見られれば、ここで $(x+y)$ を別の文字 A と見て

$\{4-(x+y)\}\{4+(x+y)\} = (4-A)(4+A) = 16 - A^2$ と**展開公式2（和と差の公式）** が使えます。

ここで A をもとの $(x+y)$ にもどして

$16 - A^2 = 16 - (x+y)^2 = 16 - (x^2 + 2xy + y^2)$
$\quad\quad\quad = 16 - x^2 - 2xy - y^2$ これが正解ですよね。

問題1の8類題の解答

① $25x^2 + 30xy + 9y^2$

② $x^2y^2 - 1$

③ $x^2 + 2xy + y^2 - 6x - 6y + 9$

④ $a^2 + 2ab + b^2 + 3a + 3b + 2$

⑤ $16 - x^2 - 2xy - y^2$

その9　高校に入ると展開公式もややこしさを増します。

　高校に入るとふたたび、展開公式にめぐり合うのですが、これらの公式はだいぶバージョンアップされて難しくなっている印象でした。

　その8のところで列挙した展開公式の続きとして、まず列挙してみましょうか。

展開公式5（3乗の公式）
$(a + b)^3 = a^3 + 3a^2b + 3ab^2 + b^3$
$(a - b)^3 = a^3 - 3a^2b + 3ab^2 - b^3$

展開公式6（3乗の和と差の公式）
$(a + b)(a^2 - ab + b^2) = a^3 + b^3$
$(a - b)(a^2 + ab + b^2) = a^3 - b^3$

　さらにこんな公式を展開公式に含める場合もあります。少なくとも、たいていの高校の教科書には例題として載っている公式ですよね。

展開公式7（3項の2乗の公式）
$(a + b + c)^2 = a^2 + b^2 + c^2 + 2ab + 2bc + 2ca$

これらの展開公式は、それぞれ学ぶほうの立場としては「どうしてこんな公式が成り立つの？」という疑問をおおっぴらに呈してよいものです。教科書も「どうぞどうぞ、大いに疑問を持ってくださいね」と揉み手をして待っているような感じでした。

　3乗の公式、1つだけ証明しておきましょうか。
$(a + b)^3 = (a + b)(a + b)^2 = (a + b)(a^2 + 2ab + b^2)$
$\qquad\quad = a^3 + 2a^2b + ab^2 + a^2b + 2ab^2 + b^3$

$$= a^3 + 3a^2b + 3ab^2 + b^3$$

という具合に、中学校で習った**展開公式 1（2 乗の公式）**が基本になっていますよね。

展開公式 6（3 乗の和と差の公式）については、こんなややこしい左辺の文字式が、あれよあれよという具合に簡素な右辺の式に変化するところには目を見張りました。

結果が、3 乗の「和」になる場合と「差」になる場合と、もとの文字式の符号を比較対照させて頭に入れておくことが大切だということも、わかりました。

その後わかったことは、この**展開公式 6（3 乗の和と差の公式）**は、**因数分解のところで「隠し玉」のごとくに現れて、私たち生徒を幻惑するもの**だということでした。

このあたりの詳しい話は、因数分解の章に譲りましょう。

展開公式 7（3 項の 2 乗の公式）については、すでに**その 8** でもやったように、文字式の一部を「ひとかたまり」に見ることが必要でした。この公式でもたとえば $(a + b)$ の部分をひとかたまりに見て、文字 A にでも置き換えておくと、式全体が $(A + c)^2$ となりますから、中学校で習った**展開公式 1（2 乗の公式）**でカッコがはずせることになりますよね。

では実際に、これらの展開公式 5、6、7 を使ってみましょうか。まずは素直な感じの問題からいきますね。

問題 1 の 9

次の各式を展開しましょう。

① $(x + 1)^3$
② $(x - 2)^3$
③ $(x + 1)(x^2 - x + 1)$

④ $(x - 2)(x^2 + 2x + 4)$
⑤ $(a + b - c)^2$

問題1の9解説

①と②は**展開公式5（3乗の公式）**を使えばいいのだ、ということは簡単にわかるのですが、実際に使ってみると、符号と係数の部分が難しかったです。

たとえば②なら $(x - 2)^3 = x^3 - 3 \times 2x^2 + 3 \times 2^2 x - 2^3 = x^3 - 6x^2 + 12x - 8$ という具合ですよね。

③は**展開公式6**が完全に頭に入っている人は、即座に
$(x + 1)(x^2 - x + 1) = x^3 + 1$ と答えが出るのですが、私の場合などはやっぱり1つ1つ「頭から掛けて」いって、答えに到達し、「ああ、これって、**展開公式6**を使う問題だったのね」と納得したような按配でした。④も同じですよね。

⑤については、**展開公式7**の形が頭に入っている上で、c の符号がマイナスであることに注意しなければならない問題です。

問題1の9解答

① $(x + 1)^3 = x^3 + 3x^2 + 3x + 1$
② $(x - 2)^3 = x^3 - 6x^2 + 12x - 8$
③ $(x + 1)(x^2 - x + 1) = x^3 + 1$
④ $(x - 2)(x^2 + 2x + 4) = x^3 - 8$
⑤ $(a + b - c)^2 = a^2 + b^2 + c^2 + 2ab - 2bc - 2ca$

次の類題は、展開公式を使う上で式のある部分を「ひとかたまり」に見たり、符号のあるなしに気を使わなくてはならない問題です。それから、複数の展開公式を同時に使わなければならない問題も含んでいます。

高校に入ると展開公式もややこしさを増します。

問題1の9類題

① $(2a - 3b)^3$

② $(x + 3y)(x^2 - 3xy + 9y^2)$

③ $(2a - 3b + c)^2$

④ $(4 - 2x + x^2)(4 + 2x + x^2)$

⑤ $(a - b)(a + b)(a^2 + b^2)(a^4 + b^4)$

問題1の9類題の解説

①たとえば $2a$ の部分を A、$3b$ の部分を B と置き換えて**展開公式5**を用います。

$(2a - 3b)^3 = (A - B)^3 = A^3 - 3A^2B + 3AB^2 - B^3$

ここで A、B をもとにもどします。

$A^3 - 3A^2B + 3AB^2 - B^3$
$= (2a)^3 - 3 \times (2a)^2 \times 3b + 3 \times 2a \times (3b)^2 - (3b)^3$
$= 8a^3 - 36a^2b + 54ab^2 - 27b^3$ これが最終結果です。

②は**展開公式6（3乗の和と差の公式）**の応用だ、ということが一目で見抜ければ即座に

$(x + 3y)(x^2 - 3xy + 9y^2) = x^3 + (3y)^3 = x^3 + 27y^3$ と答えが得られるのですが……。

③は $2a$ と $3b$ の部分をそれぞれ、別の文字、たとえば A と B などで置き換えると**展開公式7**が使えます。

$(2a - 3b + c)^2 = (A - B + c)^2$
$ = A^2 + B^2 + c^2 - 2AB - 2Bc + 2cA$

この結果で A を $2a$、B を $3b$ ともとにもどせば、

$A^2 + B^2 + c^2 - 2AB - 2Bc + 2cA$
$= (2a)^2 + (3b)^2 + c^2 - 2 \times 2a \times 3b - 2 \times 3b \times c + 2 \times c \times 2a$
$= 4a^2 + 9b^2 + c^2 - 12ab - 6bc + 4ca$

④は、展開公式を使うために、式の一部を「ひとかたまり」に見なければならない問題のようですが、さて、どの部分の式を「ひとかたまり」に見たらいいでしょうね。

　そう、$4 + x^2$ の部分を「ひとかたまり」に見るのですよ。項の位置を変更して「ひとかたまり」を作らなければならないところが、ちょっと高級でしょうか。

　ともあれ $4 + x^2$ の部分を新しい文字 Y とでも置き換えておくと、

$(4 - 2x + x^2)(4 + 2x + x^2)$
$= (4 + x^2 - 2x)(4 + x^2 + 2x) = (Y - 2x)(Y + 2x)$
$= Y^2 - 4x^2$ と、**展開公式 2 (和と差の公式)** が使えます。

ここで Y の部分をもとの式 $(4 + x^2)$ にもどして、今度は**展開公式 1 (2乗の公式)** を用いるのですよね。

$Y^2 - 4x^2 = (4 + x^2)^2 - 4x^2$
$= 16 + 8x^2 + x^4 - 4x^2$

ここでほっとしている生徒たちに向かって、油断は禁物、とばかりにもう一度、同類項計算を強いてくるところがニクイ問題ですよね。

$16 + 8x^2 + x^4 - 4x^2 = 16 + 4x^2 + x^4$

ここは文字 x についていわゆる「昇べき」の順で答えていますが、このあたりは無理に「降べき」の順に直さなくてもいいところでしょう。

　⑤は頭から**展開公式 2 (和と差の公式)** を使っていくと答えが出てくるところが、面白い問題です。和と差の公式を、繰り返し 3 回も使うのですよね。

$(a - b)(a + b)(a^2 + b^2)(a^4 + b^4)$
$= (a^2 - b^2)(a^2 + b^2)(a^4 + b^4)$
$= (a^4 - b^4)(a^4 + b^4)$
$= a^8 - b^8$

> 文字式には「割り算」という計算もあります。

問題1の9類題の解答

① $8a^3 - 36a^2b + 54ab^2 - 27b^3$
② $x^3 + 27y^3$
③ $4a^2 + 9b^2 + c^2 - 12ab - 6bc + 4ca$
④ $16 + 4x^2 + x^4$
⑤ $a^8 - b^8$

その10 文字式には「割り算」という計算もあります。

　今まで、文字式の足し算、引き算、掛け算のやり方を順を追って練習してきました。

　当然、文字式には、「割り算」という計算もあります。

　文字式の割り算のやり方を順を追って見ていきましょうか。**これはどうも「割られる文字式」と「割る文字式」の形から分類していくのがいいみたいです。**

バージョン1

　「割られる文字式」も「割る文字式」もともに、掛け算のみで結ばれている文字式（こういう文字式を「単項式」というのですよね）の場合。

　たとえば $6x^3 \div 3x$ というような問題。

　こういう問題は

　「割られる式」と「割る式」とをそれぞれ分母、分子において

$$\frac{6x^3}{3x} = \frac{6 \times x \times x \times x}{3 \times x} = 2 \times x \times x = 2x^2$$

という具合に数字の部分は、数字どうしの約分の方法で、また文字の部分は累乗の考え方と約分の考え方を同時に使って計算すればいいのです。

バージョン２

「割られる式」が「単項式」をプラスマイナスで結びつけた式（こういう文字式のことを「多項式」というのでした）で、「割る式」が単項式の場合。

たとえば $(6a^2b - 9ab^2) \div 3ab$ というような問題。

こういう問題はプラスマイナスの符号の位置で、それぞれいくつかの分数式に分けて計算すればいいのでした。

$(6a^2b - 9ab^2) \div 3ab = \dfrac{6a^2b}{3ab} - \dfrac{9ab^2}{3ab}$ という具合。それから２つ分けにした分数式をそれぞれ計算すればいいのです。

$\dfrac{6a^2b}{3ab} - \dfrac{9ab^2}{3ab} = 2a - 3b$

バージョン３

「割られる式」も「割る式」もともに多項式である場合。

たとえば $(x^2 + 7x + 13) \div (x + 3)$ というような問題。

このような「多項式」を「多項式」で割る問題にはちょっとしたスペースと説明とが必要ですので後回しにして、まずは**バージョン１**と**バージョン２**の場合の割り算をやってみましょう。掛け算と割り算の混じった問題もありますが、分数式を用いた数の割り算と同じく、掛け算は、分数記号の上側へ、割り算は分数記号の下側に書いて、約分できるところは約分してみればいいのです。

文字式には「割り算」という計算もあります。

問題1の10

次の計算をしましょう。

① $a^4 ÷ (-a^2)$
② $-2a ÷ 6a^2b × (-3ab)$
③ $(-3xy^2) × (-4x^2y^2) ÷ (-2x^2y^3)$
④ $(-4x^3y^2 + 20x^2y^3) ÷ 4x^2y^2$
⑤ $(6xy^2 + 8x^2y - 4x^2y^2) ÷ 2xy$

問題1の10 解説

①、②、③までは、単項式どうしを割ったり掛けたりする問題です。

①はまずこの問題の答えの符号を決めてしまうと間違いがなくていいです。

マイナスの記号が付いていない単項式を、マイナスの記号が付いた単項式で割るのですから、答えにはマイナスの記号が付いてきますよね。分数記号の前にまずマイナスの記号を書いてしまってください。

① $a^4 ÷ (-a^2) = -a^4 ÷ a^2 = \dfrac{-a × a × a × a}{a × a}$ ですので、結果は $-a^2$ ですね。

$a^4 ÷ a^2$ の計算は、乗数（a の肩に付いている小さい数）の引き算でいいことも、実際に分数の形を作って約分してみるとわかりますよね。それとカッコの位置がどこにあるのかも、相変わらず注意しておかなければならない場所です。

たとえばこの問題が $a^4 ÷ (-a)^2$ という形だったとすると、結果は a^2 と、マイナスの付いていない形になります。

② $-2a ÷ 6a^2b × (-3ab)$ もカッコの位置に気をつけながら、まずこの問題全体の符号を決めてしまうと、マイナスどうしを2回掛けることになるので、結果はプラスです。

それから「割られる式」は分数記号の上側に、「割る式」は分数記号の下側に、「掛ける式」はまた、分数記号の上側に書く、というルールに従えば、

$$-2a \div 6a^2b \times (-3ab) = \frac{2a \times 3ab}{6a^2b}$$

ということになります。そうして、この分数式では、分母、分子のすべての数字や文字が約分されてしまうので、結果は1となります。

$$\frac{2a \times 3ab}{6a^2b} = \frac{6a^2b}{6a^2b} = 1$$

　③この計算式全体の符号を決めてしまうとマイナスの付いた文字式を3回、掛けたり割ったりするので、全体の符号はマイナスになります。もちろんこのところではカッコの位置に気をつけて全体の符号を決めてくださいね。

$$(-3xy^2) \times (-4x^2y^2) \div (-2x^2y^3)$$
$$= \frac{-3xy^2 \times 4x^2y^2}{2x^2y^3}$$

ここは分子と分母をそれぞれ計算することをせずに、分数記号の上下をにらみながら、それぞれで約分できるものをしてしまうほうが楽です。

$$\frac{-3xy^2 \times 4x^2y^2}{2x^2y^3}$$

$$= -6xy$$

　④と⑤については「割られる式」が多項式ですので、それぞれプラスマイナスの符号のところで、この分数式を分断します。

　④なら $(-4x^3y^2 + 20x^2y^3) \div 4x^2y^2 = -4x^3y^2 \div 4x^2y^2 + 20x^2y^3 \div 4x^2y^2$

　そうしてそれぞれの分数式の前でこの分数式の符号を決め、約分できるところはします。

| 文字式には「割り算」という計算もあります。|

$$-4x^3y^2 \div 4x^2y^2 + 20x^2y^3 \div 4x^2y^2 = -x + 5y$$

とこんな簡単な形になります。

⑤の場合には

$$(6xy^2 + 8x^2y - 4x^2y^2) \div 2xy = 6xy^2 \div 2xy + 8x^2y \div 2xy - 4x^2y^2 \div 2xy = 3y + 4x - 2xy$$

となります。

問題 1 の 10 解答

① $-a^2$

② 1

③ $-6xy$

④ $-x + 5y$

⑤ $3y + 4x - 2xy$

次は、掛け算、割り算の入り混じった少し複雑な問題となりますが、その前に、日頃間違える人が多いので、私が気になっていることを一つ、書いておきますね。

たとえば $6x \times 2y \div 3x$ という問題の正解はどうなるでしょう？

$\dfrac{6x \times 2y}{3x}$ ですので、結果は、$4y$ ですよね。

ところがもしもこの問題が $6x \times 2y \div 3 \times x$ となっていたとするとこれは $\dfrac{6x \times 2y \times x}{3}$ の意味になり結果は $4x^2y$ となります。

文字式では、$3x$ と $3 \times x$ とは同じ意味だなどと頭から思い込んでいる人は間違ってしまう可能性があります。

この問題 $6x \times 2y \div 3x$ は実は $6x \times 2y \div (3x)$ という意味なのですからね。しかしこの部分にカッコが省略されているのだなどとは、教科書はたしか一度も教えてくれなかったような気がします。

こんなことを恨みがましく覚えているということは、ここでミスを犯したのは私の受け持った生徒ではなく、実は、かつて生徒だった私自身だったのかもしれません。

問題1の10類題

① $(-2a^3b)^3 \div (9a^8b^2)$

② $\left(\dfrac{2}{3}a^2b^2c^3\right)^2 \div \left(\dfrac{1}{6}abc\right)^3$

③ $\dfrac{25}{49}ab^2c^3d^4 \times (-7a^2b^2c)^3 \div (-5b^3d^2)^2$

④ $(6a^3b - 8a^2b^2 - 12ab^3) \div (-4ab)$

⑤ $(9p^3qr - 8pq^2r + 12pqr^3) \div (-6pqr)$

問題1の10類題の解説

①の「割られる式」はカッコをはずすと、次のようになります。

$(-2a^3b)^3 = -8a^9b^3$ この式を $9a^8b^2$ で割ればいいのですから、分数記号を用いて

$$-8a^9b^3 \div (9a^8b^2) = \dfrac{-8a^9b^3}{9a^8b^2} = -\dfrac{8}{9}ab$$ となります。

②の場合「割られる式」と「割る式」のそれぞれのカッコをはずして計算すると、

割られる式 $= \left(\dfrac{2}{3}a^2b^2c^3\right)^2 = \dfrac{4}{9}a^4b^4c^6$

割る式 $= \left(\dfrac{1}{6}abc\right)^3 = \dfrac{a^3b^3c^3}{216}$

そこで

$$\dfrac{4}{9}a^4b^4c^6 \div \dfrac{a^3b^3c^3}{216}$$

> 文字式には「割り算」という計算もあります。

$$= \frac{4 \times 216}{9} \times (a^4 b^4 c^6 \div a^3 b^3 c^3)$$

$$= \frac{96 a^4 b^4 c^6}{a^3 b^3 c^3} = 96abc^3 \text{ となります。}$$

分数の掛け算は分母どうし分子どうしを掛ければいい、また、分数の割り算は、割るほうの分数の分母分子をひっくり返してから、掛け算と同じように計算すればいい、など、分数の掛け算、割り算についての復習はいかがでしょうか。

でも本当は、こういった複雑めの係数を持つ分数式の割り算、掛け算は、実は係数のほうも「素因数分解」して文字のように扱っておくと、計算が楽なのですよね。

たとえば $\frac{2}{3}$ の2乗はもちろん、そのまま計算すれば $\frac{4}{9}$ でいいのですが、これを $\frac{2^2}{3^2}$ のまま残しておきます。

そうして $\left(\frac{1}{6}\right)^3$ のほうも、6を 2×3 と考えて $\frac{1}{2^3 3^3}$ と考えるのです。

そうして2と3をそれぞれ別の文字のように考えて、係数の部分だけ累乗の計算をすると $\frac{2^2}{3^2} \div \left(\frac{1}{2^3 3^3}\right) = \frac{2^2 \times 2^3 \times 3^3}{3^2} = 2^5 \times 3$ となり、**問題②の係数の96が比較的簡単（？）に出てきます。少なくとも計算ミスの可能性がより低くなります。**

「素因数分解」の計算（たとえば数字の6を 2×3 のように素数の積に分解する計算）など、実際問題、どこで使うのかしらと思っていた私ですが、この単項式どうしの掛け算・割り算で、係数がある場合には有効なのだとわかりました。

しかし、2とか3とかいう具体的な数字をあたかも2つの文字のように扱って計算する方法があるのだ、という考えは正直いってオドロキでした。数学って何でもできちゃうのだなあ、というより自分の都合のい

いように、工夫して計算していいのだなあ、と思ったからです。
　数学とは、厳密性と同時にこうした融通性についても学ぶ教科だったのです。
　しかしこの融通性とは「何でもあり」の融通性ではなく、そこは数学の教科書との十分な駆け引きが必要なところでした。しかしかつて生徒だった私自身も含めて、この厳密性と融通性との駆け引きの呼吸を体得するのはなかなか難しいことだったような気がします。
　③もまずそれぞれの項を計算しておくことが大切です。

はじめの項 = $\dfrac{25}{49} ab^2 c^3 d^4 = \dfrac{5^2 ab^2 c^3 d^4}{7^2}$

真ん中の項 = $(-7a^2 b^2 c)^3 = -7^3 a^6 b^6 c^3$

最後の項 = $(-5b^3 d^2)^2 = 5^2 b^6 d^4$

具体的な数字、5と7もそれぞれ別の文字のように扱って考えてください。そうすると、この問題の最終結果に符号マイナスが付くということがわかります。
　そこで分数計算の形に持ち込んで、

$$\dfrac{25}{49} ab^2 c^3 d^4 \times (-7a^2 b^2 c)^3 \div (-5b^3 d^2)^2$$
$$= -5^2 ab^2 c^3 b^4 \times \dfrac{7^3 a^6 b^6 c^3}{7^2 5^2 b^6 d^4}$$
$$= -7a^7 b^2 c^6$$

　④は多項式を単項式で割る計算ですので、多項式の3つの項の部分でそれぞれ分数式を分断します。それぞれの項の前で、あらかじめ符号を正しく決めることに注意してください。

$$(6a^3 b - 8a^2 b^2 - 12ab^3) \div (-4ab)$$
$$= \dfrac{-6a^3 b}{4ab} + \dfrac{8a^2 b^2}{4ab} + \dfrac{12ab^3}{4ab} = \dfrac{-3}{2} \times a^2 + 2ab + 3b^2$$

　この程度の大きさの係数だったら、そのままの数字として計算を進め

文字式には「割り算」という計算もあります。

ても混乱は起きないでしょう。

⑤もそれぞれの項の部分で、分数式を分断して考えます。それぞれの項の符号を正しく決めることに注意しながら、

$$(9p^3qr - 8pq^2r + 12pqr^3) \div (-6pqr)$$
$$= \frac{-9p^3qr}{6pqr} + \frac{8pq^2r}{6pqr} - \frac{12pqr^3}{6pqr} = -\frac{3}{2}p^2 + \frac{4}{3}q - 2r^2$$

これでいいのですよね。

問題 1 の 10 類題の解答

① $-\dfrac{8}{9}ab$

② $96abc^3$

③ $-7a^7b^2c^6$

④ $-\dfrac{3}{2}a^2 + 2ab + 3b^2$

⑤ $-\dfrac{3}{2}p^2 + \dfrac{4}{3}q - 2r^2$

どうしてこんなややこしい計算をしなくてはならないのかしら？ こんな計算、どこで使うのかしら？ と私自身も思ったことがあります。

私の生徒になるとこの手の質問はもっと単刀直入「こんな計算できなくたって、ふだん、買い物するのに困らないじゃない？」

うーんとうなった私は、この生徒の言い分にも一理あると思っているからでした。

しかし今では、私は、自分の感想にも自分の生徒の言い分にも、もう少しまとまった返答ができそうな気がします。

それは前にも申しましたが「相手方の持ち出すルールを知る」要する

に「相手の手の内を知る」ということではないかと思います。

　これらの文字式を用いた計算で、「教科書の側」は何か新しいルールを私たち生徒の前に持ち出そうとしているのですが、そのルールの肝心かなめの点は、これらの問題と、自分で付き合わないことにはわからない仕組みになっているのです。時には「あなたの言っていることは、そんなふうに拡大解釈していいのね」と思い知らされる場面もあります。つまり生徒としては、教科書の言い分をただ、鵜呑みにするのではなく、常に、自分の側に抱えている問題（疑問）を教科書にぶつける姿勢を保ち続けなければならないってことなんです。その疑問が自分ながら、いかに幼稚なものに思われようとも。

　こうした姿勢が、数学の教科書が「教科書」であるために必然的に抱えている方便を超えて、案外と数学の本質に生徒たちを導くことがあるからです。

　ともあれ、さっき残してきた、文字式の割り算のバージョン3にあたる「多項式を多項式で割る」場合の計算について話を進めましょう。

その11　「多項式」を「多項式」で割る計算はどうやるのでしょう。

　前節、**その10**で例に取り上げた問題で、割り算の仕方を説明しましょう。

　$(x^2 + 7x + 13) \div (x + 3)$ という割り算はどうやるのでしょう。

　これは、小学校時代に習った、割り算の記号をそのまま使います。**割る式も割られる式も、ともに降べきの順（次数の高いほうから低いほうへ）に並べておきます。もしも欠けている次数の項があったら、そ**

「多項式」を「多項式」で割る計算はどうやるのでしょう。

の分、スペースを空けて書きます。

　それから、割られる式の先頭の文字を、割る式の先頭の文字で割ります。

　この場合なら x^2 を x で割るのですから、結果は x。これを割り算の記号の線の上に書きます。

$$\begin{array}{r} x \\ x+3\overline{\smash{)}x^2+7x+13} \end{array}$$

　次にこの x を「割る」ほうの式（$x+3$）に掛けて、割られるほうの式の下に書きます。

　こんな具合です。

$$\begin{array}{r} x \\ x+3\overline{\smash{)}x^2+7x+13} \\ x^2+3x \end{array}$$

それから、上の式から下の式を引きます。

こんな具合です。

$$\begin{array}{r} x \\ x+3\overline{\smash{)}x^2+7x+13} \\ \underline{x^2+3x} \\ 4x+13 \end{array}$$

これからは、今のやり方の繰り返しでいいのです。

　引いた結果、出てきた式の $4x+13$ を $x+3$ で割る計算をします。

　先頭の文字 $4x$ を x で割るからその結果が $+4$。これを割り算の記号の線の上に x と並べて書きます。

　こんな具合です。

$$\begin{array}{r} x+4 \\ x+3\overline{\smash{)}x^2+7x+13} \\ x^2+3x \\ \hline 4x+13 \end{array}$$

それから、この4を、再び、割る式の $x+4$ に掛けて、$4x+13$ の下に書きます。

こんな具合です。

$$\begin{array}{r} x+4 \\ x+3\overline{\smash{)}x^2+7x+13} \\ x^2+3x \\ \hline 4x+13 \\ 4x+12 \end{array}$$

上下の式を引いて、これでこの割り算は終了です。

こんな具合です。

$$\begin{array}{r} x+4 \\ x+3\overline{\smash{)}x^2+7x+13} \\ x^2+3x \\ \hline 4x+13 \\ 4x+12 \\ \hline 1 \end{array}$$

割り算ですので、商と余りという形で答えなくてはいけませんね。

式 $x^2+7x+13$ を式 $x+3$ で割った商は $x+4$ 余りは 1 です。

なぜ、こんな計算でいいのかというと、これは割られるほうの式 $x^2+7x+13$ を割るほうの式 $x+3$ を単位として、この式に文字 x を掛けたもの、残った数式に数字の 4 を掛けたもの、さらにその残りで表そうとしているのです。こんな感じに。

$x^2+7x+13 = x(x+3)+4x+13 = x(x+3)+4(x+3)+1$

$(x+3)$ を単位として表された式、つまり $x+4$ が商、$(x+3)$ を

「多項式」を「多項式」で割る計算はどうやるのでしょう。

単位として表されなくなった値（1）が余り、ということになります。

　この文字式どうしの割り算も実は小学校時代に習った、数どうしの割り算の考え方からきているのです。

　たとえば 97 を 3 で割れば、商が 32、余りが 1 ですが、これも

　97 = 3 × 30 + 3 × 2 + 1

と 3 を単位として表されるので、商が 32、余りが 1 ということになるのです。

　それでは、実際に多項式を多項式で割る計算の練習をしてみましょうか。

問題 1 の 11

次の割り算をしましょう。

① $(x^2 + 2x - 3) \div (x + 3)$
② $(x^3 + 5x - 6) \div (x - 2)$

問題 1 の 11 解説

　特に②の場合「割られる式」の x^2 の項が欠けていますので、その分、スペースを空ける、ということが大切でした。

　また 2 番目の手順で、上の式から下の式を引く場合 $0 - (-2x^2)$ という計算をしなければならない場面があり、ここが $2x^2$ となることをなかなか納得してくれない生徒もありました。たしかにどこで何を使うかわからないのが、特に、文字式の計算でぶち当たる現実でもあります。

　そのたびに自分の知識が確かかどうか確認される、またある場合には数学の教科書が生徒たちに提示するある種の「融通性」について理解する、そこが数式の問題を解くことの面白さである、と私は思うのです。

> 問題1の11 解答
> ① 商 $x-1$　余り 0　　② 商 x^2+2x+9　余り 12

　次の類題は、「因数定理」や「剰余の定理」につながる問題ですが、わざわざ親切（？）に商を求めましょうといっていますので、実際に割り算の計算をしていったほうが便利です。

> 問題1の11 類題

　式 x^3-5x^2-6x+k を式 $x-2$ で割ったときの、商と余りを求めましょう。ただし k は定数です。また割り切れるとき、k の値はいくつになりますか。

> 問題1の11 類題の解説

$$\begin{array}{r}
x^2-3x-12 \\
x-2\overline{)x^3-5x^2-6x+k} \\
\underline{x^3-2x^2} \\
-3x^2-6x \\
\underline{-3x^2+6x} \\
-12x+k \\
\underline{-12x+24} \\
k-24
\end{array}$$

となりますので、商が $x^2-3x-12$　で余りが $k-24$ となります。そこで余りがゼロ（割り切れるように）になるためには、$k=24$。

> 問題1の11 類題の解答
> 　商　　$x^2-3x-12$
> 　余り　$k-24$

「多項式」を「多項式」で割る計算はどうやるのでしょう。

割り切れるためには、$k = 24$

この問題で「割られる式」を「割る式」を単位として、次数の大きいほうから書き表してみるとこんな具合になります。

$x^3 - 5x^2 - 6x + k$
$= x^2(x-2) - 3x(x-2) - 12(x-2) - 24 + k$
$= (x^2 - 3x - 12)(x-2) + k - 24$

つまり式 $(x-2)$ の前に書かれている文字式が商、それ以外の部分が余り、ということになります。

多項式の「割り算」とは「割られる式」を「割る式」と「商」との掛け算に、余りを足した形で表そう、という計算なのです。

考えてみると、小学校時代に習った数どうしの割り算も、そうでしたっけ。

はじめに例に引いた97を3で割る割り算も

$97 = 3 \times 30 + 3 \times 2 + 1 = 3 \times (30 + 2) + 1 = 3 \times 32 + 1$

という意味なのですよね。

ふたたび文字式の話にもどります。

$x^3 - 5x^2 - 6x + k = (x^2 - 3x - 12)(x-2) + k - 24$

この式に $x = 2$ という数字を代入してみると、$(x^2 - 3x - 12)(x-2)$ の部分が 0 となって消えてしまい、$k - 24$ だけが残ります。

$k - 24$ って、この割り算の余りということになりますよね。

このことを一般化すると、

x の多項式を1次式 $(x-a)$ で割るとき、もとの多項式に $x = a$ を代入した結果が、この多項式を $(x-a)$ で割った余りと一致する。

という定理（**剰余の定理**）が出てきます。

この応用で、x の多項式にある値 a を代入した結果が 0 になった場合、この多項式は $(x-a)$ で割り切れる $\{(x-a)$ を因数に持つ$\}$ という

定理（**因数定理**）が出てきます。

　剰余の定理と、因数定理は、文字式の分野に初めて現れたもっともらしい定理でしたが、定理の形に書き表されているものは、記号が多くて何やら難しく、その昔の私には理解が困難でした。

　しかし実際に「ある多項式を $(x - a)$ という1次の多項式で割る」計算に置き換えてみることによって、やっとその具体的な意味と使い道がわかってきました。

　そう、因数定理は、高い次数の方程式を解くときに、有効な場合があるのです。

その12　因数分解の問題をスラスラ解くためにはどうしたらいいのでしょうか。

　カッコの付いた多項式どうしの掛け算のカッコをはずして簡単にするのが「**展開**」という計算でしたね。

　たとえば

$$(x + 2)(x + 3) = x^2 + 3x + 2x + 6 = x^2 + 5x + 6$$

という具合に、左の式を右の式に変形する操作が、「**展開**」という計算。

　これに対して $x^2 + 5x + 6$ という式を $(x + 2)(x + 3)$ の形に直すのが「**因数分解**」という式の変形です。

　そんなの簡単、足して5、掛けて6となる2つの数字を探せばいいんでしょう？ などとおっしゃる方は、すでに因数分解という式の変形が、結構身についている方です。というより因数分解の基礎になる、展開公式の形が、よく身についている方だと思います。

　しかし実際にぶつかる因数分解の問題は、そんなに親切にはできてい

ません。

　ある多項式を、2つ以上の多項式（この場合、単項式も含みます）の掛け算の形に表しなさい、という問題は、いつもいつもそう簡単に解けるとはいえないのです。

　で、私が経験的に理解したことは、こんなふうな手順に従えば、因数分解の問題はけっこう解けるようになるのではないかな、ということです。

　まず**手順1**として、その問題に使われている1つ1つの項の形をよく見て、各項に、共通の文字や数字がないかどうか探す、ということです。共通の文字や数字、または文字式があれば、それをカッコの前にくくり出してください。

　次に**手順2**として、くくり出した残りの式に展開公式のどれかが使えないかどうか、考えてください。

　多くの因数分解の問題は、この2つの手順で解決します。

　実際にやってみましょうか。

　まずは**手順1**だけで解決する問題からやりましょう。

問題1の12のA

次の各式を因数分解しましょう。

① $6a^2b - 3a^3b$
② $9xyz - 6x^2yz^2 - 3xy^2z$
③ $x(x-y) + y(x-y)$
④ $5a(a-4) + 2(4-a)$

問題1の12のA解説

　①問題の式を作っている2つの項に、$3a^2b$ が共通に掛けられていることに気づくといいです。

　②問題の式を作っている3つの項に、$3xyz$ が共通に含まれています。

③この問題は、実は難しいと思います。問題を作っている 2 つの項に、文字式 $(x-y)$ が共通に含まれているのが「見え」ますか。

わかりにくいと思ったら $(x-y)$ を別の文字 A などに置き換えると $x(x-y)+y(x-y)=Ax+Ay=A(x+y)$ とくくり出せますから、それから文字 A をもとの式にもどして答えます。

④この問題には、ちょっと物事をナナメに見る皮肉やさんの目が必要でしょうか。

まず問題の式を $5a(a-4)+2(4-a)=5a(a-4)-2(a-4)$ という具合に見ます。それから文字式 $(a-4)$ をひとかたまりに見て、あるいは、別の文字で置き換えてからくくり出してください。

問題 1 の 12 の A 解答

① $3a^2b(2-a)$
② $3xyz(3-2xz-y)$
③ $(x-y)(x+y)$
④ $(a-4)(5a-2)$

次の問題は、まず手順 1 で試してみたけれど、共通する数字や文字(式)が含まれていないことがわかった問題、として考えてくださいね。そう、これらが展開公式を使う因数分解の問題です。

ここで使う可能性のある展開公式をふたたび書いておきましょうか。

展開公式 1（2 乗の公式） $\quad (a+b)^2 = a^2+2ab+b^2$
$\qquad\qquad\qquad\qquad\qquad (a-b)^2 = a^2-2ab+b^2$
展開公式 2（和と差の公式） $(a+b)(a-b) = a^2-b^2$
展開公式 3（和と積の公式） $(x+a)(x+b) = x^2+(a+b)x+ab$

因数分解の問題をスラスラ解くためにはどうしたらいいのでしょうか。

問題 1 の 12 の B

次の各式を因数分解しましょう。

① $x^2 + 2x + 1$
② $x^2 - 2x + 1$
③ $a^2 - 1$
④ $100 - a^2$
⑤ $x^2 - 5x + 6$
⑥ $x^2 - x - 6$

問題 1 の 12 の B 解説

①と②は**展開公式 1（2 乗の公式）**、③と④が**展開公式 2（和と差の公式）**、⑤と⑥が**展開公式 3（和と積の公式）**を使って解く問題だ、ということがすぐにおわかりになりますか。

⑤の問題は x の前の数字 −5 が**展開公式 3** の $(a + b)$ に当たり、文字の付いていない数字 6 が展開公式の ab に当たっているのですよね。

だから足して −5、掛けて 6 になる 2 つの数字 −2 と −3 が探せれば、この 2 つの数字を用いて因数分解できるのです。同様に⑥では、足して −1、掛けて −6 となる 2 つの数字 −3 と 2 を探し、この 2 つの数字を用いて因数分解します。

問題 1 の 12 の B 解答

① $(x + 1)^2$
② $(x - 1)^2$
③ $(a + 1)(a - 1)$
④ $(10 + a)(10 - a)$
⑤ $(x - 2)(x - 3)$
⑥ $(x - 3)(x + 2)$

しかし長いことこのあたりを生徒たちに教えた経験のある私は、因数分解に用いる展開公式は、**展開公式3（和と積の公式）**、と**展開公式2（和と差の公式）**だけでよいのではないかと思います。

　もしかすると、**展開公式2**も不必要かなあ、とも思っているくらいです。

　なぜなら、生徒の皆さんはいきなり、たとえば「$x^2 + 12x + 36$を因数分解しなさい」というような問題にめぐり合うわけでしょう。

　この問題は、**展開公式1（2乗の公式）**を使うのが正道かもしれませんが、解くほうの身に立つと、まず、**展開公式3**に当てはめることを考えるほうが、現実的ではありませんか。

　この問題なら、足して12、掛けて36となる、2つの数を探せばいいのですから、それは6と6。このあたりで、あ、そうか、2乗の公式を使うのか、と気がつけばあなたは優秀な人です。もしも気がつかなくても、$x^2 + 12x + 36 = (x+6)(x+6) = (x+6)^2$と答えても別に構わないではありませんか。

　それから、「$x^2 - 25$を因数分解しなさい」という問題だったら、問題の式を$x^2 + 0 \times x - 25$というふうに見られれば、足して0、掛けて-25となる2つの数字を探せばいいということになります。その2つの数は、5と-5ですから

$x^2 - 25 = (x+5)(x-5)$と因数分解されます。

　もっとも、この展開公式2（和と差の公式）はわりと、生徒の皆さんにひいきにされている公式です。だから無理やりこれを取り上げて、展開公式3一本で乗り切る方法を勧める必要もないかもしれません。

　ともあれ、展開公式3（和と積の公式）は因数分解の問題を解く上で非常に重要だと私は思います。

　では、次のような形の問題は、どうでしょうか。

　「$2x^2 + 11x + 15$を因数分解しましょう」

この問題では、x^2 の前に数字 2 があるので、いきなり**展開公式 3** に当てはめることはできません。

　こういうふうに、x^2 の項に係数がある場合は**展開公式 4** を応用するのです。

展開公式 4（たすきがけ型の公式）
$$(ax + b)(cx + d) = acx^2 + (ad + bc)x + bd$$

　しかしこの公式をにらんでいても、それだけで因数分解の答えがうまく出来上がるわけではありません。

　だいたいこの形の因数分解は、次のような枠組みの計算で、因数分解した結果の式に用いられる係数を見つけ出すのです。そうしてこういう因数分解の型を「たすきがけ型」ということもあるのですよね。

　まず、x^2 の係数 2 に目をつけ、掛けて 2 となる 2 つの整数を探します。それは 1 と 2 ですから、これをたてに並べて書きます。

　同様に、定数項の 15 に対しても、掛けて 15 となる 2 つの整数を探します。それは 3 と 5 だけ？　いいえもう 1 組ありますよね。そう、1 と 15 です。

　でもまず、はじめに見つけた、3 と 5 を、たてに並べて書きます。

```
1       3
  ✕
2       5
```

　そうして互いに対角線の方向に並んだ数どうしを、掛け合わせて、たてに書き並べます。

　2×3 の 6 と、1×5 の 5 ということになります。

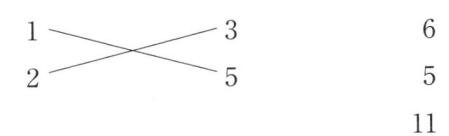

```
1       3        6
  ✕
2       5        5
                11
```

　こうして出た 2 つの数（6 と 5）を加えてみると結果は 11 ですが、これはこの因数分解の問題にある x の係数と一致します。そうしたら生

徒の立場としては喜んでいいのです。

「しめた、この問題、解けた！」

そうして、今のようにして探した 4 つの数字（1 と 3 および 2 と 5）を用いて、因数分解の答えを書けばいいのでした。

$2x^2 + 11x + 15 = (1x + 3)(2x + 5) = (x + 3)(2x + 5)$

運悪く、3 × 5 の掛け算を、5 × 3 だというふうにとらえると、もう、この因数分解の答えは出なくなってしまうのです。

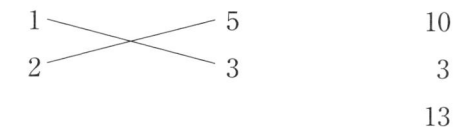

```
1       5        10
 ×
2       3         3
                 13
```

ですので、斜めに掛けた計算の結果が 10 と 3、これらを足すと 13。この値は x の係数の値（11）と一致しないからだめなのでした。

また、掛けて 15 になる整数の組は 3 掛ける 5 のほかに、1 掛ける 15 もありましたが、この組を使ってななめの計算をすると

```
1     1      2      1     15     30
 ×                   ×
2    15     15      2      1      1
            17                    31
```

となり両方とも斜め掛けした 2 つの数の和が 11 とはなりませんので間違った組み合わせということになります。

つまりはじめに探した 4 つの数字を用いた場合のみ、これらの数字の組み合わせ方を含めて、この因数分解の問題の正解になるのでした。

私自身がこの因数分解の仕方を習ったとき、正解に至らない結果が、堂々と教科書に載っているところが、なんだか感動的でした。こうした試行錯誤によって、数学の問題は解くのか、という実例を示された気がしたからです。

でもなぜ、このやり方でこの形の因数分解の問題は解けるのでしょうか。

> 因数分解の問題をスラスラ解くためにはどうしたらいいのでしょうか。

それはもちろん**展開公式4**の形に、その秘密があります。

展開公式4（たすきがけ型の公式）

$$(ax+b)(cx+d) = acx^2 + (ad+bc)x + bd$$

x^2 の係数である数字 ac の値に一致する2つの数字の組を探し、つぎに定数項である数字 bd の値に一致する2つの数字の組を探して、これらをななめに掛けた結果の和 $ad+bc$ が問題の x の係数に一致した場合、これらの数字の組によって、$acx^2 + (ad+bc)x + bd$ という式が $(ax+b)(cx+d)$ という形に書ける、つまり因数分解できる、ということを表していたのでした。

言葉で書けば、こんな厄介なことを、上に示したような枠組の計算で指し示していたのです。そうしてこうした因数分解の仕方をその昔は**「たすきがけ型」の因数分解**、といっていました。

和服を日常着として着る人が少なくなり、家事の邪魔になる和服の袖（たもと）をくくるために用いる「たすき」などという物品が、駅伝や寄席のような特別な催し以外には、ほとんど消えうせたので、「たすきがけ型」などという、因数分解のあだ名もあまり使われなくなってしまったのでしょう。

ともあれ、「たすきがけ型」といわれる因数分解の練習をしてみましょうか。

問題1の12のC

次の式を因数分解しましょう。

① $3x^2 + 4x + 1$
② $2x^2 + 7x + 3$
③ $3x^2 + 5x - 2$
④ $3x^2 - 7x - 6$
⑤ $25x^2 - 30x + 9$

問題1の12のC解説

　実際の、たすきがけ型の組み合わせを書いておきます。もちろん、スペースの関係上、うまくいった組み合わせのみです。斜めに掛けた2つの数の和が、問題の x の係数に一致していることに注目してください。また、問題のどこかの項に、マイナスが付いてくると、うまくいく数の組み合わせを考える手数が多くなり、時間がかかりますので注意してください。

　それとこの問題を教える立場から、もうひとつの助言。

　数の組み合わせを考えて探した数を「たて」に書きます。たてに書いた数どうしを今度は「ななめ」に掛けて掛け算をします。そうしてこの組み合わせでよいとわかったら、今度は答えを「よこ」のペアの組み合わせで書かなければなりません。

　「たて」「ななめ」「よこ」と数の組み合わせが変化するせいか、正しい組み合わせがわかっているにもかかわらず、結果として、正しい答案が書けない生徒が多くありました。

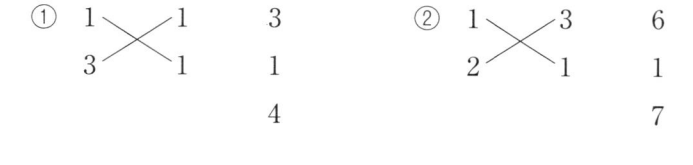

① 1 × 1　3
　 3 　1　1
　　　　　4

② 1 × 3　6
　 2 　1　1
　　　　　7

③ 1 × 2　6
　 3 　−1　−1
　　　　　　5

④ 1 × −3　−9
　 3 　2　2
　　　　　−7

⑤の問題は、実はたすきがけ型の問題ではなく、2乗の公式の応用問題なのだ、ということがすぐに見抜けましたか。でもこういった形で出題されれば、たすきがけ型の問題として考えざるを得なくなります。

| 因数分解の問題をスラスラ解くためにはどうしたらいいのでしょうか。 |

$$5 \diagdown \diagup -3 \qquad -15$$
$$5 \diagup \diagdown -3 \qquad -15$$
$$ -30$$

> **問題 1 の 12 の C 解答**
> ① $(x+1)(3x+1)$
> ② $(x+3)(2x+1)$
> ③ $(x+2)(3x-1)$
> ④ $(x-3)(3x+2)$
> ⑤ $(5x-3)(5x-3) = (5x-3)^2$

　因数分解は、はじめ**手順1**、次に**手順2**に従うとうまくいくと申しました。

　手順1とは共通因数をくくり出す方法、**手順2**は、展開公式を用いた因数分解、ということになりますが、展開公式すべてが同程度に有効なのではなく、**特に展開公式3（和と積の公式）と展開公式4（たすきがけ型の公式）**は応用範囲が広いですよ、ということを申し上げたかったのです。

　高校の教科書に出てくる、やや複雑な形の展開公式は、必要ないかというと**展開公式5（3乗の公式）**を用いる問題などは、問題を見ると一読で（？）わかります。

　しかし生徒の皆さんが忘れがちな展開公式で、それゆえに、これを出題して、生徒諸君をあわてさせてやろうというような教師根性を刺激されるのが、**展開公式6（3乗の和と差の公式）**を用いる問題でした。

　ともあれ、3乗の公式と3乗の和と差の公式をふたたび書いておくと

展開公式5（3乗の公式）
$(a+b)^3 = a^3 + 3a^2b + 3ab^2 + b^3$

$(a - b)^3 = a^3 - 3a^2b + 3ab^2 - b^3$

展開公式6（3乗の和と差の公式）

$(a + b)(a^2 - ab + b^2) = a^3 + b^3$

$(a - b)(a^2 + ab + b^2) = a^3 - b^3$

これらの公式が、目の前にぶら下がっていれば、次のような因数分解の問題を解くのはそう難しいことではないと、私は思うのですが……。

問題1の12のD

次の各式を因数分解しましょう。

① $x^3 + 3x^2 + 3x + 1$
② $x^3 - 6x^2 + 12x - 8$
③ $a^3 + 1$
④ $125y^3 - 8$

問題1の12のD解説

①と②は問題の式が3次式で、なにやら長ったらしい場合には、使うのは3乗の展開公式かも？ くらいに漠然と見当をつけるといいです。定数項が1なら正解は $(x + 1)^3$ かな？ 定数項が－8なら正解は $(x - 2)^3$ かな？ と見当を付け、そのあと実際に問題に現れている係数が、展開公式で展開した結果に正しく合っているかどうか確かめます。

③と④は**展開公式6（3乗の和と差の公式）**を使うのですが、この公式がいくらかでも頭の片隅を占めていれば、すぐに因数分解の形に持ち込めます。

展開公式6の存在がすっかり頭から消し飛んでいるような場合には、この問題を解くのは、はじめからお手上げでしょうかね。こんなわけで、展開公式の形を覚えているということは、因数分解の問題を解くために、

因数分解の問題をスラスラ解くためにはどうしたらいいのでしょうか。

不可欠、ということになるのですよ。

問題1の12のD 解答
① $(x+1)^3$
② $(x-2)^3$
③ $(a+1)(a^2-a+1)$
④ $(5y-2)(25y^2+10y+4)$

次の問題は、文字式を「ひとかたまり」に見て、あるいは文字（式）を数字のごとくに見て、展開公式を使う場合です。

問題1の12のE

次の各式を因数分解しましょう。
① $(x+3)^2-y^2$
② $(x+y)^2+6(x+y)+8$
③ $(x-y)^2-2(x-y)-15$
④ $x^2+(2a+3)x+(a+1)(a+2)$
⑤ $x^2-(2y+1)x+y^2+y-2$
⑥ $2x^2+5(y+1)x+(3y+1)(y+2)$

問題1の12のE 解説

①は展開公式2（和と差の公式）、②、③、④、⑤は展開公式3（和と積の公式）、⑥は展開公式4（たすきがけ型の公式）の応用、ということになります。

①、②、③は文字式を「ひとかたまり」に見る目が必要です。①は $(x+3)$ の部分、②は $(x+y)$ の部分、③は $(x-y)$ の部分をそれぞれ「ひとかたまり」に見ます。わかりにくい場合は、「ひとかたまり」

の部分を、ほかの文字に置き換えて考えるといいです。

特に④、⑤、⑥は文字式の積を数字の積のように考えて公式を適用します。

問題1の12のE解答

① $(x+3+y)(x+3-y)$
② $(x+y+4)(x+y+2)$
③ $(x-y-5)(x-y+3)$
④ $(x+a+1)(x+a+2)$

---

④は掛けて$(a+1)(a+2)$、足して$2a+3$となる2つの式を考えると、幸運にも式$(a+1)$と式$(a+2)$そのものがその条件をみたしていますね。

---
⑤ $(x-y-2)(x-y+1)$

---

⑤は文字xの含まれていない項y^2+y-2の部分をあらかじめ$(y+2)(y-1)$と因数分解しておく必要があります。

掛けて$(y+2)(y-1)$、足して$-(2y+1)$となる2つの式は、$-(y+2)$と$-(y-1)$ですよね。

---
⑥ $(x+y+2)(2x+3y+1)$

---

⑥はx^2の前に係数2がありますので、たすきがけ型の因数分解だと見当をつけます。

掛けて2となる2つの数は、1と2、掛けて$(3y+1)(y+2)$となる2つの式は$(3y+1)$と$(y+2)$ですので、これらを上下に書い

たあと、それぞれ対角線の数と式どうしを掛け合わせます。そうしてこれらの数式を足したものが、問題の x の係数 $5(y+1) = 5y + 5$ になっているものが正解です。

$$
\begin{array}{ll}
1 \diagdown (3y+1) & 6y+2 \\
2 \diagup (y+2) & y+2 \\
& \overline{7y+4}
\end{array}
\qquad
\begin{array}{ll}
1 \diagdown (y+2) & 2y+4 \\
2 \diagup (3y+1) & 3y+1 \\
& \overline{5y+5}
\end{array}
$$

つまり左側の組み合わせではだめで、右側の組み合わせのみが正解、ということになります。

しかし因数分解の問題には、**手順1**と**手順2**だけでは解決できないものもあります。そういう場合に用いるのが**手順3**です。

手順3は「1つの文字に着目する」ということです。いくつかの文字が含まれている因数分解の問題で、次数の低い文字があれば、その文字に着目してまとめます。しかし、あいにくと、みな同じ次数の文字ばかりという場合もあります。しかしそんな場合でもある文字に目をつけて整理するとうまくいく場合があります。たとえば、こんな問題です。

問題1の12のF

次の式を因数分解しましょう。

① $x^2 + xy - x - 3y - 6$
② $b^2 + ab + 4a - 16$
③ $x^2 + 3xy + 2y^2 + x - y - 6$
④ $x^2 + xy - 2y^2 - x + 7y - 6$

問題1の12のF解説

①と②は「次数の低い文字」がある場合です。①では y、②では a がそれぞれ他の文字より「次数の低い文字」ですので、これでくくります。

そうすると共通因数が見えてきます。

③と④では x も y も、ともに2次ですので、$x^2 + (y\text{の1次式})x + (y\text{の2次式})$ のようにまとめると、これが実は前の**問題1の12のE**でやった**展開公式3（和と積の公式）**の応用、ということになります。

問題1の12Fの解答

① $x^2 + xy - x - 3y - 6 = y(x - 3) + x^2 - x - 6$
$\qquad\qquad\qquad\qquad\quad = y(x - 3) + (x - 3)(x + 2)$
$\qquad\qquad\qquad\qquad\quad = \boldsymbol{(x - 3)(y + x + 2)}$

② $b^2 + ab + 4a - 16 = a(b + 4) + b^2 - 16$
$\qquad\qquad\qquad\quad = a(b + 4) + (b + 4)(b - 4)$
$\qquad\qquad\qquad\quad = \boldsymbol{(b + 4)(a + b - 4)}$

③ $x^2 + 3xy + 2y^2 + x - y - 6$
$= x^2 + (3y + 1)x + (2y^2 - y - 6)$
$= x^2 + (3y + 1)x + (y - 2)(2y + 3)$

ここで、**展開公式3**で、掛けて $(y - 2)(2y + 3)$、足して $(3y + 1)$ となる2つの式がちょうど $(y - 2)$ と $(2y + 3)$ ということになりますので、この問題の答えは

$\boldsymbol{(x + y - 2)(x + 2y + 3)}$

④ $x^2 + xy - 2y^2 - x + 7y - 6 = x^2 + (y - 1)x - 2y^2 + 7y - 6$
$\qquad\qquad\qquad\qquad\qquad\quad = x^2 + (y - 1)x - (2y^2 - 7y + 6)$
$\qquad\qquad\qquad\qquad\qquad\quad = x^2 + (y - 1)x - (y - 2)(2y - 3)$

ここで**展開公式3**を応用します。掛けて $-(y - 2)(2y - 3)$、足して $(y - 1)$ となる2つの式は $(2y - 3)$ と $-(y - 2)$ ですので、この問題の答えは

$\boldsymbol{(x + 2y - 3)(x - y + 2)}$

手順3の「1つの文字に着目」しても先が見えてこない場合。次は**手順4**を試みてください。**手順4**は「項の組み合わせを考えてみる」ということだと私は思います。

たとえばこんな問題です。

問題1の12のG

次の式を因数分解しましょう。

① $x^2 + 6x + 9 - y^2$
② $y^2 - 2ay - 1 + a^2$
③ $xy - 2x - 2y + 4$
④ $xyz - yz - zx - xy + x + y + z - 1$

問題1の12のG 解説

① $x^2 + 6x + 9 - y^2 = (x^2 + 6x + 9) - y^2$ と項を組み合わせます。そうすると $(x^2 + 6x + 9) - y^2 = (x + 3)^2 - y^2$ となりますので、ここで**展開公式2（和と差の公式）**を用います。

② $y^2 - 2ay - 1 + a^2 = (y^2 - 2ay + a^2) - 1$ という具合に、項を組み合わせることに気づけば $(y^2 - 2ay + a^2) - 1 = (y - a)^2 - 1$ となりますので、これもまた**展開公式2（和と差の公式）**を用いて因数分解できます。

③ $xy - 2x - 2y + 4 = (xy - 2x) + (-2y + 4)$ と項を組み合わせます。すると $(xy - 2x) + (-2y + 4) = x(y - 2) - 2(y - 2)$ となりますので、くくり出すべき式 $y - 2$ が見えてきます。

④ $xyz - yz - zx - xy + x + y + z - 1 = (xyz - yz) + (-zx + z) + (-xy + y) + (x - 1)$ という具合に項を組み合わせます。

そうして $(xyz - yz) + (-zx + z) + (-xy + y) + (x - 1) = yz(x - 1) - z(x - 1) - y(x - 1) + (x - 1)$ とそれぞれの項から共通因

数をくくり出しておけば、どの項からも（$x-1$）がくくり出せることがわかります。

しかし（$x-1$）をくくり出したあと、ほっとしてしまってはいけません。くくり出したあとの式に、もう一度、手順4「項の組み合わせを考える」作業を施さなければならないのです。

> **問題1の12のG解答**
> ① $(x+3+y)(x+3-y)$
> ② $(y-a+1)(y-a-1)$
> ③ $(y-2)(x-2)$
> ④ $(x-1)(yz-z-y+1) = (x-1)\{(yz-z)+(-y+1)\}$
> $= (x-1)\{z(y-1)-(y-1)\} = (x-1)(y-1)(z-1)$

どうしてこのような項の組み合わせを思いつくことができるかというと、それは「慣れ」からです。などと私は逃げるつもりはありません。やはり手順1から3にしたがって考えてみて「この次は、これ（手順4）しかない！」と自分で納得する以外にないと思うのです。

しかし皮肉なことには因数分解の問題には、この4つの手順に当てはまらない問題というのも、少数ですがあります。たとえばこんな問題です。

問題1の12のH

次の式を因数分解しましょう。

① $x^4 - 13x^2 + 36$
② $x^4 - 7x^2 + 1$
③ $x^3 + y^3 + z^3 - 3xyz$
④ $1 - 8x^3 - 18xy - 27y^3$

> 因数分解の問題をスラスラ解くためにはどうしたらいいのでしょうか。

問題 1 の 12 の H 解説

①は x^2 をひとかたまりに見て X などとおけば、

$x^4 - 13x^2 + 36 = X^2 - 13X + 36$ となり、これは**展開公式 3（和と積の公式）**の応用問題です。ですから文字式のある部分を「ひとかたまり」に見た上で、展開公式の応用ですので、「手順 2」くらいの範囲で解決できます。

ところが、②の問題は文字 x^2 を他の文字に置き換えて展開公式に持ち込もうなどという考えでは解決しません。じゃ、どうするか。項の組み合わせを変えた上で、さらにそれらの項に手を加えるという高等手段まで、考え出さなくてはいけません。

$$x^4 - 7x^2 + 1 = (x^4 + 1) - 7x^2$$
$$= (x^4 + 2x^2 + 1) - 7x^2 - 2x^2 = (x^2 + 1)^2 - 9x^2$$

ここまで変形すれば、**展開公式 2（和と差の公式）**の応用だということがわかるでしょう。

③についても項の組み合わせを考えた上で、項を加えたり引いたり、特殊な変形の必要な問題です。

$$x^3 + y^3 + z^3 - 3xyz = (x^3 + y^3) + z^3 - 3xyz$$

ここで $(x^3 + y^3)$ の部分に、**展開公式 5（3 乗の公式）**を使うことを考えます。公式を使うために、文字式の過不足を補うところが難しいのです。

$$(x^3 + y^3) + z^3 - 3xyz$$
$$= (x^3 + 3x^2y + 3xy^2 + y^3) - 3x^2y - 3xy^2 + z^3 - 3xyz$$
$$= (x + y)^3 - 3x^2y - 3xy^2 + z^3 - 3xyz$$
$$= (x + y)^3 + z^3 - 3x^2y - 3xy^2 - 3xyz$$
$$= (x + y)^3 + z^3 - 3xy(x + y + z)$$

ここで前の 2 つの項 $(x + y)^3 + z^3$ の部分に、**展開公式 6（3 乗の和と差の公式）**を使うと、くくり出すべき項の形が見えてきます。

④は実は前の問題③の応用なのですが、先頭の項 1 と、最後の項 $-27y^3$ だけを見て、**展開公式 5（3 乗の公式）**の単純な応用だ、などと思うと、真ん中の 2 項の処理がつかなくなります。

問題 1 の 12 の H 解答

① $X^2 - 13X + 36 = (X-9)(X-4) = (x^2-9)(x^2-4)$
$= (\boldsymbol{x+3})(\boldsymbol{x-3})(\boldsymbol{x+2})(\boldsymbol{x-2})$

② $(x^2+1)^2 - 9x^2 = (x^2+1+3x)(x^2+1-3x)$
$= (\boldsymbol{x^2+3x+1})(\boldsymbol{x^2-3x+1})$

この問題は（有理数の範囲では）これ以上因数分解できませんが、さらに因数分解することを求められる場合もありますので要注意です。

③ $(x+y)^3 + z^3 - 3xy(x+y+z)$
$= (x+y+z)\{(x+y)^2 - z(x+y) + z^2\} - 3xy(x+y+z)$
$= (x+y+z)(x^2+2xy+y^2-zx-zy+z^2-3xy)$
$= (x+y+z)(x^2+y^2-zx-zy+z^2-xy)$
$= (\boldsymbol{x+y+z})(\boldsymbol{x^2+y^2+z^2-xy-yz-zx})$

④ $1 - 8x^3 - 18xy - 27y^3 = (1-8x^3) - 18xy - 27y^3$

ここで前半の 2 項に対して**展開公式 5（3 乗の公式）**を応用することを考えます。

$(1-8x^3) - 18xy - 27y^3$
$= (1-6x+12x^2-8x^3) + 6x - 12x^2 - 18xy - 27y^3$
$= (1-2x)^3 - 27y^3 + (6x - 12x^2 - 18xy)$

ここで前半の 2 項に対して**展開公式 6（3 乗の和と差の公式）**を応用します。

$(1-2x)^3 - 27y^3 + (6x - 12x^2 - 18xy)$
$= (1-2x-3y)\{(1-2x)^2 + 3y(1-2x) + 9y^2\}$
$\quad + 6x(1-2x-3y)$

> 因数分解の問題をスラスラ解くためにはどうしたらいいのでしょうか。

$$= (1 - 2x - 3y)(1 - 4x + 4x^2 + 3y - 6xy + 9y^2 + 6x)$$
$$= (1 - 2x - 3y)(4x^2 - 6xy + 9y^2 + 2x + 3y + 1)$$

どういう手順を使うかがあらかじめわかっていれば、因数分解の問題はそう怖くはありません。しかし現実に問題を解かなくてはならない場合、どういうふうに手をつけていいか、見当がつかない場合もあるから因数分解の問題って難しいのですよね。

次の問題として取り上げる5問は、そういう意味で、出会いの面白さ（怖さ？）のある問題です。私もつべこべ申しませんので、どうか皆さんご自身でどうアタックしたらいいか戦術を立ててみてください。

もちろん、私の申し上げた1から4までの手順は考える手がかりになるかとは思います。

念のため、この手順をもう一度書き並べておきますね。

手順1. 共通の項があったらくくる。

手順2. 展開公式のどれかに当てはめることができるかどうか考える。

この場合数式のある部分を「ひとかたまり」に見る目を忘れないこと。

手順3. 1つの文字に目をつけて、その文字についてまとめる。

手順4. 項の組み合わせを考える。項の加減が必要な場合もある。

問題1の12のⅠ

① $x^3y - x^2y - 2xy$

② $2x^2 - xy - y^2 - x + y$

③ $a^3(b-c) + b^3(c-a) + c^3(a-b)$

④ $x^4 + x^2 - 2ax - a^2 + 1$

⑤ $(x+1)(x+2)(x+3)(x+4) - 24$

問題 1 の 12 の I 解説

①共通項がありますので、まずそれでくくってみてください。

②1つの文字（たとえば x）でまとめてみる。

③1つの文字（たとえば a）でまとめてみる。

④項の組み合わせを考える。

⑤文字式の掛け算の組み合わせを考えた上で、数式のある部分をひとかたまりに見る。

問題 1 の 12 の I 解答

① $x^3y - x^2y - 2xy = xy(x^2 - x - 2) = \boldsymbol{xy(x-2)(x+1)}$

② $2x^2 - xy - y^2 - x + y = 2x^2 - (y+1)x - y^2 + y$
$\qquad\qquad\qquad\qquad\qquad = 2x^2 - (y+1)x - y(y-1)$

「たすきがけ型」の因数分解を使って

$$
\begin{array}{ccc}
1 \diagdown \quad -y & \qquad & -2y \\
2 \diagup \quad (y-1) & \qquad & y-1 \\
& & \overline{-y-1}
\end{array}
$$

そこで答えは $\boldsymbol{(x-y)(2x+y-1)}$

③ $a^3(b-c) + b^3(c-a) + c^3(a-b)$
$= (b-c)a^3 + (c^3 - b^3)a + b^3c - bc^3$
$= (b-c)a^3 + (c-b)(c^2 + cb + b^2)a + bc(b^2 - c^2)$
$= (b-c)a^3 - (b-c)(c^2 + cb + b^2)a + bc(b+c)(b-c)$
$= (b-c)\{a^3 - (c^2 + cb + b^2)a + bc(b+c)\}$

今度は｛ ｝の中の部分を、文字 b（c でもいい）について、まとめなおすと、

$(b-c)\{a^3 - (c^2 + cb + b^2)a + bc(b+c)\}$
$= (b-c)\{(c-a)b^2 + (c^2 - ac)b + a^3 - ac^2\}$
$= (b-c)\{(c-a)b^2 + c(c-a)b + a(a^2 - c^2)\}$

> 因数分解の問題をスラスラ解くためにはどうしたらいいのでしょうか。

$= (b-c)\{(c-a)b^2 + c(c-a)b - a(c+a)(c-a)\}$

$= (b-c)(c-a)\{b^2 + bc - a(c+a)\}$

ここで｛　｝内にふたたび展開公式3（和と積の公式）を用いて

　　$(b-c)(c-a)\{b^2 + bc - a(c+a)\}$

$= (b-c)(c-a)(b-a)(b+c+a)$

$= (b-c)(c-a)\{-(a-b)\}(b+c+a)$

$= \boldsymbol{-(a-b)(b-c)(c-a)(a+b+c)}$

④　$x^4 + x^2 - 2ax - a^2 + 1$

$= (x^4 + x^2 + 1) + (-a^2 - 2ax)$

$= (x^4 + 2x^2 + 1) - x^2 + (-a^2 - 2ax)$

$= (x^2 + 1)^2 - (a^2 + 2ax + x^2)$

$= (x^2 + 1)^2 - (a + x)^2$

$= (x^2 + 1 + a + x)(x^2 + 1 - a - x)$

$= \boldsymbol{(x^2 + x + a + 1)(x^2 - x - a + 1)}$

この解法はもっぱら「項の組み合わせを工夫する」方法に基づいて解いてありますが、もちろん、問題の文字 a の次数（2次）が文字 x の次数（4次）より低いことに目をつけて文字 a でくくる方法でもできますよね。

⑤　$(x+1)(x+2)(x+3)(x+4) - 24$

$= (x+1)(x+4)(x+2)(x+3) - 24$

$= (x^2 + 5x + 4)(x^2 + 5x + 6) - 24$

ここで式 $(x^2 + 5x)$ の部分をひとかたまりに見て、たとえば X とおくと

　　$(x^2 + 5x + 4)(x^2 + 5x + 6) - 24$

$= (X+4)(X+6) - 24 = X^2 + 10X + 24 - 24$

$= X^2 + 10X = X(X+10)$

81

ここで文字 X をもとにもどすと
$$X(X+10) = (x^2+5x)\{(x^2+5x)+10\}$$
$$= x(x+5)(x^2+5x+10)$$

　この手順1から4を念頭において、因数分解の問題に挑んでも、さらに手に余る問題もないではありません。
　こんな問題はどうでしょうか。
　「式 $x^2+40x+144$ を因数分解しましょう」
　うーん、足して40、掛けて144となる2つの数を探せばいいんじゃないの？
　しかし、数一般に対する、特別なセンスを持った人以外は、上のような条件をみたす2つの数をすばやく探すのはなかなか難しいことです。
　こういう因数分解の問題の解決には、次の章の方程式（**2次方程式**）の考え方が密接にかかわってくるのです。

第 2 章
方程式と不等式

その1　方程式って思ったより単純なものではないらしい。

　中学生の頃の私は、試験問題に先生の手で書かれた＝（イコール）を見つけたら、それは方程式の問題、それに対して、問題に＝（イコール）の記号が付いていなかったら、それは展開や、因数分解などの問題だと信じ込んでいました。

　その裏には、数学のテストでよい点を取るためには、限られた時間の中で数多くの問題を正確に解かなくてはならないという現実が控えていたのです。「認知・反応」この間にかかる時間をできるだけ短くするのが、数学の問題を解くことだと、私は思い込んでいた節はあります。

　たとえば $x^2 + 3x + 2$ という問題を見た場合、この問題には＝（イコール）が付いていないから式の変形（因数分解）の問題。

　それに対して $x^2 + 3x + 2 = 0$ とイコールが付いているときは、方程式の問題だから、$x =$ の答えを出すべく、もうひと手間かけなければならないと自分を奮い立たせる、といった按配でした。

　ところがこの思い込みが打ち破られる時がきました。高校に入ってまもなくのことでしたが、この話はのちに譲ります。

　ともあれ、「問題の式に＝が付いているのを見たら、方程式の問題」という私の思い込みがまだ破られなかった時代の問題からいきましょう。

　どの問題にも、出題者の書いたイコール（＝）が付いているでしょう？

　ここに出したような問題を1次方程式の問題、というのですよね。

問題 2 の 1

　次の方程式を解きましょう。

① $x + 4 = 6$
② $5y + 3 = 18$
③ $3(x + 2) = 5x$
④ $6 - 2(9 - x) = 4x$
⑤ $x - 5(x - 4) = 8$

問題2の1解説

①イコールの左側（左辺）の式にある＋4という項を、イコールの右側（右辺）に移動させて $x = 6 - 4$ だから、$x = 2$。

「プラスマイナスで結びつけられた項はイコールを飛び越えるとき符号が変わる」と私は覚えていたからなのでした。

でもなぜ、こんなことをしていいのでしょうか。

それはイコール（＝）という記号の持つ性質が保障する事実だったのです。イコール（＝）という記号は天秤と同じで、イコールで結ばれた左側の式と右側の式が「つり合っている」という事実を指し示していたのでした。つり合っている式の両辺に、同じ値を足しても引いても、掛けても0でない数で割ってもやっぱりつり合っているというのが、このイコールという記号が保障する根本的な性質だったのです。

だから、はじめの問題で $x + 4$ と6とは、イコールで結ばれているのだから、この式の両辺に－4という同じ値を足してもいい、のでした。

なぜ、－4という値を足すかというと、$x =$ の答えを出すためには、なるべく文字 x を単独の形で、式の左辺（右辺でもいい）に持っていきたいからなのでした。

つまり $x + 4 + (-4) = 6 + (-4)$

そこで左辺の4が消えてしまい $x = 6 + (-4)$。これは $x = 6 - 4$ と同じ意味になります。

左辺にあった＋4はイコールを飛び越えたから符号が変わったという

のは、単に見かけ上のことだったのです。

　方程式の問題とは、イコールという天秤の働きをする記号の性質を利用して未知数 x（y でも）を式の左辺（または右辺）に単独の形に持っていく問題、これに尽きると私は思います。

　②は左辺の 3 を右辺に移項して $5y = 18 - 3$、　$5y = 15$

　ここで「イコールは天秤」の性質を使って両辺を 5 で割ります。5 で割る理由は、もちろん、未知数の y を単独の形で左辺に残すためです。これは「方程式を解く」ということの基本的な意味ですものね。つまりこの方程式の答えは $y = 3$ です。

　③の問題にはカッコがありますので、カッコをはずして計算、結果は $3x + 6 = 5x$。

　ここで両辺に $-3x$ を足すと、x の項が単独になりやすい形で、右辺に集まりますね。

　もちろん、$3x$ という項を移項したから符号が変わる、と覚えておいても構いません。

　$6 = 5x - 3x$、$6 = 2x$ なので、この式の両辺を同じ数字、2 で割って x を出します。$3 = x$。

　この式を $x = 3$ と入れ替えて答えていい理由ももちろん「イコールは天秤の働きをする」からなのですよね。

　④もカッコをはずし、式を整理するのが第一の仕事。$6 - 18 + 2x = 4x$ から $-12 + 2x = 4x$。ここで両辺に $-2x$ を足して、文字 x を単独の形になりやすいように右辺に集めてください。

　もちろん両辺に $-4x$ を足して、未知数 x を左辺に集めるという方法でもいいのですが、この問題の場合にはふた手間かかる感じです。

　④の問題は、はじめに両辺を 2 で割ってしまう方法でも解けますよね。

　⑤もカッコをはずし $x - 5x + 20 = 8$。文字 x を含む項を計算すると同時に、20 を右辺に移項してください。

| 方程式って思ったより単純なものではないらしい。 |

問題2の1 解答

① $x = 2$
② $y = 3$
③ $x = 3$
④ $x = -6$
⑤ $x = 3$

練習のために、似たような問題をやってみましょうか。

問題2の1 類題

次の方程式を解きましょう。

① $3x + 12 = 30$
② $\dfrac{x}{3} + 7 = 5 + \dfrac{x}{2}$
③ $3x - 2 = -2x - 12$
④ $6(2x + 9) + 5 = 7(x + 1) + 3x$
⑤ $1 - 0.2(2y + 6) = 3$

問題2の1 類題の解説

原則的には、**問題2の1**で解説した方法にのっとって挑戦すれば、大丈夫な問題です。

しかし②と⑤には係数に、分数と小数が出てきますよね。

②の場合なら、両辺に3と2の共通の倍数である6を掛けて、係数の分数 $\left(\dfrac{1}{3} と \dfrac{1}{2}\right)$ をともになくします。そのとき左辺にある7と、右辺にある5にも6が掛かってくるところに注意。

6を掛けた結果は、$2x + 42 = 30 + 3x$ です。

⑤の場合には両辺に10を掛けて、係数に出てくる小数部分0.2をな

くします。

　この場合は $10 - 2(2y + 6) = 30$ となります。

　なぜこんな作業をするかというと、一般的に、分数や小数が混ざった計算は複雑になりがちだからです。で、「イコールは天秤」の性質をフルに使って、問題に出てくる分数や小数をあらかじめなくしておくのです。分数小数の計算が何よりも得意だ、という方は必ずしもこんな作業をする必要はありません。

問題2の1 類題の解答
① $x = 6$
② $x = 12$
③ $x = -2$
④ $x = -26$
⑤ $y = -8$

その2　連立方程式には2通りの解法があります。

　次に連立方程式というものが、中学校の教科書に出てきました。これは未知数が2つで、式も2本あるのが、基本的なものでした。

問題2の2

　次の連立方程式を解きましょう。

① $\begin{cases} x = 2y - 1 \\ 2x + y = 3 \end{cases}$

② $\begin{cases} 2x + y = -2 \\ x - 2y = 4 \end{cases}$

③ $\begin{cases} 2x + 3y = 3 \\ 3x - 2y = -2 \end{cases}$

④ $\begin{cases} 2x - 4y + 6 = 0 \\ 3x + 2y - 7 = 0 \end{cases}$

問題 2 の 2 解説

連立方程式の基本的な考え方は、とにかく、複数ある文字を消して、文字1個の方程式の形に持ち込めばいい、というのでしたね。

①や②のように、x または y が単独の式の形に表されているか、または表されやすい場合には「代入法」という手法を使って解くのでした。これに対して③や④のように、x や y が、すぐには単独の形で表されない（表しにくいもの）には「加減法」という手法を使って解くのでした。

①は $x = 2y - 1$ と、未知数 x が y のみの式で表されていますので、これを2本目の式に代入すれば、未知数 y のみの方程式ができます。ここでも文字式を「ひとかたまりに見る」という目は必要でした。この問題では、$2y - 1$ という式を「ひとかたまり」に見て、単独の x という文字で表しているのですよね。ここが納得できないと「代入法」という考え方そのものが納得できません。

代入した結果の式は、$2(2y - 1) + y = 3$ です。

y についてのこの方程式を解くと、$y = 1$ という答えが出ます。それからどうすればいいのでしたっけ？ そう、$x = 2y - 1$ という1本目の式に代入して、x の値を求めてください。

②は2本目の式、$x - 2y = 4$ から $x = 4 + 2y$ という式をすぐに（？）作れますのでこの式を1本目の式に代入すればいいのです。代入した結果は $2(4 + 2y) + y = -2$ です。もちろん1本目の式から $y =$ の式を

導き出してこれを2本目の式に代入しても、同じ結果が得られます。

③は加減法を使う問題ですので問題の式を2本並べます。

$$2x + 3y = 3$$
$$3x - 2y = -2$$

上の式を2倍し、下の式を3倍するとyの係数がそれぞれ6、-6となることがわかります。こんな具合です。

$$4x + 6y = 6$$
$$9x - 6y = -6$$

この上下2本の式を足すとyが消えて、xのみの式になります。

$$13x = 0 ですから x = 0$$

これを1本目か、2本目の、より簡単そうな式に代入してyの値を求めることをお忘れなく。

この問題の場合、1本目の式を3倍、2本目の式を2倍して、xの係数を6に揃えてもいいのですが、これだと1本目の式から、2本目の式を引かないと、文字xが消えてくれません。引き算よりも足し算のほうが楽なので、文字yを消すほうに目をつけたのです。

④も問題の2本の式を、もう一度並べてみます。

$$2x - 4y + 6 = 0$$
$$3x + 2y - 7 = 0$$

下の式を2倍するとyの係数が4となり、上の式のyの係数と一致します。

$$6x + 4y - 14 = 0$$

そこで、この式と1本目の式を加え、文字yを消去してください。

問題2の2 解答

① $\begin{cases} x = 1 \\ y = 1 \end{cases}$

② $\begin{cases} x = 0 \\ y = -2 \end{cases}$

③ $\begin{cases} x = 0 \\ y = 1 \end{cases}$

④ $\begin{cases} x = 1 \\ y = 2 \end{cases}$

ここで連立方程式の類題をやってみましょうか。

問題2の2類題

① $\begin{cases} y = 3x - 1 \\ 3x + 2y = 7 \end{cases}$

② $\begin{cases} 3x + 4y = 4 \\ -2x + 5(x + y) = 2 \end{cases}$

③ $\begin{cases} x - \dfrac{y - 2}{5} = 4 \\ \dfrac{x - 1}{3} + \dfrac{y}{2} = 2 \end{cases}$

④ $\begin{cases} -0.4x + 0.7y = 1 \\ 0.3x - 0.4y = -0.5 \end{cases}$

問題2の2類題の解説

①は典型的な代入法の問題ですよね。

②は2本目の式のカッコをはずして整理すると、$-2x + 5x + 5y = 2$ から $3x + 5y = 2$ となり、なんと代入法の問題だとわかります。もちろん $3x = 2 - 5y$ と、文字式 $3x$ を「ひとかたまり」に見て1本目の式の $3x$ の部分に代入するのです。

③は分数記号が使われていますので、まずこれを消すことを考えてください。

1本目の式を5倍、2本目の式を6倍すると、それぞれ問題に含まれている分数部分がなくなります。その場合、右辺にある数字にもそれぞれの数字を掛けることをお忘れなく。

簡単にした結果は　　$5x - y = 18$
$$2x + 3y = 14$$

となりますので、上の式から$y =$の式を出せば代入法が使え、上の式を3倍すれば加減法の問題ともなります。

しかし方程式の単元などでこうした式の動かし方を習ったあと、たとえば「次の式を簡単にしましょう。$\dfrac{x-1}{3} + \dfrac{y-1}{2}$」というような問題にめぐり合った場合、やおらこの式全体に6を掛けて問題の式の中にある分数の分母を払ってしまう人が現れるのですよ。

この問題は、あくまでも方程式の問題ではなく「式の変形」の問題なんですよね。なぜなら問題には出題者の手による記号＝（イコール）が付いていないではありませんか。

この「式の変形」の問題なら、もちろん正解は

$$\dfrac{x-1}{3} + \dfrac{y-1}{2} = \dfrac{2(x-1)}{6} + \dfrac{3(y-1)}{6}$$
$$= \dfrac{2(x-1) + 3(y-1)}{6} = \dfrac{2x + 3y - 5}{6}$$

と最終結果にも分母の6が付いてきます。

④は2本の式をそれぞれ10倍すると、係数の小数が消えます。こんな具合です。
$$-4x + 7y = 10$$
$$3x - 4y = -5$$

これは典型的な、加減法の問題です。私でしたら、上の式を3倍、下の式を4倍して上下の式を加えてみますね。もちろん、上の式を4倍、

下の式を 7 倍して、上下を加えてみてもいいのです。

問題 2 の 2 類題の解答

① $\begin{cases} x = 1 \\ y = 2 \end{cases}$

② $\begin{cases} x = 4 \\ y = -2 \end{cases}$

③ $\begin{cases} x = 4 \\ y = 2 \end{cases}$

④ $\begin{cases} x = 1 \\ y = 2 \end{cases}$

その3　次にめぐり合ったのは、2次方程式でした。

　数学を学ぶ上で私自身はいつも、ある種の不安感を持っていました。それは「いつか、自分に解けない問題が現れるのではないか」という不安でした。

　こんな話を聞いたら、専門の数学者なら笑うでしょうか。それとも意外や、感心してくれるでしょうか。

　中学校で習った連立方程式は、未知数が x と y の 2 つだけでした。この先、この未知数がもっともっと多くなった連立方程式を解けといわれるのかしら？ という不安を持ったのです。たくさんの未知数を持った方程式を解くのは、ひどく手間がかかることのような気がしました。

　しかし教科書の持っていき方は、私の不安（実は、期待）を裏切り、

次に私が解かなければならなくなったのは、こんな方程式でした。

そう、未知数は x、1つだけですが、x^2 の項を持つ方程式、つまり x の2次方程式と呼ばれるものが、教科書に現れてきたのです。

2次方程式の最初のほうは、私にもやさしく思われ、ひとまず胸をなでおろしました。しかしこんな新しい不安にも取りつかれることになります。「そうか、方程式って、こういう方向に難しくなるのね」

x^3 や x^4……を含んだ方程式の問題が、早くも幽霊のように私の目の前を横切り始めました。

あとになってわかったことですが、未知数の数が多くなっても、それらがすべて1次の式として並んでいれば、これらの未知数を組織的に求める方法があるのです。

つまり、方程式というものは、未知数の数が x、y、z、……と多くなるほうに難しくなるのではなく、たとえ未知数は x ひとつであっても、その次数を増す方向に難しくなるらしいのです。

ともあれ2次方程式といわれるものの中で、最も簡単なものから始めましょう。

問題 2 の 3 の A

① $x^2 = 25$
② $x^2 = 3$
③ $3x^2 = 15$
④ $(x - 3)^2 = 49$
⑤ $3(x + 4)^2 = 18$

問題 2 の 3 の A 解説

①は「イコールは天秤」とおなじみの呪文を唱えているだけでは、どう式を動かしたらいいのかわかりません。

> 次にめぐり合ったのは、2次方程式でした。

　それより「2回掛けて25になる数は？」と方程式の意味を言葉に直してから考えるほうがわかりやすいですね。そう、2回掛けて25となる数は5ですから、$x = 5$？ いえ、これでは不十分ということになります。2回掛けて25となる数には5のほかに−5もあります。

　②「2回掛けて3となる数」を探せばいいのですが、これは①の場合のように簡単には見つかりません。こういう場合には記号$\sqrt{}$を用いて、表せばいいのでした。「2回掛けて3となる数のうちプラスのほうを$\sqrt{3}$、マイナスのほうを$-\sqrt{3}$」と表します。だからこの2次方程式の答えは、$x = \pm\sqrt{3}$ですよね。

　③方程式への取り組みの方針は、未知数をなるべく単独の形に右辺または左辺に集めることだ、この考え方は2次方程式の場合にも効いています。両辺を3で割って$x^2 = 5$。これからxを出せばいいのです。

　④この問題は$x - 3$の部分をひとかたまりに見ます。たとえば$x - 3 = X$とでもおけば、$X^2 = 49$。そこで$X = \pm 7$。Xをもとにもどして$x - 3 = \pm 7$。

　これから$x = \pm 7 + 3$。これってどういう意味なの？

　単に$x = +7 + 3$と$x = -7 + 3$という2本の式を、1本にまとめて書いただけのことですから、別々に計算して、xの2つの答えとして答えればいいのです。

　⑤の問題も$x + 4$の部分をひとかたまりに見て、新しい文字Xとおきましょうか。

　そうすると$3X^2 = 18$。両辺を3で割ってから、文字Xをもとにもどします。

問題2の3のA解答

① $x = \pm 5$

② $x = \pm\sqrt{3}$

③ $x = \pm\sqrt{5}$
④ $x = 10$ と $x = -4$
⑤ $x = \pm\sqrt{6} - 4 = -4 \pm\sqrt{6}$

(問題⑤の場合には、これ以上計算ができませんので、2つの答えをひとつにまとめた形で答えておけばいいのです)

その4　ここでぶつかる2つの岐路、因数分解と平方完成。

次に、2次方程式の問題はひとつの岐路に差しかかります。
それは次のような問題からでした。
「2次方程式 $x^2 - 16 = 0$ を解きなさい」

この問題には、記号＝（イコール）が付いているのを私は見落としたのでしょうか。

左辺だけに目をつけ、これをまず因数分解の問題として解いてしまったのです。

使う公式は「展開公式2（和と差の公式）」ですよね。
$x^2 - 16 = (x + 4)(x - 4)$

実際の問題はこれに＝0が付いているのです。$(x + 4)(x - 4) = 0$。ってことは、方程式の問題なのです。でも、この先はどう考えたらいいのでしょう。

2つの文字（式）A と B とがあり、これらを掛け合わせた結果（$A \times B$）が0になったとします。つまり $AB = 0$ だったとします。

2つの文字（式）A と B がともに0でなかった場合、この2つを掛け合わせた結果が0になるということはありえません。

本当はここは疑っていい場所なのですが、中学生の私にはその能力はありませんでした。3 × 5 も 7 × 4 も 0 にはならない。その理由は 3 も 5 も 7 も 4 も 0 ではないからだ、くらいの浅はかな考えで切り抜けました。

　つまり 2 つの文字式 A と B を掛けた結果が 0 となるのは、A が 0 で、B が 0 でない場合。次に A が 0 でなくて、B が 0 の場合。最後に A も B も 0 である場合、とこの 3 つの場合に限られるというのです。

　このことを教科書では実に簡単に、文字（式）A、B に対して「$AB = 0$ となるのは、A または B が 0 であるとき」とくくってありました。

　「または」という言葉の中には、「A も B も 0 である」という場合が含まれていたのです。そこで $(x + 4)(x - 4) = 0$ という方程式の場合には

$$x + 4 = 0 \quad \text{または} \quad x - 4 = 0$$

これから $x = -4$ または $x = 4$。

　方程式の場合には同じ文字 x が、同時に 4 でありかつ -4 であることはありえないのですから、$x = 4$、-4 と「点」で区切って書いておいても誤解は生じません。

　これが「$x^2 - 16 = 0$」という方程式の答えでした。

　ということは、2 次方程式は因数分解の応用で解ける！

　もちろん方程式 $x^2 - 16 = 0$ を、$x^2 = 16$ と変形すれば、これは「2 回掛けて 16 となる数」を探せばいいのですから、答えは $x = \pm 4$。

　方程式を解く方法としては、こちらのほうがずっと簡単でした。しかもこちらの考え方には、「2 次方程式の解き方」の正道につながる考え方が潜んでいたのです。

　ともあれ、2 次方程式をまずは、因数分解で解く問題をやりましょうか。

問題 2 の 3 の B

次の 2 次方程式を解きましょう。

① $x^2 - 6x = 0$
② $x^2 + 4x - 21 = 0$
③ $5x^2 + 2x - 3 = 0$
④ $4x^2 - 4x + 1 = 0$
⑤ $(x + 2)^2 - 5(x + 2) + 4 = 0$

> 問題2の3のB解説

①は共通因数（この場合はx）でくくり出せば $x(x - 6) = 0$
②は**展開公式3（和と積の公式）**から $(x + 7)(x - 3) = 0$
③**展開公式4（たすきがけ型の公式）**より

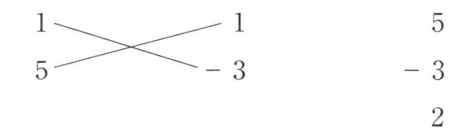

```
1       1        5
 \     /
  \   /         -3
  /   \
 /     \         2
5       -3
```

の組み合わせから $(x + 1)(5x - 3) = 0$
④は**展開公式1（2乗の公式）**ですよね。$(2x - 1)^2 = 0$
⑤この問題は文字式 $x + 2$ をひとかたまりに見て、$x + 2 = X$ とでもおいておくと、**展開公式3（和と積の公式）**から $(X - 1)(X - 4) = 0$

> 問題2の3のB解答

① $x = 0$、$x = 6$
② $x = -7$、$x = 3$
③ $x = -1$、$x = \dfrac{3}{5}$
④ $x = \dfrac{1}{2}$（重解）

これは2次方程式なのに答えが1つですが、こういう場合は、2つある答えがたまたま一致した（重なった）と考えるのでした。それが故に、こういう場合の答えを重解というのでした。

⑤ $x = -1$、$x = 2$

文字 X をもとにもどすと $(x + 1)(x - 2) = 0$ となるからですね。

その5 もうひとつの岐路をもたどらざるを得なくなります。（平方完成という方法）

　そのうち私は、因数分解では解けない2次方程式にぶつかります。それはこんな問題でした。「次の2次方程式を解きましょう。$x^2 + 2x - 7 = 0$」

　因数分解で解こうとすると使うのは展開公式3（和と積の公式）ですが、足して2で、掛けて－7となる数は簡単には見つかりません。

　こういう問題はどう解いたらいいか、教科書にはこんなふうに書いてありました。

　問題の式の一部、$x^2 + 2x$ に、もしも数字の1が付け加わればば、2乗の公式（展開公式1）が応用できて、この式は $(x + 1)^2$ と因数分解できます。$x^2 + 2 \times 1x + 1^2 = (x + 1)^2$ ですからね。

　でも実際には、数字の1はないのですから、すぐさま、この数字（1）を引いておく必要があります（なぜ、こんなことに気を使うかといえば、そう、「イコールは天秤の働きをする」からですよね）。

　つまり $x^2 + 2x - 7 = (x^2 + 2 \times 1x + 1^2) - 1^2 - 7 = (x + 1)^2 - 1 - 7 = (x + 1)^2 - 8$。これに、＝0が付いて方程式の形になっているのです。

$$(x + 1)^2 - 8 = 0$$
$$(x + 1)^2 = 8$$

2回掛けて8となる数は $\pm\sqrt{8}$ ですから

$$x + 1 = \pm\sqrt{8}$$
$$x = \pm\sqrt{8} - 1 = -1 \pm\sqrt{8}$$

ここで、$\sqrt{8} = \sqrt{4 \times 2}$ なので、ルートの中の数字4は2となってルー

トの外に出ます。

$\sqrt{8} = \sqrt{4 \times 2} = 2\sqrt{2}$ ですので、方程式 $x^2 + 2x - 7 = 0$ の答えは $x = -1 \pm 2\sqrt{2}$

このように x の2次式 $x^2 + px + q$ を $(x + a)^2 + b$ の形に変形することを「平方完成」というのです。

そうしてこの「平方完成」という方法を知っていれば、すべての2次方程式は解けるというのです。ほんとでしょうか？

実際に、「平方完成」という変形を用いて、2次方程式を解いてみましょうか。

問題2の3のC

次の2次方程式を解きましょう。

① $x^2 + 6x + 3 = 0$
② $x^2 - 8x + 7 = 0$
③ $x^2 + 3x - 2 = 0$
④ $x^2 - x - 3 = 0$
⑤ $2x^2 - 5x - 1 = 0$

問題2の3のC解説

① $x^2 + 6x + 3 = (x^2 + 2 \times 3x + 3^2) - 3^2 + 3$
$= (x + 3)^2 - 9 + 3 = (x + 3)^2 - 6$ と変形できます。

②この問題、因数分解でも解けるんじゃないの？ なんて、いいっこなしです。

まずは平方完成の問題として挑戦してみてください。

$x^2 - 8x + 7 = (x^2 - 2 \times 4x + 4^2) - 4^2 + 7$
$= (x - 4)^2 - 16 + 7 = (x - 4)^2 - 9$

③ $x^2 + 3x - 2$ この問題、x の係数3は2で割り切れません。でも大

丈夫、分数を用いて、無理やり 2 を外に出し、2 乗の公式が使える形に変形すればいいのです。

$$x^2 + 3x - 2 = \left\{ x^2 + 2 \times \frac{3}{2}x + \left(\frac{3}{2}\right)^2 - \left(\frac{3}{2}\right)^2 \right\} - 2$$
$$= \left(x + \frac{3}{2}\right)^2 - \frac{9}{4} - 2$$
$$= \left(x + \frac{3}{2}\right)^2 - \frac{9}{4} - \frac{8}{4} = \left(x + \frac{3}{2}\right)^2 - \frac{17}{4}$$

④この問題も x の係数 -1 が 2 で割り切れませんが、分数を用いる方法で解決します。

$$x^2 - x - 3 = \left\{ x^2 - 2 \times \frac{1}{2}x + \left(\frac{1}{2}\right)^2 \right\} - \left(\frac{1}{2}\right)^2 - 3$$
$$= \left(x - \frac{1}{2}\right)^2 - \frac{1}{4} - \frac{12}{4}$$
$$= \left(x - \frac{1}{2}\right)^2 - \frac{13}{4}$$

⑤ $2x^2 - 5x - 1 = 0$

この問題は x^2 に係数 2 が付いています。この 2 を付けたまま、平方完成するという方法もあるのですが、この場合は方程式なので「イコールは天秤」の考えを用いて、まず方程式全体を、x^2 の係数 2 で割ってしまいましょう。

割った式 $x^2 - \frac{5}{2}x - \frac{1}{2} = 0$、この式の左辺を平方完成していきましょう。

$$x^2 - \frac{5}{2}x - \frac{1}{2}$$
$$= \left\{ x^2 - 2 \times \frac{5}{4}x + \left(\frac{5}{4}\right)^2 \right\} - \left(\frac{5}{4}\right)^2 - \frac{1}{2}$$

$$= \left(x - \frac{5}{4}\right)^2 - \frac{25}{16} - \frac{1}{2}$$
$$= \left(x - \frac{5}{4}\right)^2 - \frac{25}{16} - \frac{8}{16} = \left(x - \frac{5}{4}\right)^2 - \frac{33}{16}$$

問題 2 の 3 の C 解答

① $x = -3 \pm \sqrt{6}$

② $x = 4 \pm \sqrt{9} = 4 \pm 3$ ですので、答えは $x = 7$、$x = 1$

③ $x = \pm \frac{\sqrt{17}}{2} - \frac{3}{2}$ ですので、2 を共通分母にとって答えます。
$x = \frac{-3 \pm \sqrt{17}}{2}$

④ $x = \pm \frac{\sqrt{13}}{2} + \frac{1}{2} = \frac{1 \pm \sqrt{13}}{2}$

⑤ $x = \pm \frac{\sqrt{33}}{4} + \frac{5}{4} = \frac{5 \pm \sqrt{33}}{4}$

その 6 平方完成の考えを一般化したのが「2 次方程式の解の公式」です。

2 次方程式はもちろん、因数分解の応用で解いてもいいのですが、残念ながら、この方法ではうまくいかないものも数多くあります。うまくいくかどうか、やってみなければわからないところが、生徒の立場としては絶えざる悩みでした。

しかし平方完成という方法を知っていれば（計算は少々ややこしくなる場合もありますが）$ax^2 + bx + c = 0$ の形の 2 次方程式はすべて解くことができます。あ、この場合 2 次方程式といっているので、x^2 の

> 平方完成の考えを一般化したのが「2次方程式の解の公式」です。

係数 a はゼロであってはいけませんよね。

するとこの平方完成という方法が、$ax^2 + bx + c = 0$（ただし a はゼロでない）という形のすべての2次方程式を解く上での極意（一般的な方法）ということになります。

そこで $ax^2 + bx + c = 0\,(a \neq 0)$ という一般的な形で書かれた2次方程式を、平方完成すれば、この2次方程式の答えを出す公式が得られます。

これが「2次方程式の解の公式」ですよね。

解の公式はもちろん、証明する必要がありますが、未知数 x のほかに、文字 a、b、c と3つもの文字（定数）を含んでいるので、実際の計算はなかなか厄介です。

しかし考え方は、上の問題でやった具体的な数字を用いた平方完成の方法と全く同じです。

こんなふうにして得られたのが、2次方程式の解の公式です。

2次方程式 $ax^2 + bx + c = 0\,(a \neq 0)$ の解は

$$x = \frac{-b \pm \sqrt{b^2 - 4ac}}{2a}$$

もしも x の係数の b が偶数だったとすると、$b = 2b'$ と書けるわけですから、解の公式の分母、分子が2で約分できて

$$x = \frac{-b' \pm \sqrt{b'^2 - ac}}{a}$$

とより簡単な形になります。

ではここで、解の公式を使った2次方程式の問題をやってみましょうか。

問題2の3のD

① $x^2 - 7x + 2 = 0$
② $x^2 + 3x - 2 = 0$

③ $x^2 - 4x - 3 = 0$
④ $2x^2 - 5x - 1 = 0$
⑤ $3x^2 - 6x - 1 = 0$

問題 2 の 3 の D 解説

①、②、④は解の公式そのまま、③、⑤は x の係数が偶数ですので、簡約された形の解の公式を使うのが便利です。

問題 2 の 3 の D 解答

① $x = \dfrac{7 \pm \sqrt{41}}{2}$

② $x = \dfrac{-3 \pm \sqrt{17}}{2}$

③ $x = 2 \pm \sqrt{7}$

④ $x = \dfrac{5 \pm \sqrt{33}}{4}$

⑤ $x = \dfrac{3 \pm 2\sqrt{3}}{3}$

解の公式を用いれば、$ax^2 + bx + c = 0\ (a \neq 0)$ という形の 2 次方程式はすべて解けるのですから、逆に、これを用いて因数分解の問題を解くこともできます。

たとえば、第 1 章の終わりに載せておいた「$x^2 + 40x + 144$ を因数分解しなさい」という問題でも、足して 40、掛けて 144 となる 2 つの数がすぐに見つからないときは、この式をひとまず、2 次方程式の問題として解いてしまいます。

$x^2 + 40x + 144 = 0$ の解は、簡約された 2 次方程式の解の公式から
$x = -20 \pm \sqrt{400 - 1 \times 144} = -20 \pm \sqrt{256}$

$= -20 \pm \sqrt{16^2} = -20 \pm 16 = -4、-36$

そこでこの因数分解の問題の答えは
$x^2 + 40x + 144 = (x + 4)(x + 36)$ ということになるのです。

その7　次に私は理解しがたい状況に直面しました。

教科書に、次のような2次方程式の問題が載っていました。
「2次方程式 $x^2 + x + 2 = 0$ を解きなさい」
因数分解では無理そうなことを確かめてから、私は解の公式を使いました。

$$x = \frac{-1 \pm \sqrt{1^2 - 4 \times 1 \times 2}}{2}$$
$$= \frac{-1 \pm \sqrt{1-8}}{2} = \frac{-1 \pm \sqrt{-7}}{2}$$

しかしこれまで習った平方根についての知識からすると、ルートの中の数字はいつもプラスのはずでした。なぜなら中学校時代、平方根というものが初めて教科書に出てきたとき、ルートの中の数字はいつでもプラスだ、と教わったからです。その根拠は、たとえば $\sqrt{3}$ は、面積が3であるような正方形の1辺の長さ、$\sqrt{7}$ といえばそれは面積が7の正方形の1辺の長さ、ということになっていたからです。

だから $\sqrt{-7}$ とルートの中にマイナスの数字が入ってくるような「無理数」は私には土台、考えられないものでした。

しかし教科書は言います。これからは、2回掛けて－1となる数も考えることにし、その一方を新しい文字 i で表します、と。

2回掛けて－1となる数の一方を i で表したのですから、もう一方は

$-i$ と表されます、というのです。

　すると i はプラスの数で、$-i$ はマイナスの数ってことなのかしら？いいえ、この考えはまるっきり違っているらしいのです。そもそも i という数は「2回掛けて-1」となる数、つまり $\sqrt{3}$ や $\sqrt{7}$ を始めて習ったときの説明に置き換えて考えれば「面積-1の正方形の1辺の長さ」ってことになるわけだから、現実には存在しない数なのではありませんか。つまり新しく紹介された i という数には、プラスもマイナスも考えられない、いや正負の区別など考えてはいけない数なのではありませんか。

　どうも教科書は、こういうことを言いたいらしい、と私はまもなく気づきます。

　2次方程式を解いたら、ルートの中にマイナスの数が現れるものが出てきた。

　たとえば2次方程式 $x^2 + x + 2 = 0$ の答えに出てくる、$\sqrt{-7}$ のように。これを何とか処理したいので、$\sqrt{-1}$ の部分を新しい記号 i とおくことにした。そうすると $\sqrt{-7}$ は $\sqrt{7}i$ と書けるから、2次方程式の答えが、すっきりした形で表される。

　つまり、i という記号が現れたのは、教科書の方便からだ、それが故に、教科書はこの新しい記号 i のことを「虚数単位」と名づけているのだ、と。

　だから2次方程式 $x^2 + x + 2 = 0$ の答えは、

$$x = \frac{-1 \pm \sqrt{-7}}{2} = \frac{-1 \pm \sqrt{7}i}{2}$$ と虚数単位 i を用いて書けばいいのだ、と。

　記号 i は「教科書の方便」から生まれた、という考え方は、その時の私にはすっきり理解され、次のような問題もあまり抵抗なく、答えを出すことができました。

　ルートの中にマイナスのある数を考えるとはどういうことなのか、それが「教科書の方便」などでは片付けられない幅広い数の世界へ私を導

くことになるということに気づいたのは、それからしばらくたってから
でした。

> 問題 2 の 3 の E

次の 2 次方程式を解きましょう。

① $x^2 = -4$
② $x^2 + 2 = 0$
③ $x^2 + 3x + 3 = 0$
④ $x^2 + 5x + 7 = 0$
⑤ $2x^2 + 4x + 3 = 0$

> 問題 2 の 3 の E 解説

① 2 回掛けて -4 となる数は？

そんな数存在しないんじゃない？ なんていっていないで無理にでも答えます。それは $\pm\sqrt{-4}$ です、と。この答えをさらに新しい記号（虚数単位）i を用いて表してください。

② $x^2 = -2$ と変形してから答えます。

③、④、⑤は、2 次方程式の解の公式を用いて答えを出します。

特に⑤は x の係数が 4（偶数）ですので、簡約された解の公式を用いるといいですね。

> 問題 2 の 3 の E 解答

① $x = \pm\sqrt{-4} = \pm\sqrt{4}\,i = \pm 2i$
② $x = \pm\sqrt{-2} = \pm\sqrt{2}\,i$
③ $x = \dfrac{-3 \pm \sqrt{9-12}}{2} = \dfrac{-3 \pm \sqrt{3}\,i}{2}$
④ $x = \dfrac{-5 \pm \sqrt{25-28}}{2} = \dfrac{-5 \pm \sqrt{3}\,i}{2}$

⑤ $x = \dfrac{-2 \pm \sqrt{4-6}}{2} = \dfrac{-2 \pm \sqrt{2}\,i}{2}$

　それではこの辺で、2次方程式の総合問題をやりましょうか。式の変形を必要とするもの、因数分解で解けるもの、解の公式を使わないと解けないもの、虚数単位 i を用いて答えるもの、問題の式の係数に虚数単位 i が混じっているものなど、いろいろな問題が混じっています。

問題2の3のF

次の方程式を解きましょう。

① $3x^2 - 7x + 2 = 0$
② $3x^2 + 5x + 6 = 0$
③ $2(x+1)^2 = (x-2)(x+6) + 6$
④ $\sqrt{3}x^2 - 15x + 18\sqrt{3} = 0$
⑤ $(1+i)x^2 + (3i-1)x - 2 = 0$

問題2の3のF解説

　①は因数分解で解けるのですが、気づかない場合は②と同様、解の公式を用いて解けばいいのです。

　③はどこかの文字式の部分を置き換えてもあまり有利にはなりそうもない問題ですので、すべてのカッコをはずす方向で考えます。

　④も⑤も実は因数分解で解けるのですが。

　⑤は新しい記号 i の存在を認めたからには、こういう問題（x の係数が虚数の2次方程式）にめぐり合うことも覚悟しなくてはなりませんよね。2回掛けて -1 となる数を i とおいたのですから、$i^2 = -1$ ですね。すると $-2 = i \times 2i$ ってことになりますよね。この関係を使って「たすきがけの因数分解」で、この問題を解きます。

| 次に私は理解しがたい状況に直面しました。

問題2の3のF解答

① $x = 2$、$x = \dfrac{1}{3}$

左辺を、たすきがけ型を用いて因数分解します。

```
1        -2         -6
 ╳
3        -1         -1
                    -7
```

より左辺 $3x^2 - 7x + 2 = (x - 2)(3x - 1)$ と因数分解できる。

② $x = \dfrac{-5 \pm \sqrt{47}\, i}{6}$

解の公式から $x = \dfrac{-5 \pm \sqrt{25 - 72}}{6} = \dfrac{-5 \pm \sqrt{-47}}{6}$

$\qquad\qquad\quad = \dfrac{-5 \pm \sqrt{47}\, i}{6}$

③ $x = \pm 2\sqrt{2}\, i$

カッコをはずして整理した結果が $x^2 + 8 = 0$ ですので、$x^2 = -8$

$x = \pm\sqrt{-8} = \pm\sqrt{8}\, i = \pm 2\sqrt{2}\, i$

④ $x = 3\sqrt{3}$、$x = 2\sqrt{3}$

左辺をたすきがけ型を用いて因数分解すると、

```
1           -3√3        -9
  ╳
√3          -6          -6
                        -15
```

より左辺 $= \sqrt{3}x^2 - 15x + 18\sqrt{3} = (x - 3\sqrt{3})(\sqrt{3}x - 6)$

ですので $x = 3\sqrt{3}$ と、$x = \dfrac{6}{\sqrt{3}}$ が答えとなりますが、2つ目の答えは分母の $\sqrt{3}$ を消すために分母と分子に $\sqrt{3}$ を掛ける（こういう変形を分母の有理化というのですよね）と $x = \dfrac{6 \times \sqrt{3}}{(\sqrt{3})^2} = \dfrac{6 \times \sqrt{3}}{3} = 2\sqrt{3}$

となります。

⑤ $x = -i$、$x = -1 - i$

この問題もたすきがけ型の因数分解で

$$1 \qquad\qquad i$$
$$1+i \qquad\qquad 2i$$

$$i-1$$
$$2i$$
$$3i-1$$

となりますので

左辺 $= (1+i)x^2 + (3i-1)x - 2 = (x+i)\{(1+i)x + 2i\}$

と因数分解されます。

終始、$i^2 = -1$ であることを意識してくださいね。

そこで2次方程式の答えは $x = -i$ と $x = \dfrac{-2i}{1+i}$ ということになりますが、2つ目の答えには有理化が必要です。有理化するために分母分子に $1-i$ を掛けてください。

$$x = \dfrac{-2i \times (1-i)}{(1+i)(1-i)} = \dfrac{-2i \times (1-i)}{1^2 - i^2}$$
$$= \dfrac{-2i \times (1-i)}{2} = -i(1-i) = -i - 1 = -1 - i$$

と簡単になります。

④と⑤も因数分解できることに気づかなければ、2次方程式の解の公式を利用しても解けるのですが、この場合は、いずれにしても x^2 の係数（$\sqrt{3}$ や $1+i$）はあらかじめなくしておくほうが計算が楽です。

④の場合は $\sqrt{3}$、⑤の場合は $1-i$ を掛けておくと、それぞれ x^2 の係数が、簡単な数（3と2）になります。それから解の公式に持ち込むほうがいいと思います。**x^2 の係数は、解の公式の分母に回りますので、あらかじめ簡単にしておくのです。**

その8 やっぱり出てきた2次の連立方程式の問題！

この次にめぐり合うのではないかと私がひそかに予測し、心配（期待）もしていた問題に私はめぐり合います。

それは、2次式も混じる連立方程式の問題でした。これが一騎当千、一題一題に、ない知恵をしぼらなければならない問題も混じっているということにすぐに気づきました。

問題2の4

次の連立方程式を解きましょう。

① $\begin{cases} x + 3y = 7 \\ x^2 - xy - 2y = 4 \end{cases}$

② $\begin{cases} x^2 + xy - 2y^2 = 0 \\ x^2 + 5xy + 2y^2 = 16 \end{cases}$

③ $\begin{cases} x^2 + y^2 - 2x + 2y = 7 \\ x^2 + y^2 + 4x - 4y = 1 \end{cases}$

④ $\begin{cases} x^2 + xy + 2x = 14 \\ y^2 + xy + 2y = 21 \end{cases}$

問題2の4解説

2元1次（未知数が2つで、問題の式がともに1次式）の連立方程式の場合もそうでしたが、未知数が複数ある方程式の場合は、何とか式を変形して、未知数が1つだけの式に持ち込めばいいのです。方針はそうなのですが、一筋縄ではいかず、一題一題、くふうが必要でした。

①のように片一方が1次の式の場合には比較的簡単。1次の式から

$x =$ または $y =$ の式を出して、2次で表されている式のほうに代入すればいいのです。1本目の式から $x = 7 - 3y$ という式を出し、これを2本目の式に代入します。

②は1本目の式が因数分解（和と積の公式）できることに気づくのが肝心。

$x^2 + xy - 2y^2 = (x + 2y)(x - y) = 0$ から、$x = -2y$ または $x = y$ ですので、これを別個に、2本目の式に代入します。

③は問題の式をよく見ると、ともに $x^2 + y^2$ という項があります。

上下の式を引けば、2乗の項がともに消えて1次の式が出ます。

$$-6x + 6y = 6$$

両辺を6で割って $-x + y = 1$ ですから、$y = 1 + x$ として、1本目（または2本目）の式に代入しましょうか。

④は、実は高校時代の私には自力では解けなかった問題ではないかと思います。

上の式を3倍、下の式を2倍すると2本の式の左辺がともに42になります。ここで上下の式を引くと、x と y の2次式で、定数項（数字の項）がないものができます。

$3x^2 - 2y^2 + xy + 6x - 4y = 0$ ですよね。

この式の左辺 $= 3x^2 - 2y^2 + xy + 6x - 4y$

$\qquad = 3x^2 + (y + 6)x - 2y^2 - 4y$

$\qquad = 3x^2 + (y + 6)x - 2y(y + 2)$ と変形しておくと、

この式が因数分解できるのです。用いるのは、文字式入りの「たすきがけ型」の因数分解ですよね。

$$\begin{array}{ccc} 1 & \diagdown & y + 2 \\ 3 & \diagup & -2y \end{array} \qquad \begin{array}{c} 3y + 6 \\ -2y \\ \hline y + 6 \end{array}$$

だから $3x^2 + (y + 6)x - 2y(y + 2) = (x + y + 2)(3x - 2y)$

| やっぱり出てきた２次の連立方程式の問題！ |

と２つの１次式の積に因数分解されます。そこで $x + y + 2 = 0$ と $3x = 2y$ から、$x = -y - 2$ または $x = \dfrac{2}{3}y$ という式を出して、これをそれぞれ１本目（または２本目）の式に代入すればいいのですが……。

問題２の４解答

① $\begin{cases} x = -2 \\ y = 3 \end{cases}$ または $\begin{cases} x = \dfrac{13}{4} \\ y = \dfrac{5}{4} \end{cases}$

２本目の式に $x = 7 - 3y$ を代入し、y のみの式にした結果が $12y^2 - 51y + 45 = 0$ ですので、この式の両辺を３で割り、$4y^2 - 17y + 15 = 0$ となります。

この y の式はさらにたすきがけ型の因数分解で $(y - 3)(4y - 5) = 0$ となりますので、$y = 3$ と、$y = \dfrac{5}{4}$ が出ます。これを x の式に代入、x の値を求めてください。

② $\begin{cases} x = 4i \\ y = -2i \end{cases}$ $\begin{cases} x = -4i \\ y = 2i \end{cases}$ $\begin{cases} x = \sqrt{2} \\ y = \sqrt{2} \end{cases}$ $\begin{cases} x = -\sqrt{2} \\ y = -\sqrt{2} \end{cases}$

$x = -2y$ を２本目の式に代入すると $4y^2 - 10y^2 + 2y^2 = 16$。この式から、$-4y^2 = 16$。$y^2 = -4$ ですので、$y = \pm\sqrt{-4} = \pm 2i$。これを $x = -2y$ の式に代入して $x = \mp 4i$ です。これは、$x = 4i$ のとき $y = -2i$、$x = -4i$ のとき $y = 2i$ を意味します。

今度は、$x = y$ を２本目の式に代入します。すると $y^2 + 5y^2 + 2y^2 = 16$ から $8y^2 = 16$ ですので、$y^2 = 2$。$y = \pm\sqrt{2}$、$x = y$ ですので x も $\pm\sqrt{2}$ です。

この答えは、$x = \pm 4i$、$y = \mp 2i$
$x = \pm\sqrt{2}$、$y = \pm\sqrt{2}$ （複号同順）とまとめて書いても

よいところです。「複号同順」とは、答えの符号を、書いてある順番に採用してくださいという意味です。

③ $\begin{cases} x = 1 \\ y = 2 \end{cases}$ $\begin{cases} x = -2 \\ y = -1 \end{cases}$

1本目の式から2本目の式を引いた結果得られた $y = 1 + x$ という式を1本目の式（2本目でも構わない）に代入します。計算して、簡単になった式が $x^2 + x - 2 = 0$ です。この式の左辺は因数分解でき、$x^2 + x - 2 = (x + 2)(x - 1)$ ですので、この式を0とおいた結果、$x = -2$ と $x = 1$ が出てきます。このおのおのを、$y = 1 + x$ という式に代入し、それぞれ $y = -1$ と $y = 2$ が出てきます。

④ $\begin{cases} x = 2 \\ y = 3 \end{cases}$ $\begin{cases} x = -\dfrac{14}{5} \\ y = -\dfrac{21}{5} \end{cases}$

④の解説で述べたような事情から、x、yについて2本の1次式が出ます。
$x = -y - 2$ と $x = \dfrac{2}{3} y$ です。

これらの式をそれぞれ、2本目の式に代入します。式をよく見ると2本目の式には文字 x が1個だけしか使われていませんので、ここは、ダンゼン2本目の式に代入するのが有利です。

$x = -y - 2$ を2本目の式に代入すると $y^2 + (-y - 2)y + 2y = 21$。ところが、あれれ、この式の左辺はすべての項が消えてしまって、しいていえば $0 = 21$ という式が出てしまいます。これってどういう意味なの？ とにかく未知数 y がすべて消えてしまったのだから、y の値を

やっぱり出てきた2次の連立方程式の問題！

求めることはできないし、y が求められなければ x の値だって求めることはできません。

ここのところを深く追求するわけにもいかなかった当時の私は、次には $x = \dfrac{2}{3} y$ の式を2本目の式に代入してみます。代入した式を計算し、整理してみると、$5y^2 + 6y - 63 = 0$ という式が出ます。

この式の左辺は、たすきがけ型の因数分解で $(y - 3)(5y + 21)$ と変形できます。もちろん、たすきがけ型が難しいと思ったら、解の公式を用いればいいのです。だからこの2次方程式の答えは、$y = 3$ と $y = -\dfrac{21}{5}$ です。

$x = \dfrac{2}{3} y$ の式に代入、それぞれ $x = 2$ と $x = -\dfrac{14}{5}$ という答えが得られます。

あとになってわかったことですが、この2次の連立方程式の問題にはそれぞれ図形的な意味があったのです。

たとえば問題①は、計2本の直線に1本の直線が交わる問題に帰結するし、問題②なら2直線と無理関数（ルートの中に文字式を含む関数）、問題③なら2つの円の交点を求める問題に帰着するのでした。答えに i（虚数単位）が付いてくる問題は、実際には交わらない（架空の）交点までをも求めているのではないでしょうか。問題④は結局、分数関数（分母に文字を含む関数）と無理関数の交点を求める問題に帰着するらしいのですが、関数の形がつかみにくいので方程式としても解きにくいのだろうかなどと、私は勝手な想像をめぐらしました。

考えてみると、中学生時代に習った、未知数が2つの連立方程式（2元1次の連立方程式）の問題も、2本の直線の交点を求める問題と同等だったのです。

2本の直線は、1点で交わるから、2元1次の連立方程式の答えは1つだったのね。

いいえ、これは必ずしもそうとはいえません。

もしも、2直線が平行なら、交点など存在しないし、もしも、2本の直線が一致していたら、交点は無限にある、とも考えられるのではないでしょうか。

たとえば $y = 2x + 1$ と、$x = \dfrac{y-1}{2}$ を連立して解きなさい、というような問題があった場合、実は2本目の式も変形すれば1本目の式と同じになります。ということは、一致した2直線の交点を求める問題なのだから、答えは「無数にある」ということになりそうです。

つまり「方程式」というものは、そう簡単なものではないらしい。問題文の中に記号＝（イコール）を見たら、答えを出すためだけに、猛ダッシュするという私の取り組みは間違っている（幼すぎる）のかもしれないと初めて気づきました。

一方、連立方程式の問題には、それぞれ具体的な図形の裏づけがあるらしい、この発見は私には面白いことのように思われました。それ以前に、文字式の中には、図形的な意味を持つものもあるらしい、この発見も大きなものでした。

というのもそれまでは無味乾燥だ、と思っていた文字の羅列も何か具体的なもの（図形）を「表現している」のではないかと気づいたからでした。

その9　2次より大きい次数を持つ方程式（高次方程式）はどう解くのでしょうか。

2次方程式は、$ax^2 + bx + c = 0\ (a \neq 0)$ の形に整理できていれば、すべて解の公式を用いて解くことができます。

じゃ、3次や4次の項を持つ方程式にも、これを解くための「解の公式」みたいなものがあるのかしら、あったら、教えて欲しいと私は思いました。

> 2次より大きい次数を持つ方程式（高次方程式）はどう解くのでしょうか。

でも3次以上の方程式の「解の公式」の実態について、教科書は、どうも肝心なことは教えてくれず、逆に、これらの問題を、私たち生徒に向かって、小出しにする傾向がありました。

たとえばこんな感じです。

問題2の5

次の方程式を解きましょう。

① $x^3 - 8 = 0$
② $x^4 - x^2 - 2 = 0$
③ $2x^4 + x^2 - 6 = 0$
④ $(x^2 - x)^2 - 8(x^2 - x) + 12 = 0$

問題2の5 解説

これらの問題はすべて、因数分解の応用で解くことができます。左辺を因数分解した結果の式を書いておきますね。

① 左辺 = $x^3 - 8 = (x - 2)(x^2 + 2x + 4)$

（展開公式6・3乗の和と差の公式）

② 左辺 = $x^4 - x^2 - 2 = (x^2 - 2)(x^2 + 1)$

（展開公式3・和と積の公式）

③ 左辺 = $2x^4 + x^2 - 6 = (x^2 + 2)(2x^2 - 3)$
 $= (x^2 + 2)(\sqrt{2}x + \sqrt{3})(\sqrt{2}x - \sqrt{3})$

（展開公式4・たすきがけ型の公式と、展開公式2・和と差の公式）

④ $(x^2 - x) = X$ とおいた上で

左辺 = $X^2 - 8X + 12 = (X - 2)(X - 6)$ **（展開公式3・和と積の公式）**

$X = (x^2 - x)$ をもとにもどした上で

左辺 = $(X - 2)(X - 6) = (x^2 - x - 2)(x^2 - x - 6)$
 $= (x - 2)(x + 1)(x - 3)(x + 2)$ **（展開公式3・和と積の公式）**

> **問題 2 の 5 解答**
>
> それぞれ因数分解した左辺の式を 0 とおいて、x の値を求めます。
> ① $x = 2$、$x = -1 \pm \sqrt{3}\,i$
> ② $x = \pm\sqrt{2}$、$x = \pm i$
> ③ $x = \pm\sqrt{2}\,i$、$x = \pm\sqrt{\dfrac{3}{2}} = \pm\dfrac{\sqrt{6}}{2}$
> ④ $x = -1$、$x = \pm 2$、$x = 3$

　しかし因数分解の応用でこれらの問題を解くのはいわば「解ければラッキー」といった感じで、どうにも決め手に欠けるような感じが私にはしました。

　そのうち、かなり、組織的な方法があることを教わりました。

　それは第 1 章の文字式の割り算のところで習った、因数定理の応用でした。

　この定理をもう一度書いておくと、「x の多項式にある数 a を代入した結果が、0 になった場合、その多項式は $(x - a)$ で割り切れる」というのでした。

　このことの根拠は、その x の多項式が、その式を $(x - a)$ で割った商と余りとを用いて、多項式 ＝ $(x - a)$ × 商 ＋ 余りと書けるからなのでした。

　ここでいう余りとは、もとの多項式を 1 次式 $(x - a)$ で割った余りなので、実は定数（数字）になっていることに気づかないと、この定理の意味はつかみにくいのです。

　割り切れるということは、余りが 0 ということですから、この多項式に $x = a$ を代入した結果が 0 になれば、この多項式は $(x - a)$ で割り切れるということになります。

　次の問題は、因数定理の応用で解く高次方程式の問題です。

| 2次より大きい次数を持つ方程式（高次方程式）はどう解くのでしょうか。|

文字式の割り算については、第1章のその11に出てきた多項式どうしの割り算の方法と、その時の注意事項とを守って、行なってくださいね。

問題2の6

次の方程式を解きましょう。

① $x^3 - 4x^2 + 8 = 0$
② $x^3 - 5x^2 + 6x - 2 = 0$
③ $x^4 - 4x^2 - 4x - 1 = 0$
④ $x(x+1)(x+2) = 2 \cdot 3 \cdot 4$

問題2の6解説

① $x = 2$ を代入すると、左辺 = 0 となりますから、左辺の式を $(x-2)$ で割ってください。

② $x = 1$ を代入すると、左辺 = 0

③ $x = -1$ を代入すると、左辺 = 0

問題の式を $(x+1)$ で割った商（3次式）はさらにどんな1次式で割れるのでしょうか。それに気づくことが、大きなポイントです。

④ $x = 2$ を代入すると、左辺 = 右辺となりますので、左辺 − 右辺の式が $(x-2)$ で割り切れることになります。

問題2の6解答

① $x = 2$、$x = 1 \pm \sqrt{5}$
左辺 = $(x-2)(x^2 - 2x - 4)$ と書けるから
② $x = 1$、$x = 2 \pm \sqrt{2}$
左辺 = $(x-1)(x^2 - 4x + 2)$ と書けるから
③ $x = -1$（重解） $x = 1 \pm \sqrt{2}$
左辺 = $(x+1)(x^3 - x^2 - 3x - 1)$

$\qquad = (x+1)^2(x^2-2x-1)$ と書けるから

④ $x=2$、$x = \dfrac{-5 \pm \sqrt{23}\,i}{2}$

左辺 − 右辺 $= (x-2)(x^2+5x+12)$ と書けるから

　そののち、教科書は私たちを、2次不等式の分野に連れて行ってしまい、私は結局、すべての高次方程式に、どんぴしゃ、これを解く公式のようなものがあるかないかについては教科書に聞くことができませんでした。

　その後、3次方程式にも解の公式があり、方程式の答えを、その方程式の係数で表す方法があると授業で聞き、実際に練習問題のようなものをやった覚えはあります。その時の先生は、この知識は高校の範囲を超える、と言っていました。なんだか、秘儀を教わったような感じでした。

　大学に入ってから、この問題は非常に難しい問題にかかわっているのだということを聞きました。結論からいうと、**5次以上の方程式には「解の公式」のようなものは考えられない**というのでした。この点で高校の教科書を追及しても「そんなこと自分で考えろ」と突っぱねられることは、よもやなかったのかもしれないのです。

　5次以上の方程式には、一般的な解き方というものはなく、たまたま解けるものがあれば、それはごく限られた幸運に等しい、ということらしいのです。

| 等号（=）と不等号（>、<、≧、≦）の似たところ、似ていないところ。|

その10　等号（=）と不等号（>、<、≧、≦）の似たところ、似ていないところ。

　不等式の問題が初めて出てきたのは、私たちの場合、中学校時代ではなかったかと思います。この問題に取り組む基本的な姿勢は、等号（=）と不等号（≧）の性質の、似たところと、似ていないところを知ることがはじめでした。

　等号は、天秤と同じ働きをするので、つり合っている（=で結ばれている）式の両辺に、同じ数を足しても、引いても、掛けても、0でない数で割ってもイコールで結ばれているという関係は損なわれない、というのが基本的な性質でした。

　だから、方程式の問題というのは、すべて、この等号（=）の持つ、基本的な性質に基づいて解いていけばいいのでした。

　一方、不等号（>、<、≧、≦）の基本的な性質は、たとえば $A > B$ なら、この式の意味は「A は B より大きい」ということなのですよね。

　この式の両辺に同じ数を足しても引いても、$A > B$ という関係は損なわれません。

　また、両辺にプラスの数を掛けても、プラスの数で割っても、$A > B$ という関係は損なわれないのです。

　しかし両辺にマイナスの数を掛けたり、マイナスの数で割ったりすると $A > B$ という関係は、維持できず、維持できないどころか、大小関係が逆転してしまうというのです。

　たとえば $A > B$ という式の両辺に c というマイナスの数を掛けると
$$cA < cB$$
　また、d というマイナスの数で両辺を割ると

$$\frac{A}{d} < \frac{B}{d}$$

という具合に、不等号の向きが変わる、というのです。

　これは、数 A や B を乗せている、数直線の向きそのものが逆転してしまうので、不等号の向きを変えなくてはならなくなるのです。A や B が具体的な数でなく、式になってもこの性質は変わりません。

　それでは、1次の不等式の問題からやりましょうか。

問題2の7

次の不等式を解きましょう。

① $x + 5 > 8$
② $x - 3 \geqq -6$
③ $7x > -21$
④ $-3x \geqq 15$
⑤ $-16 \geqq 4x$

問題2の7解説

　①、②、③、⑤は文字 x を中心に考えた場合、大小関係を表す不等号の向きは変わっていません。④だけが、文字 x に対する不等号の向きが変わっています。その理由は、x の係数 -3 が負の数だからですね。

問題2の7解答

① $x > 3$
② $x \geqq -3$
③ $x > -3$
④ $x \leqq -5$
⑤ $x \leqq -4$

❘ 等号（＝）と不等号（＞、＜、≧、≦）の似たところ、似ていないところ。❘

もう少々込み入った問題をやりましょうか。

問題2の7類題

次の不等式を解きましょう。

① $2x + 5 > 9$
② $-4x + 2 \geq -2x$
③ $4(x - 3) > 3(2x - 4)$
④ $0.5y - 0.2 \geq 0.3y - 0.6$
⑤ $\dfrac{3x - 1}{2} \leq \dfrac{6x + 2}{3}$
⑥ $\dfrac{2x + 5}{3} - \dfrac{3x - 10}{4} \geq 5$

問題2の7類題の解説

④は不等式の両辺を10倍。⑤と⑥はそれぞれ不等式の両辺を6倍、12倍して、分数の形でなくすると、計算しやすくなります。

その結果、⑤は$3(3x - 1) \leq 2(6x + 2)$と同じ問題に、⑥は$4(2x + 5) - 3(3x - 10) \geq 60$と同じ問題になります。

これは教職についてから気づいたことですが、②のような問題で、文字xを含んだ項を、左辺に集めると、$-2x \geq -2$となるので、結局-2を-2で割って結果を出すことになります。そのとき「不等号の向きを変えること」と、$(-2) \div (-2) = 1$と、「結果からマイナスが消えること」のどちらかを忘れて答えてしまう人がいます。なぜでしょうね。

「不等式の両辺を、負の数で割ると、不等号の向きが変わる」ということと、「マイナスの数をマイナスの数で割った結果はプラス」という2つの事実が、頭の中でこんがらかってしまうからではないでしょうか。この2つのルールは、この場では2つとも厳密に適用しなければならな

い独立したルールなのです。

> **問題2の7類題の解答**
> ① $x > 2$
> ② $x \leqq 1$
> ③ $x < 0$
> ④ $y \geqq -2$
> ⑤ $x \geqq -\dfrac{7}{3}$
> ⑥ $x \leqq -10$

その11　連立不等式というものが出てきました。

　次には、連立不等式というものが教科書に現れましたが、これは変数は1つでしたので、解きやすいかと思いきや、その考え方は私には意外と難しかったです。特に「答えがない」という問題や「答えが1つ」という問題が現れるというところが、考えにくかったのです。

問題2の8

次の連立不等式を解きましょう。

① $\begin{cases} x + 1 > 0 \\ x - 4 < 0 \end{cases}$

② $\begin{cases} 2x > 6 \\ x - 2 > 3 \end{cases}$

連立不等式というものが出てきました。

③ $\begin{cases} 4x - 1 > 7 \\ 2(x - 1) < 0 \end{cases}$

④ $\begin{cases} x + 2 \geq 4 \\ -2x + 1 \geq -3 \end{cases}$

⑤ $\begin{cases} 7x - 2 \geq 3x + 10 \\ 2(x - 7) < 2(3 - x) - 36 \end{cases}$

問題 2 の 8 解説

これらの問題は、2本の不等式をそれぞれ解いて、結果を出します。それから、それら2本の不等式で表される範囲の共通部分（重なり合った範囲）を答えればいいのですが……。

まずここでは、それぞれの不等式を変形して得られる範囲を、不等式で表しておきますね。

① $\begin{cases} x > -1 \\ x < 4 \end{cases}$

② $\begin{cases} x > 3 \\ x > 5 \end{cases}$

③ $\begin{cases} x > 2 \\ x < 1 \end{cases}$

④ $\begin{cases} x \geq 2 \\ x \leq 2 \end{cases}$

⑤ $\begin{cases} x \geq 3 \\ x < -4 \end{cases}$

問題 2 の 8 解答

上の①〜⑤までの不等式で表された範囲の共通範囲（重なり合う部分）を答えればいいのです。

① $-1 < x < 4$
② $x > 5$
③ 答えなし（共通範囲がありません）
④ $x = 2$（2本の不等式が重なり合う範囲は、1点 $x = 2$ のみです）
⑤ 答えなし

　問題の中の、不等号（＞、＜）の下にイコール（＝）が付いてくるか否かが、これらの連立不等式の答えそのものに微妙な影響を及ぼしてくることらしい、ということがよくわかりました。

その12　2次の不等式はどうやって解くのでしょうか。

　確か私たちは、こんな問題から、2次の不等式の解き方を学んだ覚えがあります。
　「2次不等式 $x^2 - 3x + 2 > 0$ を解きましょう」
　この不等式の左辺 $= x^2 - 3x + 2 = (x - 1)(x - 2)$ と因数分解ができます。
　問題では、この式がプラス（＞0）となる x の範囲を求めなさい、といっているのです。
　そこで「場合分け」が必要になってきます。
　2つの式を掛けた結果が、プラスとなるのは、
　ⅰ）両方の式がともにプラスの場合、つまり

$$x - 1 > 0 \quad かつ$$
$$x - 2 > 0$$

ii）両方の式がともにマイナスの場合、つまり

$$x - 1 < 0 \qquad \text{かつ}$$
$$x - 2 < 0$$

ということは、ⅰ）の場合とⅱ）の場合と、それぞれ独立した2本の連立不等式（その11でやりました）を解けばいい、ということになるのです。

　ⅰ）の場合は、2本の不等式の共通範囲は $x > 2$

　ⅱ）の場合は、2本の不等式の共通範囲は $x < 1$

じゃ、この先はどう答えればいいのでしょうね。そう $x^2 - 3x + 2 > 0$ という不等式を成り立たせるためには、ⅰ）のケース、または、ⅱ）のケースがあるといっているのですから、答えも「または」を用いて「$x > 2$ または $x < 1$」と答えればいいのです。

　だから「2次不等式 $x^2 - 3x + 2 > 0$ を解きましょう」の答えの範囲は「$x > 2$ または $x < 1$」です。

　それでは、不等号の向きが逆になった、こんな問題はどう考えたらいいのでしょう。

　「2次不等式 $x^2 - 3x + 2 < 0$ を解きましょう。」

この不等式の左辺を因数分解した結果の式、$(x - 1)(x - 2)$ がマイナス（＜0）となる x の範囲を求めなさい、といっているのです。

　2つの式を掛けた結果が、マイナスとなるのは、一方の式がプラスで、もう一方の式がマイナスの場合だけです。つまり

　ⅰ）　　　　　　　　$x - 1 > 0$　　　　　　かつ
　　　　　　　　　　　$x - 2 < 0$

または、

　ⅱ）　　　　　　　　$x - 1 < 0$　　　　　　かつ
　　　　　　　　　　　$x - 2 > 0$

　ⅰ）の場合では、$x > 1$ と $x < 2$ との共通範囲ということになります

ので 1 < x < 2。

　ⅱ）の場合では、x < 1 と x > 2 との共通範囲ということになりますので、答えなし、です。

　そこでケースⅱ）は消え、「2次不等式 $x^2 - 3x + 2 < 0$ を解きましょう」の答えの範囲は「1 < x < 2」ということになります。

　2次不等式はその前に習った連立不等式の応用で解けるのだ、実は、2次不等式を2本に「ばらした」感じのものが、連立不等式だったのだ、ということはよくわかりましたが、具体的な2次不等式の問題にめぐり合うごとに、場合分けして考えるのでは時間がかかってしようがありません。

　そこで何本かの2次不等式を解いているうちに、こんなルールが私にも身についてきました。

　2次不等式を整理し、左辺が $ax^2 + bx + c$ の形、右辺が 0 になったとします。かつ、x^2 の係数 a がプラスであったとします。

　そうしたら、この2次式 = 0 とおいて2次方程式を解き、答えを出します。2次方程式なので、答えは原則、2つですよね。

　そこで、私の考えたルールとは、係数 $a > 0$ を確認したうえで、

　2次不等式 $ax^2 + bx + c > 0$ の答えの範囲は、2次方程式の答えの外側の範囲を答えればいい。

　逆に、**2次不等式 $ax^2 + bx + c < 0$ の答えの範囲は、2次方程式の答えの間の範囲**を答えればいい。

　問題に等号が付いていたら、答えの範囲にも等号を付ければいい、というものでした。

　実はこの私の思い込みには大きな落とし穴があったのですが、その話はあとに譲ります。

　この私の不完全な自己流マニュアルでも首尾よく解けた（マルがもらえた）問題を何題かやりましょう。

| 2次の不等式はどうやって解くのでしょうか。 |

問題2の9のA

次の2次不等式を解きましょう。

① $(x-3)(x+4) > 0$
② $(x-3)(x+4) < 0$
③ $x^2 - x - 56 > 0$
④ $2x^2 - 5x + 3 < 0$
⑤ $-3x^2 + 7x - 2 < 0$
⑥ $x^2 + 5x + 3 \leqq 0$

問題2の9のA解説

左辺＝0とおいた、2次方程式の答えを書いておきます。

① $x = 3$、$x = -4$
② ①と同じ
③ $(x-8)(x+7) = 0$ から $x = 8$、$x = -7$
④ $(x-1)(2x-3) = 0$ から $x = 1$、$x = \dfrac{3}{2}$

⑤　この問題は x^2 の係数がマイナス（－3）なので、式の両辺に－1を掛けて、x^2 の係数をプラスにしておきます。そのとき不等号の向きが変わることに注意、ですよね。x^2 の係数をプラスに直すとこの問題は $3x^2 - 7x + 2 > 0$ となります。左辺は因数分解できて $(x-2)(3x-1)$ となりますので、この式＝0とおいた答えは $x = 2$ と $x = \dfrac{1}{3}$

⑥　この式の左辺は、因数分解はできません。こういう場合には、もちろん2次方程式の解の公式を使って答えを出せばいいのです。

$x = \dfrac{-5 \pm \sqrt{13}}{2}$

問題2の9のA解答

① $x > 3$ または $x < -4$

問題の不等号の向きが「＞0」なので、左辺＝0とおいた、2次方程式の2つの答えの「外側」の範囲が、この不等式の答えの範囲。
② $-4 < x < 3$
　問題の不等号の向きが、①とは逆（＜0）なので、左辺＝0とおいた、2次方程式の2つの答えの「間」の範囲が、この不等式の答えの範囲。
③ $x > 8$ または $x < -7$
④ $1 < x < \dfrac{3}{2}$
⑤ $x > 2$ または $x < \dfrac{1}{3}$
⑥ $\dfrac{-5-\sqrt{13}}{2} \leqq x \leqq \dfrac{-5+\sqrt{13}}{2}$

　数 $\dfrac{-5+\sqrt{13}}{2}$ のほうが、数 $\dfrac{-5-\sqrt{13}}{2}$ より大きい数なのだ、などというところはよろしいでしょうか。

　またたとえば、$\dfrac{3}{2}$ のほうが、1より大きい数なのだ、などというところもよろしいでしょうね。こんなところは、当たり前のことのようですが、ここを間違えると2次不等式の答えの範囲は、それこそハチャメチャになってしまいますので、ご用心です。

　次に紹介するような問題には、私の決めたルールを当てはめてどしどし解くにはちょっとした心理的なバリアーを乗り越えなくてはなりませんでした。

問題2の9のB

次の2次不等式を解きましょう。

① $x^2 - 6x + 9 \geqq 0$

② $x^2 - 6x + 9 > 0$

③ $x^2 - 6x + 9 \leqq 0$

④ $x^2 - 6x + 9 < 0$

> 2次の不等式はどうやって解くのでしょうか。

問題2の9のB解説

この4題はいずれも左辺が $x^2 - 6x + 9$ ですので、この式を因数分解すると

$$x^2 - 6x + 9 = (x - 3)^2$$

左辺 = 0 とおくと $x = 3$（重解）ということになります。

しかし私はこれをあえて $x = 3$ と $x = 3$ という2つの解だと考えて、強引に自分のルールを当てはめました。

問題2の9のB解答

① x のすべての範囲

不等号の向きが「≧ 0」ですので、2つの解の外側の範囲が、不等式の答えの範囲です。

$x ≧ 3$ または $x ≦ 3$ ですので、結局、x の全範囲が答えとなります。

② $x = 3$ を除く、x のすべての範囲

この問題は①の答えから等号を取ればいいのです。

$x > 3$ または $x < 3$ となりますので、この2つの不等式の表す範囲は、$x = 3$ を除く全範囲となります。

③ $x = 3$ のみ

この問題は①とは不等号の向きが逆（≦ 0）ですので、2つの解の間の範囲を答えればいいのです。$3 ≦ x ≦ 3$ となりますので、これは $x = 3$ のみを意味しています。

④ 答えなし

この問題は③の答えから等号を取ればいいのですから、$3 < x < 3$ ですが、これは範囲としては存在しません。

次にこんな問題が現れて、私が自己流に打ち立てたルールで、すべての2次不等式の問題を解くという息ごみはあえなく崩壊しました。

「2次不等式 $x^2 + 2x + 3 > 0$ を解きなさい」

2次不等式の左辺の2次式を2次方程式として解くと
$x^2 + 2x + 3 = 0$ から $x = -1 \pm \sqrt{-2} = -1 \pm \sqrt{2}i$

私のルールによればこの問題は不等号の向きが「＞0」なのですから、「2つの答えの外側」の範囲を答えればいいことになります。

でも2つの答え $-1 + \sqrt{2}i$ と、$-1 - \sqrt{2}i$ では、どっちの数が「大きい」と考えるのでしょう？

いやいや、文字 i（虚数単位）を含んだ数には大小関係を考えてはいけないのです。

ここで私は、この問題にどう答えたらいいのかわからなくなってしまいました。

しかし教科書は、私の前に、また別の考え方を持ち出してきて、この問題に解決をつけました。

問題の式の左辺 $= x^2 + 2x + 3 = (x^2 + 2x + 1) - 1 + 3 = (x + 1)^2 + 2$ と変形できます（この変形は、そう、平方完成といい、因数分解できない2次方程式を解くときに、用いた変形ですよね）。

左辺 $= (x + 1)^2 + 2$ という式をよく見るとこの式は、式 $(x + 1)$ を2乗した結果にさらに2という数を加えてあるので、x がどんな実数をとろうとこの式の値はいつもプラスです。

だからさっきの不等式 $x^2 + 2x + 3 > 0$ の答えの範囲は「実数 x の全範囲」。

ここで私は、はたと理解します。

「そうか、不等式の問題って、つねに x が実数の範囲で考えるのね！」

この期に及んで、こんなことに気づいているのは、私が間抜けなのか、教科書の説明が不親切なのかどっちなのでしょうね。

2つの数に、大小関係が考えられるのは、この数が、数直線上にある場合だけなのです。

2次の不等式はどうやって解くのでしょうか。

数直線上にある数、というのはすなわち「実数」の範囲の数ということになるのです。

とにかく、不等式の問題に現れる文字 x は常に実数の範囲を動くと考える、という「当たり前」のような重要事項を再確認したうえで、次の3つの不等式の問題をやってみましょう。

> 問題2の9のC

次の2次不等式を解きましょう。
① $x^2 + 2x + 3 \geq 0$
② $x^2 + 2x + 3 < 0$
③ $x^2 + 2x + 3 \leq 0$

> 問題2の9のC 解説

①、②、③の式の左辺はいずれも、左辺 = $(x + 1)^2 + 2$ と平方完成されます。

そこで、問題①、②、③それぞれについて、不等号の向きとイコールのあり・なしに気をつけながら、問題の式の意味を考えて答えを出します。

> 問題2の9のC 解答
>
> ① 実数 x の全範囲
> ② 答えなし
> ③ 答えなし

そこで私は、これ以後2次不等式の問題を考える時には、左辺 = 0 とおいた2次方程式が、実数解を持つか、虚数解を持つかで、まずふるいにかけなければならないということがわかりました。

2次方程式 $ax^2 + bx + c = 0$ が実数解を持つか、虚数解を持つかについては、この2次方程式そのものの答え（解）を出す必要は必ずしもなく、2次方程式のルートの中の式 $b^2 - 4ac$ を計算してみればいいのですよね。この式（判別式といって、記号 D で表されることが多いですよね）がプラスまたは0の場合、もとの2次方程式は実数解を持つし、マイナスの値を持つ場合には虚数解を持つのです。

2次方程式 $ax^2 + bx + c = 0$ $(a \neq 0)$ で、

解の公式のルートの中の式、$b^2 - 4ac = D$ とおいたとき

$$D \geq 0 \quad \text{ならば、2次方程式は実数解を持つ}$$
$$D < 0 \quad \text{ならば、2次方程式は虚数解を持つ}$$

　用心のため、この2次方程式 $ax^2 + bx + c = 0$ の係数（a、b、c）はすべて実数であって、しかも係数 a はゼロでない、と断っておかなくてはなりませんよね。

**　そこで、あらかじめ2次方程式の解の虚実を確かめてから考えなくてはならない2次不等式も混じる問題の数題やりましょうか。**

　2次不等式の問題に挑戦する生徒は、みな、こういう半分、目隠しをされたような状態で、これらの問題と向き合わなくてはならないのですから。

問題2の9のD

① $x^2 - 9 > 0$
② $4x^2 - 1 < 0$
③ $-x^2 + 2x + 1 < 0$
④ $16x^2 + 1 \leq -8x$
⑤ $x^2 - 5x + 7 > 0$
⑥ $x^2 + 4x - 3 \leq 3x^2 - 2x$

> 2次の不等式はどうやって解くのでしょうか。

問題2の9のD解説

①は左辺 = 0 とおいた2次方程式の解は、± 3

②は左辺 = 0 とおいた2次方程式の解は、± $\frac{1}{2}$

③この問題は、x^2 の係数が負（− 1）ですので、不等式の両辺に（− 1）を掛けて、x^2 の係数をプラスにしておきます。$x^2 - 2x - 1 > 0$
かつ、この式の左辺 = 0 とおいた2次方程式の解は、解の公式から

$$x = 1 \pm \sqrt{2}$$

④左辺に項を集めると $16x^2 + 8x + 1 \leq 0$

この式の左辺 = $16x^2 + 8x + 1 = (4x + 1)^2$

左辺 = 0 とおいた2次方程式の解は $x = -\frac{1}{4}$（重解）

⑤この問題の左辺を 0 とおいた2次方程式の判別式 D（解の公式のルートの中）は $D = b^2 - 4ac = (-5)^2 - 4 \times 1 \times 7 = -3 < 0$ となりますので、この2次方程式に実数の解はありません。

⑥左辺にすべての項を集めて整理すると $-2x^2 + 6x - 3 \leq 0$

x^2 の係数が負なのでこの2次不等式の両辺に − 1 を掛けて、x^2 の係数をプラスにしておきます。

$$2x^2 - 6x + 3 \geq 0$$

この2次不等式の左辺 = 0 とおいた2次方程式の解は $x = \frac{3 \pm \sqrt{3}}{2}$

問題2の9のD解答

① $x > 3$、$x < -3$ （2つの解の外側の範囲を答えます）

② $-\frac{1}{2} < x < \frac{1}{2}$ （2つの解の間の範囲を答えます）

③ $x > 1 + \sqrt{2}$、$x < 1 - \sqrt{2}$

④ $x = -\frac{1}{4}$ $\left(-\frac{1}{4} \leq x \leq -\frac{1}{4} \text{と挟み撃ちにできるから、}\right.$
1点、$x = -\frac{1}{4}$ になる、と考えてもいいのです$\left.\right)$

⑤ 実数 x のすべての範囲

問題の式の左辺 $= x^2 - 5x + 7$

$$= \left\{ x^2 - \left(2 \times \frac{5}{2}\right)x + \left(\frac{5}{2}\right)^2 \right\} - \left(\frac{5}{2}\right)^2 + 7$$

$$= \left(x - \frac{5}{2}\right)^2 + \frac{3}{4}$$

この式は、実数 x のすべての範囲で正となります。

⑥ $x \geq \dfrac{3 + \sqrt{3}}{2}$、$x \leq \dfrac{3 - \sqrt{3}}{2}$

　私自身の発明（？）した2次不等式の解き方の極意に、教科書が教えてくれた平方完成の方法を応用しても、実のところ、一題一題の2次不等式の問題は私には厄介なものと思われました。

　ところが、のちになって、2次関数（放物線）の平行移動について学んだとき、2次不等式の解の範囲がどうなるかについては、2次関数と x 軸との位置関係によってすべてが一目瞭然に説明できるのだ、ということを知りました。

　2次不等式は、2次関数の平行移動の問題に置き換えると、その解の範囲の意味が、どんぴしゃという感じで理解できるのです。

　おまけに、これら不等式の問題は、x が実数の範囲を動いているときのみ考えるのだ、ということも実感的にわかりました。2次関数（放物線）のグラフとは、文字 x が x 軸（x が実数の範囲）上を動くときのみ描くことができるのですからね。

　2次方程式のルートの中がマイナスである解（虚数解）とは、実は、x 軸と交わらない2次関数と x 軸との架空の「交点」のようなものを求める問題だったのです。

　文字についての問題は、図形の問題と不即不離に結びついているらし

2次の不等式はどうやって解くのでしょうか。

いという予感を持ちました。

　それにいつも「自分に解けない問題が出てきたらどうしよう？」と思いながら、数学の問題と取り組んでいた私は、「連立不等式」といわれる問題が、2つの1次不等式の共通範囲を求める問題のことだったのに気づいたときは拍子抜けした気分でした。

　私が、学ぶ前に想像していた「連立不等式」の問題とは、たとえば次のような連立方程式

$$\begin{cases} 2x + y = 1 \\ x - 2y = 4 \end{cases}$$

でイコールを不等号に変えた問題だと思っていたのです。

　たとえば

$$\begin{cases} 2x + y \leq 1 \\ x - 2y > 4 \end{cases}$$

という具合に。

ところが、この形の不等式の問題が、そっくりそのまま、のちの教科書に現れました。ただし「連立不等式の問題」という名前ではなく「領域」といわれる新しい分野の一題としてでした。

　この x と y にまつわる不等式の問題は、実は2直線（この例の場合なら $y = -2x + 1$ と $y = \frac{1}{2}x - 2$）に挟まれた図形の範囲を求める問題だったのです。

　この「領域」という分野には円の内部とか、円と直線に挟まれた間の範囲とか、ドーナツ型とかいろいろな答えがありました。

やっぱり、文字式の問題は図形に結びついているし、その文字式の意味する図形に置き換えて考えると、文字式の問題はより具体的に考えやすくなるのです。

　いや、正確には「考えやすくなる場合もある」といっておくべきでしょう。

　次に、こんな形の方程式の問題は絶対あるに決まってる、でも私に解

けるかな？と思いながら待ち構えていた形の問題をやりましょうか。
　それは分数方程式と、無理方程式です。

その13　分数方程式はどのように解くのでしょうか。

　分数式というものがあるのだから、分数方程式というものもあるに違いないと私は思っていました。
　分数式とは、分数の分母に、文字が入った式のことです。だからこんな方程式が「分数方程式」となるのです。

$$\frac{x}{x-1} + \frac{2}{x-1} = 0$$

　分数式は、小学校時代に習った分数の計算のやり方に従って、計算すればいいのです。
　この問題なら、2つの分数式の分母は同じ $x-1$ ですので、これを共通の分母にして

$$\frac{x+2}{x-1} = 0$$

　方程式の両辺に同じ数や文字（式）を掛けてもいいはずなので、両辺に $x-1$ を掛け、$x+2=0$ だから $x=-2$ がこの分数方程式の答え？
　しかし教科書には、ちょっと気になることが書いてありました。
　「はじめの式（問題の式）で、もしも x が1だった場合には、この分数式は意味を持たないので、あらかじめ x は1ではない、と断っておく必要がある。だからもしもこの分数方程式を解いて答えが1になった場合には、この値は、この分数方程式の答えとは認めない」というのです。

分数方程式はどのように解くのでしょうか。

　そうか、**この分数方程式の答えは$x = -2$だから（$x = 1$ではないのだから）この分数方程式の答えとして認めてもらえるのね**、と私は納得しました。

　しかしなぜ、分数（式）の分母は0であってはならないのか、それ以前に、ある数を0で割る計算は、なぜ考えてはいけないことになっているのか、そこは私にはよくわかりませんでした。ここは私としては「どうしてそんなことが言えるの？」と教科書を徹底的に追及してよいところだったのです。この私の問いかけに対して教科書はよもや「そんなこと自分で考えろ」とは言えない立場だったのですがね。

　ともあれ、分数方程式というものは、答えを出してから、その答えが、もとの方程式の分母をゼロにしないかどうか、もう一度検討しなおしてみる必要があったのです。

　こんな分数方程式の問題はどうでしょう。

$$\frac{2x^2}{x+3} + \frac{x^2+9x}{x+3} = 0$$

この式の左辺に現れる分数式の分母は同じ$x+3$ですので、これを共通分母にして

$$\frac{3x^2+9x}{x+3} = 0$$

両辺に$x+3$を掛けて分母を払うと

$$3x^2 + 9x = 0$$
$$3x(x+3) = 0$$

この2次方程式の答えは$x = 0$と$x = -3$ですよね。

　しかし$x = -3$という答えは、問題の分数式の分母を0にするので、この分数方程式の答えとしては除外です。**$x = 0$のみが答え**になります。

　共通分母をとった段階で、$x+3$で約分してしまえば、この問題は表面には現れなくなります。この問題は、のちに微分法の式の動かし方に

も現れます。驚いたことには、微分法の式の処理の仕方は、ある式を「0で割る」ことの処理にまつわる考え方に関係があったのです。ここに本来、人間には扱えないはずの「瞬間」だの「無限」だのを処理するひとつの方法が提示されていたのです。

次の分数方程式を解いてみてください。得られた答えが、はじめの分数式の分母をゼロにしていないかどうかの吟味は必ず必要です。

問題 2 の 10

次の分数方程式を解きましょう。

① $\dfrac{x+3}{x-3} = 3$

② $\dfrac{1}{x-3} = \dfrac{1}{2x-7}$

③ $\dfrac{x+6}{x-2} + \dfrac{x+2}{x-6} = 2$

④ $\dfrac{x^2-2x+2}{x^2-3x+2} - \dfrac{2x^2-x-5}{x^2-x-2} + \dfrac{x^2+2x-1}{x^2-1} = 0$

⑤ $\dfrac{1}{x} + \dfrac{1}{x+1} + \dfrac{1}{x+2} + \dfrac{1}{x+3} = 0$

問題 2 の 10 解説

①あらかじめ $x \neq 3$ であることに注意しつつ両辺に $x-3$ を掛けて、分母を払いましょう。

$$x + 3 = 3(x-3)$$

② $x \neq 3$、$x \neq \dfrac{7}{2}$ に注意しながら、両辺に $(x-3)(2x-7)$ を掛けて、分母を払います。　　　　$2x - 7 = x - 3$ ですよね。

③ $x \neq 2$、$x \neq 6$ に注意しながら、両辺に $(x-2)(x-6)$ を掛け

| 分数方程式はどのように解くのでしょうか。

て分母を払います。分母を払った式は $(x+6)(x-6)+(x+2)(x-2)=2(x-2)(x-6)$ です。この式のカッコをはずし、簡単にしてください。

④この式の分母はそれぞれ、因数分解でき、

$$左辺 = \frac{x^2-2x+2}{x^2-3x+2} - \frac{2x^2-x-5}{x^2-x-2} + \frac{x^2+2x-1}{x^2-1}$$

$$= \frac{x^2-2x+2}{(x-1)(x-2)} - \frac{2x^2-x-5}{(x-2)(x+1)} + \frac{x^2+2x-1}{(x+1)(x-1)}$$

となりますので、

$x \neq \pm 1$ と $x \neq 2$ に注意しながら両辺に式 $(x+1)(x-1)(x-2)$ を掛けると分数式でなくなります。

$(x+1)(x^2-2x+2) - (x-1)(2x^2-x-5) + (x-2)(x^2+2x-1) = 0$ となります。この式のカッコをはずして簡単にすると $2x^2 - x - 1 = 0$ となります。この式の左辺はさらに $(x-1)(2x+1)$ と因数分解できますよね。さてここで、ほっと安心して、この因数分解の結果から得られる2つの答えをそのまま、この問題の答えにしないこと！

⑤は、$x \neq 0$、$x \neq -1$、$x \neq -2$、$x \neq -3$ であることに注意しながら、この式の両辺に $x(x+1)(x+2)(x+3)$ を掛け、分母を払います。

分母を払った式は $(x+1)(x+2)(x+3) + x(x+2)(x+3) + x(x+1)(x+3) + x(x+1)(x+2) = 0$ ですので、この式のカッコをはずし、整理します。このあたりには第1章でやった、「たて型計算」も威力を発揮しますよね。

整理した結果は $2x^3 + 9x^2 + 11x + 3 = 0$ となりますが、この式の左辺は因数定理から $x + \frac{3}{2}$ で割り切れます。因数定理を知っている人でも、$x = -\frac{3}{2}$ を代入したとき、この式の左辺がゼロになるのを見つけるのは、大ごとですよね。

つまり $2x^3 + 9x^2 + 11x + 3 = \left(x + \frac{3}{2}\right)(2x^2 + 6x + 2)$

$$= 2\left(x + \frac{3}{2}\right)(x^2 + 3x + 1) = (2x + 3)(x^2 + 3x + 1)$$

> **問題 2 の 10 解答**
>
> ① $x = 6$
> ② $x = 4$
> ③ $x = 4$
> ④ $x = -\dfrac{1}{2}$
> ⑤ $x = -\dfrac{3}{2}$、$x = \dfrac{-3 \pm \sqrt{5}}{2}$
>
> これらの答えはいずれも、もとの分数式の分母を 0 にしていません。

その14　無理方程式はどのように解くのでしょうか。

　ルートの中に文字式が入っているのが無理式、これらの式をイコールで結んだものが無理方程式、と私は単純に考えました。

　ところが、無理方程式の中で最も簡単そうなものを考えたときから、**私は困難に直面しました。**

　たとえば次の ⅰ）〜 ⅳ）のような簡単そうな 4 つの問題にも、私は容易には答えを出すことができませんでした。

　問題の中に先生の手によって書かれた記号イコールがあるのを見たら、$x =$ の答えを出すべく、猛ダッシュしなければならない立場だとよく自覚しているというのに。

　これには、なまじルートの中がマイナスであるような数（虚数）の存

無理方程式はどのように解くのでしょうか。

在を知ったが故の悩みも混じっているような感じでした。

ⅰ) $\sqrt{x} = 1$
ⅱ) $\sqrt{x} = -1$
ⅲ) $\sqrt{x^2} = 1$
ⅳ) $\sqrt{x^2} = -1$

ルートは、2回掛けるとはずすことができるのですから、

ⅰ)は $x = 1$ これは、この方程式の答えとしてはよさそうです。

ⅱ)も、両辺を2乗して、$x = 1$（？）。でもこの答えはおかしいです。だって$\sqrt{1}$とは1のこと、これは－1に等しくないではありませんか。だからⅱ)の方程式には答えがありません。

ⅲ)も方程式の両辺を2乗してみると$x^2 = 1$だから、$x = \pm 1$。この2つの答えは、方程式ⅲ)の答えとしては適格のようです。

ⅳ)も方程式の両辺を2乗すると$x^2 = 1$ですので、$x = \pm 1$です。

ところが、この2つの数のどちらを代入してみても左辺の値は－1にはなりません。つまり方程式ⅳ)にも解はないのです。

ということは、$\sqrt{}$の付いた式を2回掛けるとルートがはずれる、というルールで導き出した方程式を解いて得られた結果が、必ずしももとの方程式の答えに一致しているとは限らないのです。

中学生時代のように、ルートの中の数はいつもプラス、ルートの付いた数もいつもプラスの数だと信じていたら、こんな疑問は起きなかったでしょうに。中学生時代の知識では、そもそも問題ⅱ)とⅳ)は問題として成り立たない（意味不明）の問題だったのですから。

たとえば、こんな問題はどうでしょうか。

「方程式 $\sqrt{x-1} = x - 3$ を解きましょう」

式の両辺を2乗すると $(x - 1) = (x - 3)^2$。この式のカッコをはずし整理すると $x^2 - 7x + 10 = 0$ となりますので、左辺は $x^2 - 7x + 10$

$=(x-2)(x-5)$ と因数分解できます。だから左辺＝0の答えは $x=2$ と $x=5$。

でも $x=2$ をもとの方程式の左辺に代入すると、問題の式の左辺＝ $\sqrt{x-1}=\sqrt{1}=1$。ところが同じ値（$x=2$）を、問題の式の右辺に代入すると、問題の式の右辺＝ $x-3=-1$ となって、この方程式は成り立たないことになります。

もう一方の答え $x=5$ を代入すれば問題の式の左辺＝問題の式の右辺が成り立ちます。

つまり「方程式 $\sqrt{x-1}=x-3$」の答えは「$x=5$（のみ）」です。

ところが、今の例題をちょっと変えた形の問題「方程式 $\sqrt{x-1}=3-x$ を解きましょう」では、上に書いた事情から、今度は答えが「$x=2$（のみ）」となります。

結局、無理方程式の問題では $\sqrt{}$ の付いた式と＝（イコール）によって結ばれた式はすべてプラスだと考え、ルートの中の式もすべてプラスだと考えて解けばいいらしいのです。

しかしたとえば $\sqrt{x^2+3}=1$ という無理方程式があったとすると、この方程式は、x が実数の範囲ではルートの中もルートの付いた式自身もプラスという保障はあるにもかかわらず、得られた答えは、虚数（$x=\pm\sqrt{2}i$）にならざるを得ないではありませんか。

無理方程式は、ルートの付いた式を2乗してルートをはずしていくのが常道ですが、得られた答えを再びもとの方程式に代入してみて、その式のイコールが成り立っているかどうか調べてみる作業が必要なのです。

そうして、もとの方程式のイコールを成り立たせない解は、当然のことながら、この方程式の解としては除外になります。

この方法が煩雑と思われる場合には、ルートの中の式がまず、プラスであることを確認し、その後、両辺を2乗してルートをはずしていくた

> 無理方程式はどのように解くのでしょうか。

びに、式の両辺がプラスであることを確認しつつ解く方法もあります。
　両方の方法を頭におきながら、次の無理方程式を解いてみてください。

問題2の11

次の方程式を解きましょう。
① $\sqrt{x+5} = 2\sqrt{x-7}$
② $\sqrt{2x+3} = \sqrt{x+4}$
③ $\sqrt{5x+10} = 8-x$
④ $x-1 = \sqrt{25-x^2}$
⑤ $\sqrt{3x-2} - \sqrt{x} = 2$
⑥ $\dfrac{\sqrt{x-1} - \sqrt{x+1}}{\sqrt{x-1} + \sqrt{x+1}} = x-3$

問題2の11 解説

　①、②は両辺を2乗して得られた方程式の答えがそのまま、問題の答えとなります。

　③は両辺を2乗して得られた方程式が $x^2 - 21x + 54 = 0$ となります。この式の左辺は $(x-18)(x-3)$ と因数分解できるところはよろしいでしょうか。

　④は両辺を2乗して得られた方程式は $x^2 - x - 12 = 0$ ですよね。

　⑤と⑥はルートをはずすたびに、ルートの中、および両辺の式がプラスであることを確認しつつ解き進める方法でやってみましょうか。

　⑤は、2つあるルートの中がプラスであることの確認をまずします。
$3x - 2 \geq 0$ と $x \geq 0$ から $x \geq \dfrac{2}{3}$
2回目のルートをはずしたときに出てくる制限が $x \geq 3$
これら2つの制限の共通範囲が $x \geq 3$ です。
ルートをはずす、2回の作業を経て得られた方程式が $x^2 - 10x + 9$

= 0 となります。

これから出てくる答えは $x = 9$ と $x = 1$ ですが、$x = 1$ という答えは、$x \geq 3$ という範囲をみたしていないので、除外となります。

⑥の問題は、分数方程式と無理方程式の複合問題です。なかなかの難問といえます。

分数方程式のやり方にしたがって分母を払うのが常道ですが、無理方程式でもありますので左辺をまず有理化（分母のルートを消す）したほうがよさそうです。

はじめに、分数方程式としての分母をゼロにする数はないことを確認しておいてください。

次に、ルートの中がプラスであることの確認から $x \geq 1$

左辺の分母分子に $\sqrt{x-1} - \sqrt{x+1}$ を掛けて有理化すると

左辺 $= \dfrac{(\sqrt{x-1} - \sqrt{x+1})^2}{-2}$ となります。この式を計算すると、

左辺 $= \dfrac{(\sqrt{x-1} - \sqrt{x+1})^2}{-2} = -x + \sqrt{(x+1)(x-1)}$ となります。

これが右辺の式に等しいのですから $-x + \sqrt{(x+1)(x-1)} = x - 3$

この式をさらに簡単にすると $\sqrt{(x+1)(x-1)} = 2x - 3$

右辺の式は正のはずですので、$2x - 3 \geq 0$

この不等式から $x \geq \dfrac{3}{2}$

ルートの中が正であることを保障する不等式から $x \geq 1$

上の2つの不等式の共通範囲は $x \geq \dfrac{3}{2}$

つまり、この問題は $x \geq \dfrac{3}{2}$ の範囲で答えを出せばいいことになります。

ここで、両辺を2乗、ルートをはずします。

はずした結果得られた2次方程式が $3x^2 - 12x + 10 = 0$ ですが、この2次方程式は解の公式でないと解けません。

解の公式を用いて $x = \dfrac{6 \pm \sqrt{6}}{3}$

無理方程式はどのように解くのでしょうか。

　この2つの答えのうち$\sqrt{6}$にマイナスの付いたものは$x \geq \dfrac{3}{2}$という範囲をみたしていないので除外です。

　$\sqrt{6}$が約2.4くらいの数字であることはよろしいでしょうか。

> **問題2の11解答**
> ① $x = 11$
> ② $x = 1$
> ③ $x = 3$
> ④ $x = 4$
> ⑤ $x = 9$
> ⑥ $x = \dfrac{6+\sqrt{6}}{3}$

　しかし、このような計算のやたら複雑なものも混じる方程式を解くことに、実際、どんな意味があるのでしょうね。少なくとも私は、これらの問題がそれぞれ左辺、右辺をyとおいた、2つの関数のグラフで、その交点を求める問題なのだ、と解釈して心を（？）慰めました。

　たとえば問題①なら$y = \sqrt{x+5}$と$y = 2\sqrt{x-7}$という2つの関数のグラフにおける、交点のx座標を求める問題なのです。

　2つの関数をそれぞれ、文字xについて解けば$x = y^2 - 5$と$x = \dfrac{y^2}{4} + 7$となります。これはyを変数とした2本の2次関数（放物線）のグラフということになるのですが、x軸の上側の部分のグラフしか考えないので、交点が1点のみになるのです。

　この交点をx座標、y座標で表せば$(11, 4)$となるのです。x座標の値、$x = 11$はこの問題の答えの数値そのものですよね。

　そうすると、問題①のほかの問題も、グラフが描ければ、少なくとも、グラフのだいたいの形がわかれば、これらの方程式が何を求めようとし

ているのか、除外された答えは、グラフ上、どんな意味があって除外されたのか、見当がつくはずです。

しかしはじめに例にあげた無理方程式 $\sqrt{x^2+3}=1$ のような問題があった場合には、この答えは、虚数（$x=\pm\sqrt{2}\,i$）として答えざるを得なくなります。

この場合は $y=\sqrt{x^2+3}$ という未知の曲線と、直線 $y=1$ との交点があるかないかという問題に帰着しそうです。

まだ学校で習っていない、グラフを描くことへの興味は、そのときには自覚しなかったけれど、これは究極、微分・積分に対する関心に私を導くものでした。

その15　問題に記号イコール（＝）を見つけたからといって、答えを出すことばかりに走ってはいけません。

「その問題」は、はじめは、方程式の問題のような顔をして私の前に現れました。たとえば、こんな問題。

問題 2 の 12

次の式は、どんな x に対して成り立ちますか。

① $10x+3=3+10x$
② $(x+3)^2-(x-3)^2=12x$
③ $(x-1)^3=x^3-3x^2-3x-1$
④ $\dfrac{1}{x-1}-\dfrac{1}{x+1}=\dfrac{2}{x^2-1}$

問題に記号イコール（=）を見つけたからといって、答えを出すことばかりに走ってはいけません。

> 問題2の12解説

　もちろん、私は脱兎のごとく、$x =$ の答えを出す方向に走りました。**もう高校生になっていましたが、中学校時代に身についた「x の混じった式に、先生の手で書かれた＝（イコール）を見たら、$x =$ の答えを出すように走る」というくせから抜けきっていなかったからです。**ところが……

　①では、右辺の x を移項すると、文字 x の項そのものが消えてしまいます。

　②では、左辺のカッコをはずした式が右辺と一致してしまいます。

　③は3乗の展開公式そのもの（？）、いいえ、3乗の展開公式を正しく覚えていた私は x の係数（−3）の符号が、展開公式から導き出される正しい式とは違っていることに気づきます。

　④これも左辺を通分してみると、右辺の式と一致しますよね。

　ここで初めて、問題文をじっくり読み直した私は、これらの問題にどう答えるべきかがわかりました。

> 問題2の12解答
>
> ① すべての x について成り立つ
> ② すべての x について成り立つ
> ③ $x = 0$
> ④ $x \neq 1$、$x \neq -1$ であるようなすべての x について成り立つ
> （④は $x = \pm 1$ だと、この問題に出てくる分数式の分母そのものを 0 にしてしまうからです）

　高校に入ると、こんな引っ掛け問題も出てくるのね、というような浅はかな解釈しか、その時の私にはできませんでした。

　この問題（**問題2の12**）は、実は、式の変形の問題を、方程式を装

って出したのでしょう？ ただ、**問題③のみ**は、たまたま展開公式の使い方を間違えているのですよね。

　ところが、教科書を読み直した私は、これらの問題がいわゆる「引っ掛け問題」のような志の低い（？）問題として出されたのではないらしい、と気づきます。

　そうして「方程式」という言葉には、反対語（？）があるのだ、とも気づきます。なぜなら、教科書は**問題①、②、④**のような式に、「**恒等式**」という名前を付け、結構スペースを割いて説明していたからです。

　教科書には「式の変形によって導かれる等式」を「恒等式」というのだと、説明してありました。だから、文字を含む等式があった場合、その両辺の値が存在する限り、その文字にどんな値を代入しても、その式が成り立つ場合、その等式を「恒等式」というのです。

　すると「方程式」の場合は、その等式を成り立たせる値は、限定されているから、「恒等式」ではない、ということなのでしょう。

　でもなぜ、こんなことを問題にするのでしょうね。

　その底にはあらゆる文字式を、2つに分類しようとする考えが潜んでいる感じでした。

　たまたま、ここにイコールを含んだ x の文字式があったとしても、この式が、x にある特殊な値を代入した場合のみ成り立つ式（x の方程式）なのか、それとも、その式が意味を持つ限りの、すべての x の値を代入しても成り立つ式（x の恒等式）なのかは、一見だけではわからない場合もあるのではありませんか。

　文字 x を含んだ文字式とは、当時高校生だった私が見知っている形の文字式ばかりとは限らないからです。

　その式が成り立つのはある意味「当たり前」のことなのか、なかなかに特殊、限定的なことなのかは、数学や物理学の「具体的な問題」を解く上で、非常に大事な意味を持ってくる局面があるのかもしれないとい

うことは、私にも想像がつきました。

よく知っている（と思う）式で、恒等式の問題を考えさせられると「こんなこと意味ない」と思えることもあるけれど、数式の問題という「世間」もまた、広いらしいのです。

ともあれ、問題の式の中に、先生の手で書かれた記号イコール（＝）を見たら、$x =$ の答えを出すために、脱兎のごとく走り出す、という中学生時代の私の考えが浅はかであったことはたしかです。

次の問題は、もちろん、高校生なら「よく知っている」はずの文字式の上で、「恒等式」の意味を考えさせられるので、ある人びとにとっては「こんな問題なぜ考えるの？」とか「ナンセンス！」と思われるかもしれない、恒等式の問題です。

問題 2 の 13

次の恒等式が成り立つように、定数 A と定数 B の値を求めてください。

① $6x^2 + 7x + 2 = (2x + 1)(Ax - B)$
② $x^2 - 3x + 3 = (x - A)(x - B) + 1$
③ $\dfrac{Bx + 7}{5x + A} = 2$
④ $\dfrac{Ax}{x - 1} - \dfrac{B}{x + 1} = \dfrac{x^2 + 1}{x^2 - 1}$

問題 2 の 13 解説

①右辺の式のカッコをはずすと右辺 $= 2Ax^2 + (A - 2B)x - B$
この式と、左辺の式の係数どうしを比べればいいのです。
　$2A = 6$、$(A - 2B) = 7$、$-B = 2$ ですよね。
②同じく右辺の式のカッコをはずすと右辺 $= x^2 - (A + B)x + AB + 1$ です。

③両辺に $5x + A$ という式を掛けて、分母を払えばいいのですが、分数式ですので、分母の式が 0 にならないことへの言及は必要です。

④両辺に式 $x^2 - 1$ を掛けて、分数式でなくすのが一番ですが、もちろん、はじめの分数式への配慮から $x \neq \pm 1$ であることへの言及は必要です。

> **問題2の13解答**
> ① $A = 3$、$B = -2$
> ② $A = 1$、$B = 2$ または $A = 2$、$B = 1$
> ③ $A = \dfrac{7}{2}$、$B = 10$
> ④ $A = 1$、$B = 1$

次の問題は、高校生の頃、私が幻惑された覚えのある問題。問題のいい回しに特徴がありますが、実は恒等式の問題だったのですよね。

問題2の13類題

$(k + 1)x - (2k + 3)y - 3k - 5 = 0$

が、k のどんな値に対しても成り立つような x、y の値を求めましょう。

問題2の13類題の解説

問題の中で「k のどんな値に対しても成り立つような」といっていますので、k についての恒等式を作りなさい、という問題だったのです。

そこで k についてまとめると

$(x - 2y - 3)k + (x - 3y - 5) = 0$

これが k についての恒等式になるためには、文字 k の係数と、定数項とが同時に 0 となることが必要です。

| 問題に記号イコール（=）を見つけたからといって、答えを出すことばかりに走ってはいけません。

$$x - 2y - 3 = 0$$
$$x - 3y - 5 = 0$$

これを x、y についての連立方程式として解けばいいのです。上の式から下の式を引いて、文字 x を消しましょうか。

問題2の13類題の解答

$$\begin{cases} x = -1 \\ y = -2 \end{cases}$$

絶えず、「自分に解けない方程式不等式の問題が現れたらどうしよう？」と考えながら、この分野の問題と取り組んでいた私は無知だったのでしょうか、自信家だったのでしょうか。

その共通範囲に結ばれる人間像となると、自分ながらなんだか救いがたい気がします。

そんなわけで、想像の中では、まだほかにいろいろと未知の方程式や不等式の幻影に悩まされていました。

たとえていえば、連立の分数方程式とか、連立の無理方程式とか。

しかしこれらの問題にめぐり合うことは実際には少なかったような気がしますし、連立方程式の等号（=）をそのまま、不等号（>、<、≧、≦）に変えた問題は、「領域」という新しい図形の問題に変化するのだ、ということも学んでいくうちにおいおいとわかってきました。

第 3 章
関数とグラフ

その1　グラフの問題なんて、どうして考えなければならないの？

　グラフと座標の分野がはじめて教科書に現れたのは、確か私が中学校の一年生の時でした。私は、中学校に入って以来、プラスマイナスの計算やら、文字式のカッコのはずし方、簡単な方程式の解き方などを習い、これらの分野は自分でもかなり得意になったつもりでした。

　つまりこれらの問題に対して、反射的に対応する能力を身につけ、ミスせずに正解を得る方法を体得しつつあったのです。

　そこへきて、中学校一年生の後半、「座標とグラフ」という、数式の問題とは全く異質（？）に感じられる分野を理解するために、自分の脳みそを無理やりねじ曲げさせられる事態になったことが、なんとも苦痛でした。つまり数式の問題で正解を得る（マルをもらう）ためにやっと作り上げた、認知から反応に至る無念無想の境地をかき乱されるのがいやだったのでしょう。

　ずいぶん心理的な抵抗を感じながら、それでもなお「座標とグラフ」の分野に付いて行った私は、やがてこの分野が、実は「数式」の問題に意味を与えるために不可欠なのだ、ということを学ぶようになりました。

　無味乾燥で、およそ意味不明だと思われることもある、数式の問題にはその裏づけとなる具体的な意味があるらしいのです。数式の問題に具体的な意味を与えるために「座標とグラフ」という分野はあったのです。

　たとえば簡単な x の数式、$2x + 3$ があるとします。ここに現れる文字 x にいろいろな値を代入することにします。

　$x = 1$、2、3、4、……という具合に数値を代入すると、文字式 $2x + 3$ の値は、次のように変化します。5、7、9、11、……

　そこで、こんな具合に得られた点をペアにして表すと $(1, 5) (2, 7) (3, 9)$

（4, 11）……となりますよね。

　ここにいたって私は、ついこの間、教室で xy 座標というものを習ったことを、頭の引き出しから取り出さなければならないのでした。xy 座標が決められたことで、平面というものにはすでに「番地」が振られているのだという事実を。

　ペアで表された4つの点（1, 5）（2, 7）（3, 9）（4, 11）は、この番地にしたがってそのまま、番地の付いた平面上（座標平面上）に4点として表すことができます。

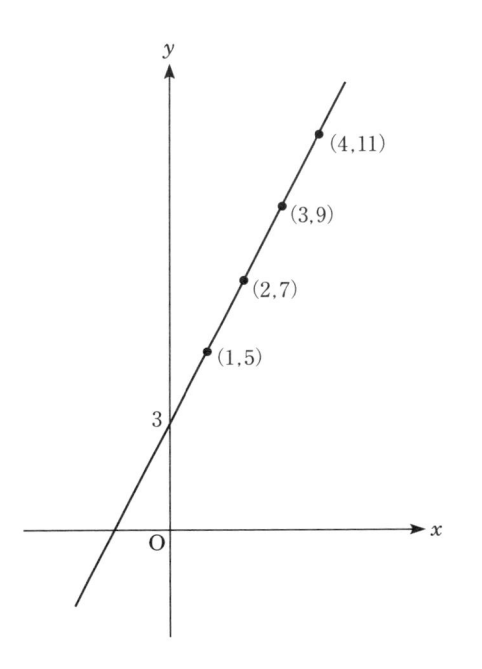

　そうしたら、どうなります？　これらの点は、なんと、この平面上にまっすぐ（1本の直線の一部を形成するように）に並んでいるではありませんか。

　あらまし上のようなことを、数式の問題から座標とグラフの分野に私たちを引っ張っていった教科書は言いたかったらしいのです。

　で、はじめの数式 $2x + 3$ を y とおきます。x にいろいろな値を代入することによって得られた y の値を、x の値とのペアで書いた (x, y) という点の連なりによって、$y = 2x + 3$ という数式は意味をなすようになるのだと、教科書は言いたいらしいのです。

　この場合なら $y = 2x + 3$ という数式で表される点の集まりは y 軸上の点（0, 3）を通り、傾きが2の直線という図形を表すというのでした。

　(x, y) という点の並びによって平面上に表されるようになったとき、

文字 y でくくられた x の文字式（この場合なら $2x + 3$、という文字式）は、文字 x の関数と呼ばれるようになります。

これがいわば、関数 $y = 2x + 3$ の誕生ですよね。

y が文字 x の関数であることを強調するために $y = f(x)$ と表すこともある、と高校に入ってほどなく、教科書は私たちに告げ知らせます。

それでは、関数 $y = f(x)$ についての簡単な問題から出発しましょうか。

問題 3 の 1

次の関数 $f(x)$ に対して $f(0)$、$f(2)$、$f(-1)$、$f(a)$、$f(2a+1)$ の値を求めましょう。

① $f(x) = 3x - 1$
② $f(x) = x^2 - 3x - 1$
③ $f(x) = x + \dfrac{1}{x - 1}$

問題 3 の 1 解答

	①	②	③
$f(0)$	-1	-1	-1
$f(2)$	5	-3	3
$f(-1)$	-4	3	$-\dfrac{3}{2}$
$f(a)$	$3a - 1$	$a^2 - 3a - 1$	$a + \dfrac{1}{a - 1}$
$f(2a+1)$	$6a + 2$	$4a^2 - 2a - 3$	$2a + 1 + \dfrac{1}{2a}$

x の値に、別の文字 a や、文字 a を含んだ式である $2a + 1$ を代入す

まずは「直線」を表す関数の形とその性質からいきます。

ることを考えるのは、のちの「関数の変換」につながる意味があるのです。

その2 まずは「直線」を表す関数の形とその性質からいきます。

　文字式 $y = ax + b$ の形で表される点 (x, y) は座標平面上で1本の直線を表しています。ここで文字 a や b は定数です。ついでに、ここに現れる文字は文字 x も含めてすべて実数の範囲の数なのだ、と言っておきたいところですが、中学校の範囲には虚数単位 i を含んだ数（虚数）は出てこないので、ここはこれで済むのです。教科書が頬かぶりをしているわけではありません。

　実際にそうなるでしょう？ ということを説明するために、教科書は、水槽に水を張る話とか、一定の速度である時間歩いた場合の距離などの話を持ち出してきますが、私自身にはあまりピンとこない説明でした。こうした具体的な話には、どうしても x や y の動く範囲に制限がついてくるでしょう？ たとえば、水槽の高さにはおのずと制限がありますし、飲まず食わずで何時間も歩けるわけはないのが、人間のサガというものではありませんか。

　こういうもろもろの制限を、あるとき教科書は一気に振り払って、究極 $y = ax + b$（a、b は定数）で表される点 (x, y) の集まりは、座標平面上で1本の直線を描きます、と言ってきます。

　その上教科書は、ここの所の説明を小学校時代に習った「比例」の話と結びつけて語るのですが、そのくせ、文字式 $y = ax + b$ と一般的に表された関係は「比例」を表す関係とは言わないのです。そう、定数 b が0のとき、つまり $y = ax$ で表される x、y の関係のみを、「比例」を

表す関係、というのですよね。

ここの場面で究極、教科書の言いたいこととは、同じ内容を何度も繰り返すことになりますが、「$y = ax + b$（a、bは定数）で表される点(x, y)の集まりは、座標平面上で1本の直線を表す」ということですよね。

そうしてこの場合のaの値を「傾き」、bの値を「切片」というのです。

それではまず、この「直線の式」にまつわる問題からいきましょうか。

問題3の2

次の直線の方程式を求め、そのグラフを描きましょう。

① 点（0, 1）を通り、傾き2の直線。

② 点（2, 0）を通り、傾き$-\dfrac{1}{2}$の直線。

③ 2点（1, 0）と（0, -3）を通る直線。

④ 2点（-2, 3）と（2, -1）を通る直線。

⑤ 点（1, 2）を通り傾き3の直線。

問題3の2解説

これらの問題は、すべて、$y = ax + b$で表された直線の式に与えられた条件を入れてみて、定数aと定数bを決めてやる問題と解釈すればいいのです。

① $y = ax + b$でa（傾き）が2だといっているのですから、$y = 2x + b$。
点（0, 1）を通る、ということは$x = 0$のとき、$y = 1$になるということですので、$y = 2x + b$の式に$x = 0$、$y = 1$を代入して$1 = b$、そこで求める直線の式は$y = 2x + 1$です。

点（0, 1）がこの直線と、y軸との交点を表し、このときのyの値を「切片」といい、これが実は$y = ax + b$におけるbの値を意味しているのだ、と知っていれば、もっと簡単に$y = 2x + 1$と答えればいいの

です。

　② 傾き $a = -\dfrac{1}{2}$ですので、直線の式は$y = -\dfrac{1}{2}x + b$となります。この式が点（2, 0）を通るのですから、$x = 2$、$y = 0$を代入して、bの値を決めます。

　③ $y = ax + b$に、はじめは$x = 1$、$y = 0$を代入し、
　　$0 = a + b$　　　という式を作ります。
　同じ式に、今度は$x = 0$、$y = -3$を代入して
　　$-3 = b$　　　という式を作ります。

　④ $y = ax + b$に、はじめは$x = -2$、$y = 3$を代入し、
　　$3 = -2a + b$　　　という式を作ります。
　同じ式に、今度は$x = 2$、$y = -1$を代入して
　　$-1 = 2a + b$　　　という式を作ります。

　これらを文字aとbについての連立方程式として解けばいいのです。用いるのは、そう、式と式を足すか、または引く「加減法」でしょうかね。

　⑤ $y = ax + b$で$a = 3$なので$y = 3x + b$

　この直線が点（1, 2）を通るので$2 = 3 + b$から$b = -1$です。つまり直線の式は

$$y = 3x - 1$$

　この答えは、求める直線上で点（1, 2）とは異なる点を(x, y)とするとき、この直線の傾きは（yの変化）÷（xの変化）なのですから、

　　傾き $= (y - 2) \div (x - 1) = 3$

この分数式の分母$(x - 1)$を払うことによって直線の式が直接に出てきます。$y - 2 = 3(x - 1)$ですよね。もちろんこの変形によって出てきた直線の式は点（1, 2）も通っています。

　この、**ある点を通り、傾きがわかっている直線を表す公式**は応用が利くので覚えておくと便利です。たとえば**点(a, b)を通り、傾きがm**

の直線を表す式なら

$$y - b = m(x - a)$$ ですよね。

この公式は実は②の問題にも応用が利きますよね。

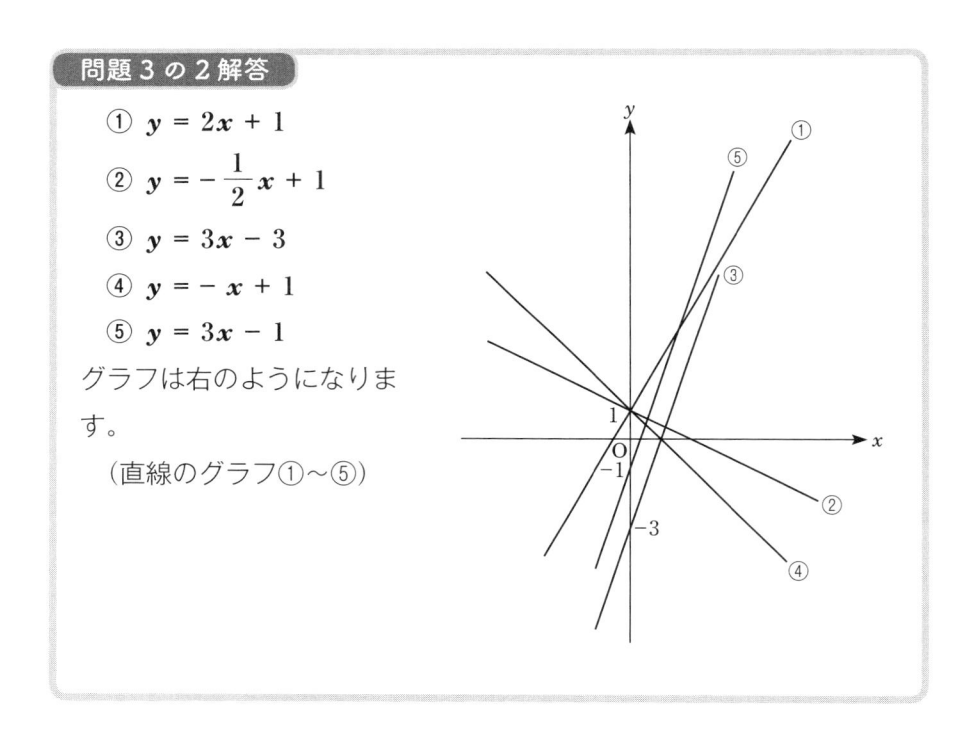

問題3の2解答

① $y = 2x + 1$

② $y = -\dfrac{1}{2}x + 1$

③ $y = 3x - 3$

④ $y = -x + 1$

⑤ $y = 3x - 1$

グラフは右のようになります。

（直線のグラフ①〜⑤）

直線の式はすべて定数 a、b を用いて $y = ax + b$ と描けるのだ、と私は思い込んでいました。ところが、高校に入ってから、問題3の2とよく似た問題なのに、問題3の2のやり方でやると失敗してしまう問題と出会いました。

それはたしか「点 $(2, 3)$ と点 $(2, -1)$ を通る直線の式を求めなさい」という問題でした。

ひとつ覚えの私は $y = ax + b$ の式に $x = 2$ と $y = 3$ を代入し $3 = 2a + b$ という式を作ります。

> まずは「直線」を表す関数の形とその性質からいきます。

　次に $x=2$ と $y=-1$ を代入し $-1=2a+b$ という式を作ります。

　そうしてこれらの式を並べてみると

$$2a+b=3$$
$$2a+b=-1$$

なんと、左辺の文字式は両方とも同じ $2a+b$ になっているではありませんか。

　この2本の式からなる連立方程式が、「答えを持たない」ことはたしかです。

　どうしてこんなことが起きるのでしょうか。

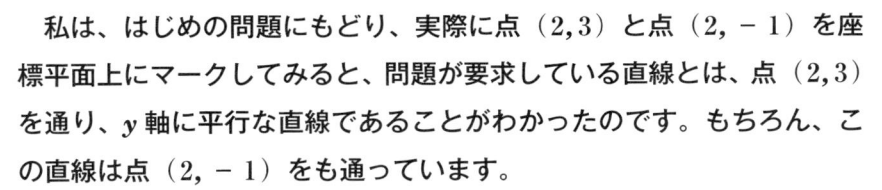

　私は、はじめの問題にもどり、実際に点 (2,3) と点 (2,-1) を座標平面上にマークしてみると、問題が要求している直線とは、点 (2,3) を通り、y 軸に平行な直線であることがわかったのです。もちろん、この直線は点 (2,-1) をも通っています。

　この直線は $x=2$ という式で表すよりなさそうです。この式の意味は、「y の値が何であっても、常に $x=2$ であるような点の集まり」ということなのですから。

　もともと $y=$ の形では表されない直線の式なので、$y=ax+b$ の式に代入すると、連立方程式の左辺が2本とも同じ式になって現れてしまうのでしょう。これが「この形の直線は、$y=$ の形にはおけないんだよ」という意味の、数学の側からのサインだったのです。

　直線の式の中には関数 $y=ax+b$ の形には表されないものがあるのだ、ということが私にもわかりました。

　そこで高校の教科書をよく読むと、今度は直線の式を $ax+by+c$

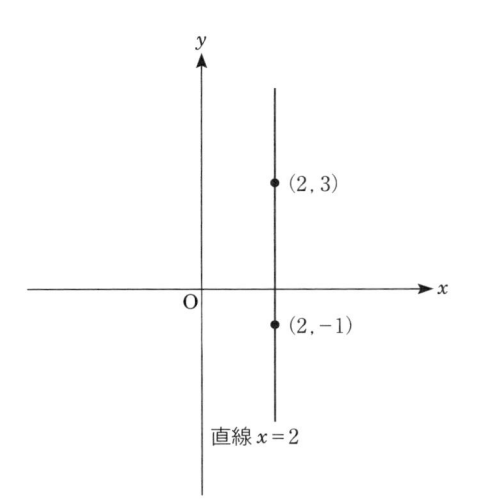

＝ 0 の形で表そうと提案しているのです。

　この形の式なら、y の係数 b が 0 でないときは、$y = -\dfrac{a}{b}x - \dfrac{c}{b}$ と変形することができ、定数 $-\dfrac{a}{b}$ を a、$-\dfrac{c}{b}$ を b と読み替えれば、あの中学校時代におなじみだった直線の式 $y = ax + b$ が現れる、というわけでした。

　そうしてもしも y の係数 b が 0 なら、式 $ax + by + c = 0$ は $ax + c = 0$ の形となり、さらに x の係数 a が 0 でないとすれば $x = -\dfrac{c}{a}$ の形になって、これが y 軸に平行な直線を表す、ということになるのです。

　はじめに私が引っ掛かった問題「点（2, 3）と点（2, − 1）を通る直線の式を求めなさい」を私はもう、教科書の出した「イジワル問題」などとは思いませんでした。

　中学校で教わったように、直線の式を $y = ax + b$ と書いておくのは、不十分で、高校で教わったように $ax + by + c = 0$ と書いておくほうが周到なのだということを納得しました。

　と同時に教科書が、中学校以来、$y = ax + b$ という関係を保って動く点（x, y）の集まりは、直線という図形を表す、と言ってはいるけれど、逆に、すべての直線が $y = ax + b$ の形で表されるとはどこにも言っていなかったことにも気づきます。

　教科書にこんな問題が載っていました。直線の式を表す関数 $f(x)$ の性質を調べる問題です。証明問題の形をとっていますが、実は文字式の計算を行ない、左辺＝右辺が成り立つことが示せればいいのです。

問題3の3

　関数 $f(x) = ax + b$ について、次のことを証明しましょう。

① $\dfrac{f(x) + f(y)}{2} = f\left(\dfrac{x + y}{2}\right)$

まずは「直線」を表す関数の形とその性質からいきます。

② $f(x) + f(-x) = 2b$
③ $f\{f(x)\} = a^2 x + (a+1)b$
④ $f(x-k) + f(k-x) = 2b$
⑤ $p + q = 1$ のとき、$pf(x) + qf(y) = f(px + qy)$

問題3の3解答

① 左辺 $= \dfrac{f(x) + f(y)}{2} = \dfrac{\{(ax+b) + (ay+b)\}}{2}$

$= \dfrac{a(x+y)}{2} + b$

右辺 $= f\left(\dfrac{x+y}{2}\right) = \dfrac{a(x+y)}{2} + b$

だから、左辺 = 右辺

② 左辺 $= f(x) + f(-x) = (ax+b) + (-ax+b)$

$= 2b =$ 右辺

③ 左辺 $= f\{f(x)\} = a(ax+b) + b = a^2 x + ab + b$

$= a^2 x + (a+1)b =$ 右辺

④ 左辺 $= f(x-k) + f(k-x)$

$= \{a(x-k) + b\} + \{a(k-x) + b\}$

$= (ax - ak + b) + (ak - ax + b) = 2b =$ 右辺

⑤ 左辺 $= pf(x) + qf(y) = p(ax+b) + q(ay+b)$

$= a(px + qy) + (p+q)b = a(px+qy) + b$

（条件 $p + q = 1$ があるから、こうなるのですよね）

右辺 $= f(px+qy) = a(px+qy) + b$

なので左辺 = 右辺

このような問題、私はお世辞にも有難がって解いた覚えはないのです。

まあ、問題としてめぐり会ったから仕方なく解いてみた、くらいのところでしょう。

それより$f(y)$ってどういう意味だろう、とか$f\{f(x)\}$って何なの？と首をかしげながら、たどたどしく解いた気がします。

この場合、文字yとは、実数直線（この場合はx軸のこと）上の、xとは別の点、くらいに解釈しておけばいいのです（実は、xと同じ点であってもかまわないのですよ）。少なくともxの関数を意味することもある文字yとは違う意味なのです。

また、$f\{f(x)\}$とは、関数$f(x)$で、文字xの代わりに文字式$f(x)$、つまり$ax+b$を代入してください、という意味ですよね。

それよりこういう問題にこそ、大事な意味があったのだ、ということに、その場では気づいていなかったと思います。

上の問題（**問題3の3**）は「直線の式$y=ax+b$はこういう性質を持っていますよ」ということを確かめる問題に過ぎません。しかしこの問題の「逆」を考えることもできるでしょう？

この問題の「逆」を考えるということは、ある未知の関数が、上（**問題3の3の①～⑤**）のような性質をみたしていたら、それは「直線の式」そのものの可能性がなきにしもあらずですよ、少なくとも「直線の式」と似た性質を持つ関数ですよ、ということがわかるのではないかということです。このあたりに、ホンモノの理数探求につながる道があったのですが、不肖、私には気づかれないところでした。

それよりも、私には、「すべての直線が文字式で表される」ことの連想から、「折れ線はどう表すのかしら？」ということに興味がありました。これもそういった数式の問題についての純粋な興味からでなく「折れ線の問題がテストに出たらどうしよう？」というお粗末な心の悩みに端を発するものでした。

まずは「直線」を表す関数の形とその性質からいきます。

ともかく「折れ線」を式で表す方法はあり、それは後になって役に立つ考え方だということはわかりました。結果的に「折れ線」の表し方を知っておく、ということは便利だったのです。じゃ、次の問題で、「折れ線」を描きましょうか。

問題3の4

次の関数のグラフを描きましょう。
① $y = |x - 1|$
② $y = |x - 1| + |3 - x|$

問題3の4 解説

記号| |の意味をご存知でしょうか。これは「絶対値記号」といって、各数字の符号を取った数、という意味ですよね。たとえば $|3| = 3$、$|-5| = 5$、$|0| = 0$ といった具合ですが、これは数直線上でいえば、**各点と原点（座標の原点）との「距離」を表す、とも言い換えることのできる記号**でした。

文字式が入ると、考え方はちょっと厄介になりますが、この場合はやはり上に書いた「原点との距離」の考え方を用いるほうが考えやすいですかね。

①の場合なら、

文字式 $x - 1$ が「原点」の位置、または「原点の右側」の位置にある場合、つまり $x - 1 \geq 0$ の場合、$y = x - 1$

文字式 $x - 1$ が「原点の左側」の位置にある場合、つまり $x - 1 < 0$ の場合、

$y = -(x - 1) = 1 - x$

上のことを整理しておくと

$x \geq 1$ のとき　　$y = x - 1$

$x < 1$ のとき　　$y = 1 - x$

　これに基づいてグラフを描きます。

　②の場合は｜$x - 1$｜と｜$3 - x$｜の絶対値記号を同時にはずさなくてはなりませんね。

　文字式 $(x - 1)$ と $(3 - x)$ の符号の変わり目がそれぞれ、$x = 1$ と $x = 3$ であることに目をつけて、ここで、3つの場合分けを考えます。

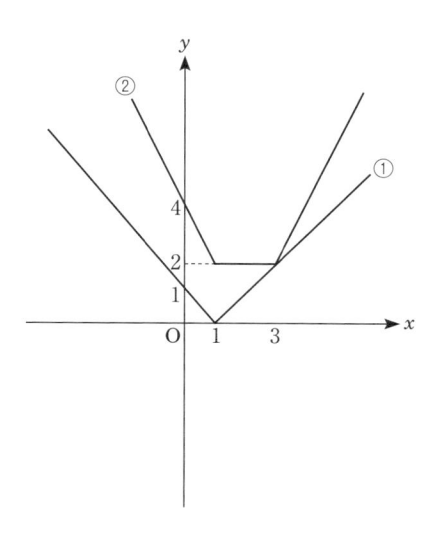

　　$x \leq 1$ のとき　$y = |x - 1| + |3 - x|$
　　　　　　　　　　$= -(x - 1) + (3 - x) = 4 - 2x$
　　$1 < x \leq 3$ のとき　$y = |x - 1| + |3 - x|$
　　　　　　　　　　$= (x - 1) + (3 - x) = 2$
　　$3 < x$ のとき　$y = |x - 1| + |3 - x|$
　　　　　　　　　　$= (x - 1) - (3 - x) = 2x - 4$

　文字式の入った絶対値記号のはずし方がよくわからない、とおっしゃる方、実はこの私も今の今、こんな方法で、記号｜　｜をはずしたのですよ。

　たとえば $x \leq 1$ の場合なら、$x \leq 1$ をみたす、具体的な数字を考えます。この場合だったら私は $x = 0$ をイメージしました。$x = 0$ をそれぞれの絶対値記号の中にある文字式に代入してみます。

　$x = 0$ なら｜$x - 1$｜＝｜-1｜＝ 1 となり、絶対値記号の中の数字の符号が変わっているから、文字式の場合の符号も変える。一方｜$3 - x$｜＝｜3｜＝ 3 で、絶対値記号の中の数字の符号は変わっていないから、文字式の場合の符号も変えない。というわけで、

$x \leqq 1$ のとき $y = |x - 1| + |3 - x| = -(x - 1) + (3 - x)$
と絶対値記号をはずしたのですよ。

こんな具合に、条件をみたす具体的な数字（しかもできるだけ簡単な数字）を代入して、文字式全体の符号のほうも見当をつけるというやり方は、次の章の微分・積分にも出てきます。

また、場合分けで、境界となる点のイコールをどの不等式の下に付けるとよいのか、というところも疑問に感じられる方もいらっしゃるかもしれませんが、これもその境界になっている具体的な点を、導かれた文字式のほうに当てはめて確かめてみればいいのです。

たとえば「$1 < x \leqq 3$ のとき」と場合分けをする場合、3のほうにイコールを付けて本当によいのか、それが心配なら、$x = 3$ を文字式に代入してみればいいのです。

$x = 3$ のとき $y = |x - 1| + |3 - x| = |2| + |0| = 2$ となり、文字式から導かれた結果（この場合は、$y = 2$）と一致していることがわかります。

実は、3つ目の場合分け $3 < x$ から導かれた結果の式 $y = 2x - 4$ に $x = 3$ を代入しても同じく2となります。つまり、この問題の場合、場合分けの境界（$x = 3$）におけるイコールは、2つ目の場合分けに付けても、3つ目の場合分けに付けてもよいということになります。しかし一般には、場合分けの境界では「おかしなこと」が起こる可能性もありますので、1つ1つ確かめる必要はあります。

ともあれ、上で行なった場合分けに従って、グラフを描きます。

グラフ①は折れ線に、グラフ②は短い踊り場のようなものを持った折れ線になることがわかりますよね。

問題3の4解答

p. 168のグラフ①、グラフ②

その3 2次式で表される関数は、どんなグラフを描くの？

一般的に、x の1次式 $y = ax + b$ で表される図形は、直線。
では x の2次式 $y = ax^2 + bx + c$ で表される図形は何なの？
という具合に、教科書が私たちを導いてくれれば、よろずわかりにくい頭の持ち主である私にも話の筋道がよくわかったと思うのですが。
しかし教科書は、2次関数についてのこの話も小出しにする傾向がありました。

まず、中学校の高学年で $y = x^2$ という2次関数を紹介し、この式のグラフが座標の原点を通り、y 軸に対して左右対称で、上広がりの曲線になっていることを言います。そうしてこの曲線を「放物線」とも言うのですよ、と教えてくれます。

この放物線を、上向きに開きかけた雨傘のような図形だとおおざっぱに解釈すれば、傘の柄に当たる直線がこの放物線の「軸」、傘のてっぺんに当たる点が、この放物線の「頂点」です。

2次関数 $y = x^2$ の場合なら $x = 0$（y 軸）がこの放物線の軸、点 $(0,0)$（原点）がこの放物線の頂点、ということになります。

ボールを空に向かって投げたときに、このボールが落下するまでに描くいわば「軌跡」のようなものが放物線なのだ、と聞くと、イメージができるような気もします。けれどもそれだけではなく、ほとんど水平に投げたように見えるボールでさえも放物線（半分）を描いていると聞くと、ちょっとピンときませんね。それを実感するには、ビルや崖の上などに行って、そこからボールを思い切り投げてみる必要があるのかもしれません。決してお勧めできる方法ではありませんが。

ともあれ、$y = x^2$ の関数の形を私たちの頭に叩き込んでから、教科

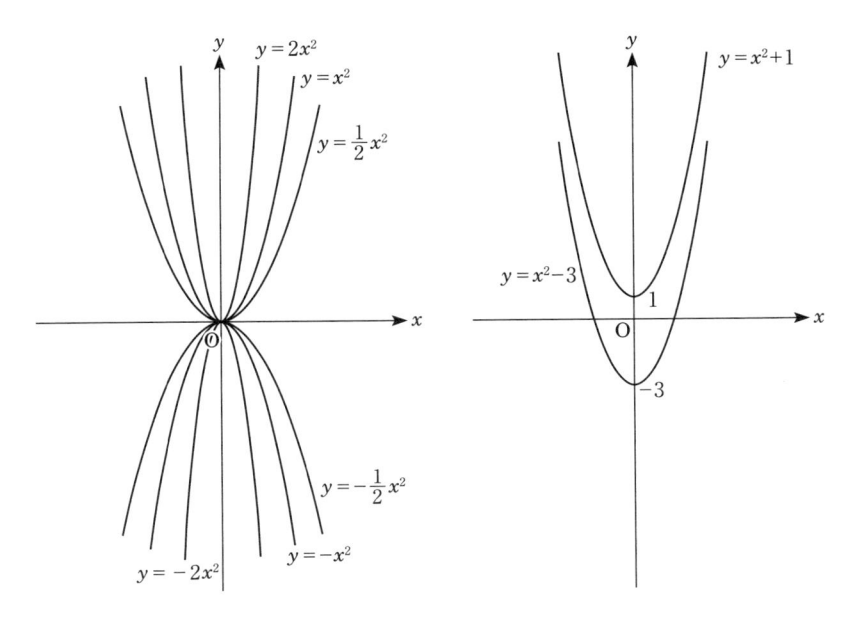

2次式で表される関数は、どんなグラフを描くの？

書は $y = 2x^2$ や $y = \frac{1}{2}x^2$ といった関数の形を教えてくれます。

たとえば $y = 2x^2$ なら、はじめに描いた $y = x^2$ のグラフを、y 軸方向に2倍に拡大して描けばいいとか、一方、$y = \frac{1}{2}x^2$ なら、$y = x^2$ のグラフを $\frac{1}{2}$ に縮小して描けばいいとか。

また $y = -x^2$ や $y = -2x^2$ のように、x^2 の係数がマイナスであるような2次関数は、マイナスの付いていない関数と同じ形が、x 軸の下側に現れる、と考えればいいのでした。

このあたりで、中学校で教わる2次関数についての知識は終わりでした。

高校に入ると、中学校で学んだ $y = ax^2$ の後ろに、数字が付いてくる関数が現れます。たとえば $y = x^2 + 1$ や、$y = x^2 - 3$ のような。

これらの関数は、もとの関数 $y = x^2$ を y 軸方向にそれぞれ、+1と、-3だけ押し上げれば（3押し下げれば）いいのだという、教科書の言い分に私は納得、次にはたとえば、$y = x^2 + 3x$ のような、x の1次の

項を持つようなグラフについて説明があるのだろうと期待しました。

　ところが、教科書の持ち出してきた例題は$y = (x - 3)^2$のような形の関数のグラフでした。

　これは$y = x^2$のグラフを、x軸の右方向（正の方向）に3だけ平行移動させたグラフ、と説明します。これはたしか、文字xに具体的な数字を入れて関数yの値を計算する表（数表）を用いて、「たしかに右に3コマ移動しているでしょう？」と納得させる手口でした。

　しかしこのあたりで私の頭は混乱、どうして$y = (x - 3)^2$と文字xから、3「引いている」形のグラフが、$y = x^2$のグラフを、x軸の「プラス方向」に3移動することになるのかしら？

　さんざん考えた末に、そうか$y = (x - 3)^2$のグラフは、もとの関数$y = x^2$のxに$(x - 3)$を代入したものだけど、これは文字xを3つ「過去にさかのぼって」$y = x^2$のグラフを描けってことなんだわ、だからグラフ全体が「右」に3コマ移動する形になるんだ、と自己流に解釈しました。

　もちろん教科書はそんなところで考え込んでいる私を待ってなどはいず、次に$y = (x - 3)^2 + 1$の形のグラフを紹介します。これはy軸方向への移動、x軸方向への移動を組み合わせればいいから$y = x^2$のグラフをx軸方向に$+3$、y軸方向に$+1$だけ平行移動させたグラフである、と説明します。

　しかし私は関数$y = (x - 3)^2 + 1$のグラフで、y軸方向には式に出てくる数字の符号どおり「プラス1」押し上げればいいにもかかわらず、x軸方向にはどうして-3の符号を取って「プラス3」移動させるのかしら？　というところに疑問を持ちます。なんだか不公平なような気がしたのです。

　これはあとになって、関数$y = (x - 3)^2 + 1$で、右辺の$+1$を左辺に移動させれば$y - 1 = (x - 3)^2$となるから、こう考えれば、x軸方

向の移動、y 軸方向への移動ともに、数字の「符号を変えて」移動しているのだとわかりました。

またその後になって、この関数 $y - 1 = (x - 3)^2$ はもとの関数 $y = x^2$ の x の部分に $x - 3$、y の部分に $y - 1$ を代入してできる新しい関数のことをいっているのだ、と気づきました。$x - 3 = X$、$y - 1 = Y$ とでもおけば、新しい関数は（も）$Y = X^2$ の形になりますが、この関数は、座標軸がもとの座標から x 軸方向に3、y 軸方向に1、平行移動しているのだから、もとの座標における点 (3, 1) を新しい座標の原点として、そこに設定された新しい X 軸、Y 軸を用いて、$Y = X^2$ のグラフを描けばいいのだ、とわかりました。

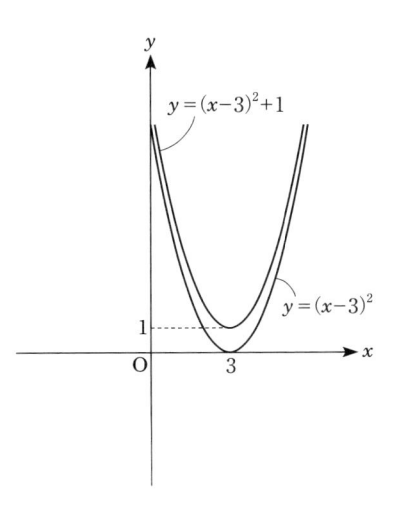

2次関数の移動についてのこの理解の仕方は、私にとってはいわば「完璧」なものとなり、その後私は数学のテストで、ここの部分を間違えることがなくなりました。

たとえば、「関数 $y = 2(x + 1)^2 + 3$ のグラフを描きなさい」という問題が出た場合、+ 3 を左辺に移動させて式の形を $y - 3 = 2(x + 1)^2$ とします。

そうすれば点 (− 1, 3) を新たな原点だと考え、その位置を基準にして、$y = 2x^2$ のグラフを描けばいい、ことになるではありませんか。

じゃ、もっと一般の形、たとえば $y = 3x^2 + 2x + 1$ のグラフはどう描けばいいのでしょうか。

こういった形の式は例の「平方完成」を用いて $y = a(x - p)^2 + q$ の形に変形すればいいのです。

実際にやってみましょうか。

$y = 3x^2 + 2x + 1 = 3\left\{x^2 + \left(\dfrac{2}{3}\right)x\right\} + 1 = 3\left\{x^2 + 2 \times \left(\dfrac{1}{3}\right)x\right\} + 1$

$= 3\left\{x^2 + 2 \times \left(\dfrac{1}{3}\right)x + \left(\dfrac{1}{3}\right)^2 - \left(\dfrac{1}{3}\right)^2\right\} + 1$

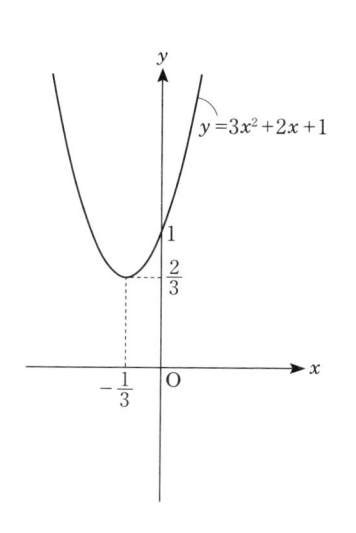

$= 3\left\{x^2 + 2 \times \left(\dfrac{1}{3}\right)x + \left(\dfrac{1}{3}\right)^2\right\} - 3 \times \left(\dfrac{1}{3}\right)^2 + 1$

$= 3\left(x + \dfrac{1}{3}\right)^2 - \dfrac{1}{3} + 1 = 3\left(x + \dfrac{1}{3}\right)^2 + \dfrac{2}{3}$

となりますので、点 $\left(-\dfrac{1}{3}, \dfrac{2}{3}\right)$ を新しい原点のように考えて、その位置で $y = 3x^2$ のグラフを描けばいいのですが、分数の形になっている点を基準に2次関数のグラフを描くのは、実際の手仕事としてはやっかいですよね。

ちなみに、この2次関数の頂点は $\left(-\dfrac{1}{3}, \dfrac{2}{3}\right)$、軸の方程式は $x = -\dfrac{1}{3}$ となっています。

関数 $y = ax + b$ という関係をみたしている点 (x, y) の集まりは、座標平面上に直線として表れる。しかし座標平面上にあるすべての直線がこの式の形に描けるか、というとそうはいかない、というのが相当痛い思いをして私が理解したことでした。

それなら、座標平面上にあるすべての放物線は、$y = ax^2 + bx + c$ の形に書けるのかしら? という疑問を、次に私は持ちました。

もちろん、そんなことは「ありません」。$y = ax^2 + bx + c$ の形で表される放物線は、軸が y 軸に平行なもののみなのです。

2次式で表される関数は、どんなグラフを描くの？

問題 3 の 5

次の2次関数のグラフを描きましょう。

① $y = x^2 - 4$
② $y = -(x + 2)^2$
③ $y = 2(x - 1)^2 + 5$
④ $y = 2x^2 - 4x + 3$
⑤ $y = 1 + 4x + 4x^2$

問題 3 の 5 解説

① $y = x^2$ のグラフを、y 軸方向に4押し下げればいい。

点 $(0, -4)$ を新しい座標の原点と考えて、その位置で $y = x^2$ のグラフを描くと言い換えてもいいですよね。

② $y = -x^2$ のグラフを、x 軸方向に -2 移動させればいい。

点 $(-2, 0)$ を新しい原点と考えて、その位置で $y = -x^2$ のグラフを描くと言い換えても同じことです。

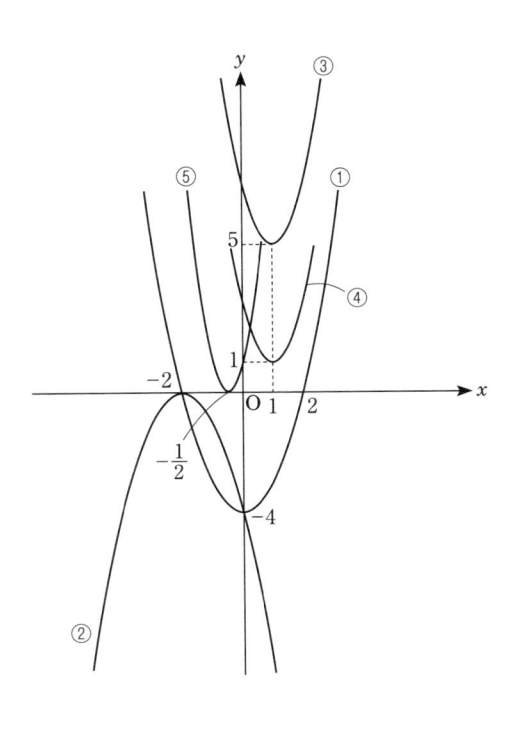

③ 点 $(1, 5)$ を新しい原点と考えて、その位置で $y = 2x^2$ のグラフを描く。

④ 平方完成で
$$y = 2x^2 - 4x + 3 = 2(x^2 - 2x) + 3$$
$$= 2(x^2 - 2 \times 1x + 1^2 - 1^2) + 3$$
$$= 2(x^2 - 2 \times 1x + 1^2) - 2 \times 1^2 + 3 = 2(x-1)^2 + 1$$
となりますので、

点 $(1,1)$ を新しい原点と考えて、その位置で $y = 2x^2$ のグラフを描けばいいのです。

⑤ $y = 1 + 4x + 4x^2 = 4x^2 + 4x + 1 = (2x+1)^2$ と因数分解できることにいち早く気づかれた方。グラフを描くためには、これをさらに変形し、$(2x+1)^2 = 4\left(x + \dfrac{1}{2}\right)^2$ とすることが必要です。平方完成による変形はこの形と一致します。

点 $\left(-\dfrac{1}{2}, 0\right)$ を新しい原点と考えて、$y = 4x^2$ のグラフを描いてください。

> **問題 3 の 5 解答**
> p.175 のグラフ①〜⑤

その 4 2 次関数を求める問題はどうやるのか。

次のような問題は、2 次関数の「決定問題」と呼ばれる問題です。条件をみたすような、2 次関数を求める問題ですよね。

単なる数式の問題としてではなく、2 次関数（放物線）のグラフを頭においてやると、なぜ、こういう問題に取り組まなければならないか、

2次関数を求める問題はどうやるのか。

教科書が、解く側（生徒の側）に課した意図のようなものがわかってくる感じでした。

問題3の6

次の2次関数の方程式を求めましょう。ただし、グラフの軸はすべてy軸に平行であるとします。

① 2点$(-2, 12)$と$(2, 4)$を通り、y軸との交点の座標が4であるもの。
② 3点$(-1, -2)(2, 1)(3, -2)$を通るもの。
③ 2点$(1, 1)(3, 1)$を通り、x軸に接しているもの。
④ 2点$(1, 1)(3, 9)$を通り、x軸に接しているもの。
⑤ $y = -3x^2$を平行移動して、点$(-6, 0)(-4, 0)$を通るもの。

問題3の6解説

問題文に「ただし、グラフの軸はすべてy軸に平行なもの」と断ってあるところが、かなりの重要事項だったのですが、高校生の私が、教科書のそんな意図を十分理解していたかどうかはわかりません。

ともあれ、軸がy軸に平行な放物線だからこそ$y = ax^2 + bx + c$の形に書けるのですよね。

①と②は、この式$y = ax^2 + bx + c$の形をそのまま応用。グラフが通るという点を、この式に代入して、文字a、b、cについての連立方程式の問題として解きます。

③と④は頂点の位置を問題にしているので、$y = ax^2 + bx + c$を平方完成した形の関数$y = a(x - p)^2 + q$の形においたほうが便利です。

⑤は「平行移動」の問題です。$y = -3x^2$を、x軸方向にp、y軸方向にqだけ平行移動した関数は、$y - q = -3(x - p)^2$ですよね。

問題3の6解答

① $y = x^2 - 2x + 4$

問題文に、y軸との交点の座標が4とありますので、求める2次関数 $y = ax^2 + bx + c$ で、$c = 4$ だとわかります。それから、文字a、bについての連立方程式

$$12 = 4a - 2b + 4$$
$$4 = 4a + 2b + 4$$

を解けばいいのです。

② $y = -x^2 + 2x + 1$

a、b、cについての3本の連立方程式は

$$-2 = a - b + c$$
$$1 = 4a + 2b + c$$
$$-2 = 9a + 3b + c \qquad となります。$$

③ $y = (x - 2)^2 = x^2 - 4x + 4$

問題文で「x軸に接している」といっているのですから、$y = ax^2 + bx + c$ を平方完成した形の関数 $y = a(x - p)^2 + q$ で $q = 0$ とわかります。そこで $y = a(x - p)^2$ の形の式に点 $(1,1)$ と $(3,1)$ を代入、出てきた2本の式が

$$1 = a(1 - p)^2$$
$$1 = a(3 - p)^2 \qquad となります。$$

これら2本の式を上下に割ると文字aが消え、pの値が直接出てきますが、このときaは（x^2の係数ですので）0でないこと、またもしも $p = 3$ という答えが出てきた場合には、（もとの分数方程式の分母を0にするので）これを除外することに一応、注意を払ってください。

④ $y = x^2$ または $y = 4\left(x - \dfrac{3}{2}\right)^2 = 4x^2 - 12x + 9$

④も③と同様、求める関数が「x軸に接している」のですから、こ

の関数は、$y = a(x-p)^2$ とおけます。この式に点 $(1,1)$ と $(3,9)$ を代入、出てきた式は

$$1 = a(1-p)^2$$
$$9 = a(3-p)^2$$

この２本の式で、下の式を上の式で割ると、文字 a が消え、文字 p の値が直接得られますが、もちろんこの場合も a が 0 でないことと、もしも $p = 1$ という答えが出た場合にはこれを除外することに注意を払います。

問題③と④はよく似た問題です。しかし問題③では求める関数が１本に決まりますが、④では２本となります。どうしてそうなるのか、実際にグラフを描いて確かめてみると面白いですね。

グラフの問題って、こういうところが難しい（面白い）のか、ってことがよくわかります。

⑤ $y = -3(x+5)^2 + 3 = -3x^2 - 30x - 72$

$y = -3x^2$ を、x 軸方向に p、y 軸方向に q だけ平行移動した関数は、$y - q = -3(x-p)^2$ とおけますから、この式に $(-6, 0)$ と $(-4, 0)$ を代入します。出てきた式は

$$0 - q = -3(-6-p)^2$$
$$0 - q = -3(-4-p)^2$$

これらの式を、上下に引けば、p の値が求められます。$p = -5$ です。これを上下どっちかの式に代入して $q = 3$ を出します。

グラフと方程式の関係がよくわかっていれば、こんな方法でも解けます。グラフが点 $(-6, 0)$ と点 $(-4, 0)$ を通るということは、このグラフで表される関数で、$y = 0$ とおいた２次方程式が $x = -6$ と $x = -4$ を解に持つということです。

だから、このグラフは $y = -3(x+6)(x+4)$ と書けることになります。この式のカッコをはずせば、正解と同じ式になります。

その5　やっと心から納得した2次不等式の問題。

　この2次関数の変形と移動の話が理解できてから、私には、2次の不等式というものが、やっと心から理解できました。

　たとえば「2次不等式 $x^2 + 2x - 8 \geq 0$ を解きなさい」があったとします。

　この式の左辺を文字 x の関数と考えて y とおきます。$y = x^2 + 2x - 8$ です。そこでこの2次関数のグラフを描くことを考えます。

　平方完成して $y = x^2 + 2x - 8 = (x^2 + 2 \times 1x + 1^2 - 1^2) - 8$
$= (x^2 + 2 \times 1x + 1^2) - 1^2 - 8 = (x + 1)^2 - 9$

ですので、このグラフは点（-1, -9）を新しい原点のように考えてその位置で $y = x^2$ のグラフを描けばいいことになります。

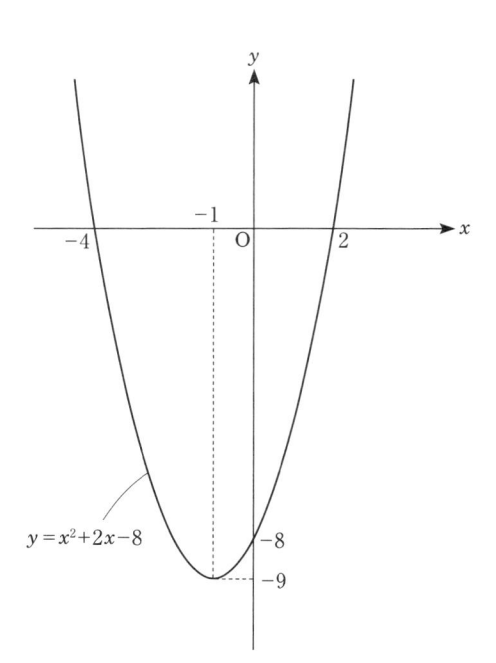

　$y = 0$ とおいた、2次方程式 $x^2 + 2x - 8 = 0$ の左辺は、$x^2 + 2x - 8 = (x + 4)(x - 2)$ と因数分解できますので、この2次関数は $x = -4$ と $x = 2$ で x 軸と交わることになります。

　このようにグラフの形を押さえておいてから、ふたたび2次不等式の問題にもどると、この問題は関数 $y = x^2$

$+2x-8$ で、y の値がプラスとなるような「x の範囲」を求めればいいことになります。

そこでグラフの形から、「2次不等式 $x^2+2x-8 \geq 0$ を解きなさい」の答えの範囲は「$x \geq 2$、または $x \leq -4$」となります。

また上の問題と不等号の向きが逆の問題「2次不等式 $x^2+2x-8 \leq 0$ を解きなさい」の答えの範囲は「$-4 \leq x \leq 2$」となることがグラフの形からわかります。

では、2次関数 $y=ax^2+bx+c$ と、x 軸との位置関係を利用して、2次不等式を解く問題をやりましょうか。

数式の問題は、グラフの問題と常に連動して考えが進むのです。

これらの問題（**問題3の7**）は、前の前の問題（**問題3の5**）で描いた、2次関数のグラフの形を利用して解ける問題です。

問題3の7

次の2次不等式を解きましょう。

① $x^2-4<0$
② $-x^2-4x-4 \geq 0$
③ $2x^2-4x+7<0$
④ $2x^2-4x+3 \geq 0$

問題3の7解答

① $-2<x<2$（**問題3の5の①**のグラフから）
② $x=-2$ のみ（**問題3の5の②**のグラフから）

$y=-x^2-4x-4=-(x+2)^2$ と変形でき、実はグラフが**問題3の5の②**と同じであることがわかります。グラフが x 軸の下側にあり、しかも x 軸に接しているので、$-x^2-4x-4>0$ となることはありませんが、$-x^2-4x-4=0$ となることはあります。このときの x

の値が $x = -2$ ですよね。これがこの不等式の問題の答えです。

　普通はこの問題が、単独の2次不等式の問題として出た場合には、式の両辺に-1を掛け、x^2の係数をプラスにしておくのが常道です。$x^2 + 4x + 4 \leqq 0$ですよね。この場合のこの不等式の問題の答えも、もちろん、$x = -2$に一致します。

③答えなし

左辺の式をyとおいて平方完成すると

$y = 2x^2 - 4x + 7 = 2(x^2 - 2x) + 7$

$= 2(x^2 - 2 \times 1x + 1^2 - 1^2) + 7$

$= 2(x^2 - 2 \times 1x + 1^2) - 2 \times 1^2 + 7 = 2(x-1)^2 + 5$ となり、

問題3の5の③のグラフと一致します。このグラフは、つねにx軸の上側にありますので、$2x^2 - 4x + 7 < 0$となるxの範囲は存在しません。

④**実数xのすべての範囲**

　④の式の左辺をyとおいた2次関数は**問題3の5の④**と一致します。このグラフは、常にx軸の上側にありますので、$2x^2 - 4x + 3 \geqq 0$は、すべての実数x(x軸上のすべての点)に対して成り立ちます。実際には、$2x^2 - 4x + 3 = 0$になることはないのですが、少なくとも$2x^2 - 4x + 3 \geqq 0$という条件をみたしていますので、この答えでいいのです。

　何でも「応用」、というと聞こえがいいのですが、あまり頭を使わずに（！）数々の数学の問題が解けるようになる道を絶えず探っていたこの私。かつて習った1次不等式にも、このグラフの考えが応用できないかと考えました。そうすればすべて（！）の次数の不等式に対して、この考えが応用できるかもしれないではありませんか。

　不等式「$2x - 1 \geqq 0$を解きなさい」という問題があった場合、2次

の不等式のように左辺を y とおくと、これは直線の式 $y = 2x - 1$ を意味します。

　グラフは、y 軸上の -1 を通り、傾き 2 の直線を描けばいいことになります。はじめの不等式は、このグラフで y がプラスまたは 0 になるような「x の範囲」を求めなさいといっているのです。この直線のグラフは、$x = \dfrac{1}{2}$ で x 軸と交わっていてしかも右上がり（傾きがプラス）なのですから $y \geqq 0$ となる x の範囲は $x \geqq \dfrac{1}{2}$ となります。これは計算で求めた１次不等式「$2x - 1 \geqq 0$ を解きなさい」の答えと無事（？）に一致します。

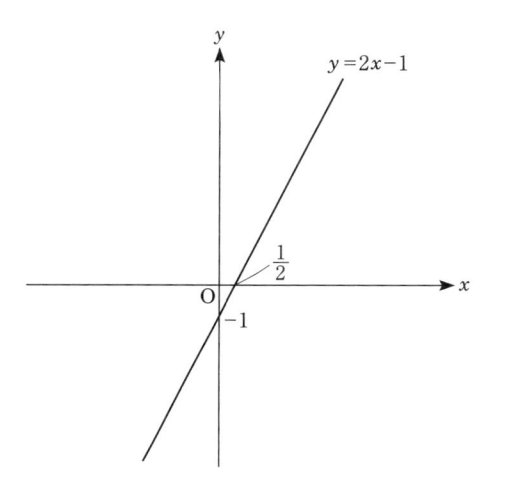

**　つまり２次不等式を解くために学んだ、グラフの応用の考え方は、１次の不等式を解く場合にも通用することがわかりました。**

　しかしたとえば「$y \geqq 2x - 1$ をみたす範囲を求めなさい」という問題になるとこれは、点 (x, y) が $y = 2x - 1$ で表される直線上、またはこの直線の上部にある範囲を求めなさい、という意味になり、これは平面を、直線 $y = 2x - 1$ で仕切ってできる２つの範囲のうち、上側の部分（この直線を境界として含みます）を表す、ということになるのです。

　私はよけいなことながら、「$y > x^2$ をみたす範囲を求めなさい」という問題を考え、これが２次関数 $y = x^2$ の上側、つまり放物線を開きかけた傘のような形と見なした場合、この傘の内側の部分を表す、ということを納得します。

　ある意味で数学に対して小心で、それゆえに用心深くもあったその頃

の私は、これら「グラフの問題」にはついぞ、変数として、x、y 以外の文字が現れることはない、という重大な事実には気づいていなかったと思います。

一般に「数式の問題」と呼ばれる問題には、文字 x だって y だって z だって、なんでもなく現れるではありませんか。にもかかわらず、この「グラフと座標」の分野の場合には「変数 z」というものは決して表れないのです。

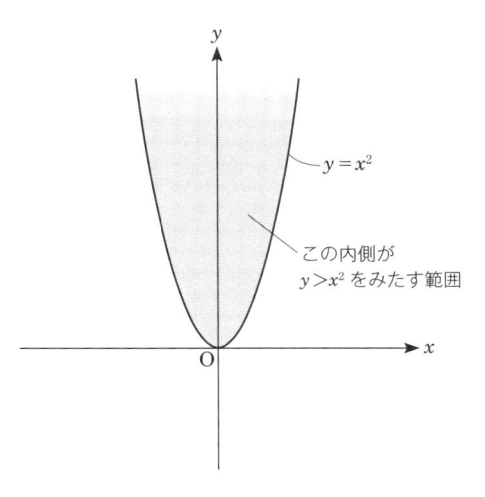

つまり「グラフと座標」にかかわる分野では3つ目の文字、たとえば z が現れ、この z を x、y の式で表した「関数」などは、高校の最後の学年になるまでは、決して数学の教科書に現れることはなかったということなのです。

もしも z が現れると、それは、この関数自体が「平面」ではなく「空間」を生息場所に持つ関数ということになり、平面に「番地」を付けるという座標の考え方のそもそもから改めて（拡張して）いかなくてはならなくなるのだ、ということには気づきませんでした。

その6　やっぱり出てきた、分数関数と無理関数、まずは分数関数から。

分数式と、無理式を学んだのだから、分数関数と、無理関数について

> やっぱり出てきた、分数関数と無理関数、まずは分数関数から。

もきっと学ぶに違いないと思っていたら、果たして現れました、分数関数と無理関数。

分数関数のほうは、小学校で学んだ「反比例」という考え方に関係があるのだとはすぐにわかりました。

たとえば「面積が $10\,\text{cm}^2$ の長方形があります。この長方形の縦の長さを $x\,\text{cm}$、横の長さを $y\,\text{cm}$ とした場合、この長方形の面積を、文字 x、y を用いて表しなさい」という問題があった場合、この問題の答えは「$xy = 10$」となります。

こういう場合のような、x と y との関係を「x は y に反比例する」というのですよね。

$xy = 10$ という式から $y = \dfrac{10}{x}$ という式を作ると、これが「分数関数」になるのです。

分数式だから、分母の x はゼロであってはいけないんですよね？

そう、縦の長さ x が 0 であったら、長方形の面積が $10\,\text{cm}^2$ になることなんてありっこないわけですから、「x はゼロでない」というわけなのね、と私は納得。

$y = \dfrac{10}{x}$ というグラフについては、数表というものを作って、この関数の動きを調べ、グラフを描きました。

こんな具合。

x	$\cdots$	-1	$-\frac{1}{2}$	$-\frac{1}{3}$	0	$\frac{1}{3}$	$\frac{1}{2}$	1	2	3
y		-10	-20	-30	なし	30	20	10	5	$\frac{10}{3}$

$y = \dfrac{10}{x}$

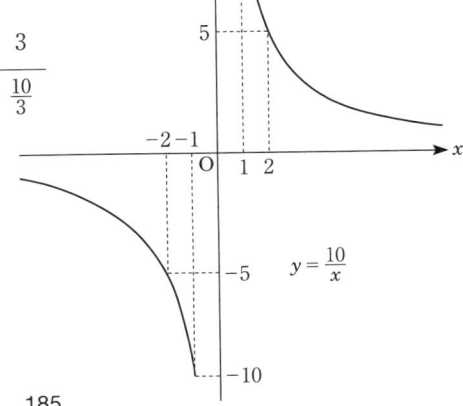

185

ここで、このグラフはx軸とy軸に「限りなく近づき」ますが、決してこれらの軸に「交わる」ことはありません。こういう場合、このx軸、y軸のような直線のことをこのグラフの**「漸近線」**というのですよね。

　さて、はじめの「面積が$10\,\mathrm{cm}^2$の縦横の長さ」を考える問題なら、文字xも文字yもともに正の数です。

　しかし数表においては、すぐにx、yが負の場合にも拡張して考えなければならないところが、私にはどうにも付いて行けませんでした。

　ここで教科書は「面積が$10\,\mathrm{cm}^2$の縦横の長さ」を考える問題から、文字xがx軸全体（xが実数の範囲全体）を動く場合に、話を拡張してくるのですが、ここが私にはいまひとつよくわからなかったということなのです。

　具体的な数値や範囲から、実数全体へ、これはグラフや関数を考える場合にいつも教科書がとる立場だったのですが、そういうこととは知らない私はいつもこのあたりで足を引っ張られるのでした。

　これがのちの三角関数や、指数・対数の関数を理解するとき、すぐには受け入れられない気持ちとなって残りました。

　ともあれ分数関数の基本的な形$y=\dfrac{a}{x}$（文字aは定数で0でない）がわかってしまえば、あとはその移動について理解できれば、分数関数の基本的な考え方は理解できます。

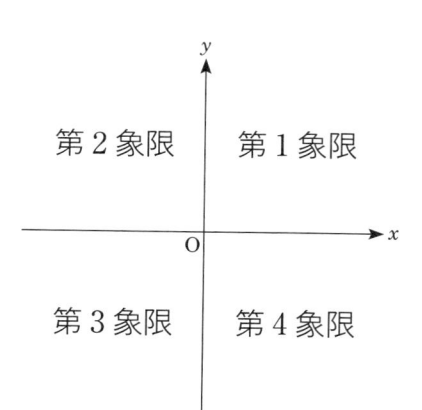

　$y=\dfrac{a}{x}$の形の分数関数は、定数aが正のときは、座標平面上の第1象限と第3象限にその姿が現れ、定数aが負のときは、座標平面上の第2象限と第4象限とにその姿が現れるのです。

　また上で例にあげた分数関数$y=\dfrac{10}{x}$を再び例にとると

$y = \dfrac{10}{x-2} + 3$ という関数なら、点 (2, 3) を新しい座標の原点のように考えて、その位置を基本にして $y = \dfrac{10}{x}$ のグラフを描けばいいことになるのです。

2次関数の縦横の移動（平行移動）の仕組みについて、心の底からわかっていると、分数関数に限らず、以後すべての関数のグラフの移動についての問題が不安なく理解できることになります。

問題 3 の 8

次の関数のグラフと、関数 $y = \dfrac{2}{x}$ との位置関係を調べましょう。

① $y = \dfrac{2}{x+3}$

② $y = \dfrac{2}{x} + 1$

③ $y = \dfrac{2x}{x-1}$

④ $y = \dfrac{x-2}{x-4}$

問題 3 の 8 解説

①は点 $(-3, 0)$ の位置を新しい座標の原点のように考えて、$y = \dfrac{2}{x}$ のグラフを描けばいいってことですよね。

②は点 $(0, 1)$ の位置を新しい座標の原点のように考えて、$y = \dfrac{2}{x}$ のグラフを描けばいいってことですよね。

③は分子の文字式 $2x$ を分母の文字式 $x - 1$ で割ってみてください。そうするとこの分数式は $y = \dfrac{2x}{x-1} = 2 + \dfrac{2}{x-1}$ と書けます。

④これも、分子の文字式 $x - 2$ を分母の文字式 $x - 4$ で割ってみてください。

そうすると $y = \dfrac{x-2}{x-4} = 1 + \dfrac{2}{x-4}$ となります。

> **問題3の8解答**
>
> ① $y = \dfrac{2}{x}$ のグラフを、x 軸方向に -3 平行移動。
>
> ② $y = \dfrac{2}{x}$ のグラフを、y 軸方向に 1 平行移動。
>
> ③ $y = \dfrac{2}{x}$ のグラフを、x 軸方向に 1、y 軸方向に 2 平行移動。
>
> ④ $y = \dfrac{2}{x}$ のグラフを、x 軸方向に 4、y 軸方向に 1 平行移動。

次に私は「$y = x + \dfrac{1}{x}$ のグラフを描きなさい」という問題に出くわし、青くなりました。この分数式って、これ以上簡単にはならないじゃありませんか。

しかしこれは、直線 $y = x$ と分数関数 $y = \dfrac{1}{x}$ とを同じ座標平面上に描いておいて、各点ごとに x の値と、$\dfrac{1}{x}$ の値を加えながら、求めるグラフの点としてマークしていけばよかったのです。

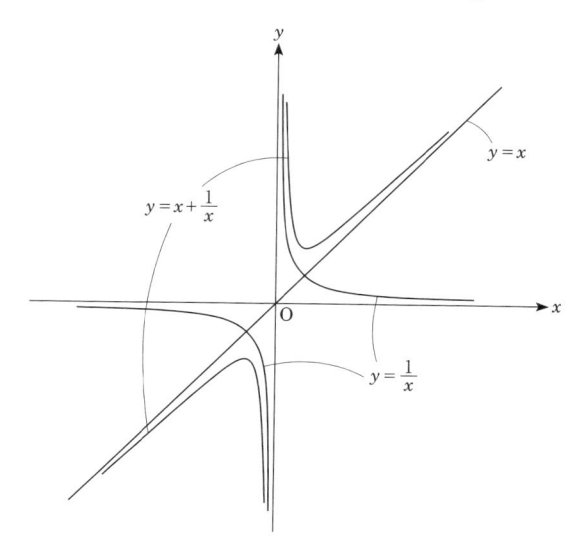

分数関数のグラフって奥が深いのね！

いや奥が深いのは何も、分数関数のグラフばかりではありません。

考えられる限りの分数関数を描くこと

に要する労苦（？）に頭をめぐらした私は、例によってこれらの関数が組織的に（自動的に？）描ける方法がないものか、と考えました。

その方法は、どんぴしゃとはいえないかもしれませんが、ないでもなかったのです。

それがのちの微分法につながる考え方でした。

その7　次には無理関数というものが現れました。

無理関数の中で、最も簡単なものは $y = \sqrt{x}$ だろうと思っていたら、やっぱりそうでした。

しかしこの場合、文字 x はゼロまたは、正の範囲を動くとしか考えてはいけないと教科書は言うのです。その理由は、このグラフを座標平面上に具体的な図形（曲線）として表さなければならないためで、もしも変数 x がマイナスの値をとると、y の値が虚数（虚数単位 i を含んだ数）になってしまい、そうするとこれらの点 (x, y) は、座標平面上には表されなくなるから、というのでした。

いや、教科書はこういうふうに、理解の遅い私にもわかるようには説明してくれず、ただ「x はゼロまたは正の範囲をとる」とのたまうだけでした。

日頃は、文字 x を x 軸の全範囲に拡張して、グラフを描くことを勧める立場だというのに、今度ばかりは、文字 x に制限をつけてくるのですかね……。

しかしこれは、よろず「関数」の問題に対する教科書の姿勢を学ぶほうの私がなお、誤解していたから生じた齟齬だったのです。

教科書は、実数直線上のすべての点で、ある関数を定義しようとしているのではなく、実数直線上のどういう点（範囲）で定義できるのか、それともできないのか、ちゃんと理屈を付けて説明したい、というだけの立場だったのです。

　無理関数 $y=\sqrt{x}$ の話にもどればこの関数は「x がプラスまたは 0 の範囲では定義できる（関数として考えられる）が、x がマイナスの範囲では定義できない（考えられない）」ただ、それだけのことだったのですよ。

　ともあれ $y=\sqrt{x}$ の両辺を 2 乗すると $y^2=x$ という形の式になります。

　これはあのおなじみの放物線 $y=x^2$ を、今度は、文字 y を変数として描け、ということなのです。

　つまりあらかじめ設定してある座標軸を、時計回りに 90 度回転した新しい座標軸を用いて、$y=x^2$ のグラフを描けばいい、ということになります。

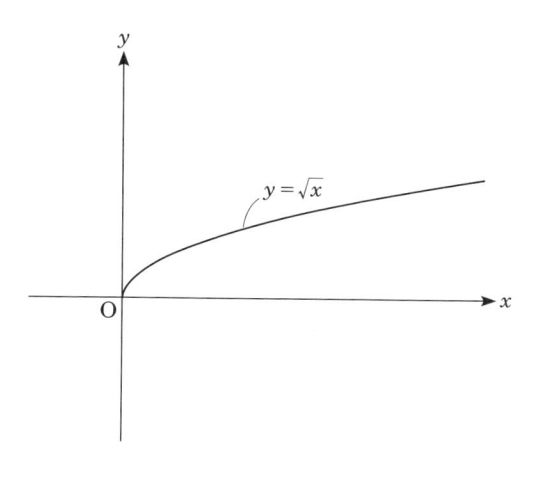

　しかもこうしてグラフが描けたら、ふたたび座標軸だけを反時計回りに 90 度回転させてもとにもどします。そうしてもとにもどった座標軸の $x \geqq 0$ の範囲にあるグラフの形のみを $y=\sqrt{x}$ のグラフとして採用しなさい、ということなのでした。ただ「それだけ」のことだったのですよ……。

　次にはこれに当然、座標軸の移動（平行移動）の話や、両軸との対称関係の話が絡んできます。こんな問題です。

| 次には無理関数というものが現れました。 |

問題 3 の 9

次の関数のグラフと関数 $y = \sqrt{x}$ との位置関係を調べましょう。

① $y = \sqrt{x+1}$
② $y = \sqrt{x-1} + 2$
③ $y = -\sqrt{x} - 1$
④ $y = -\sqrt{x-4}$
⑤ $y = \sqrt{1-x} - 1$
⑥ $y = -\sqrt{-x} + 1$

問題 3 の 9 解説

①、②は $y = \sqrt{x}$ そのものを平行移動させる問題。

③、④は $y = -\sqrt{x}$ という関数の平行移動の問題ですが、$y = -\sqrt{x}$ というグラフはもとの $y = \sqrt{x}$ というグラフを、x 軸に関して対称に（y 軸のマイナス側に）移動させたものですよね。

⑤は $y = \sqrt{-x}$ という関数の平行移動を考える問題です。$y = \sqrt{-x}$ という関数は、2 乗すると $x = -y^2$ になりますから、これは $x = y^2$ と同じ形のグラフを y 軸の左側に描き、描いたグラフの $x \leq 0$ の部分だけを

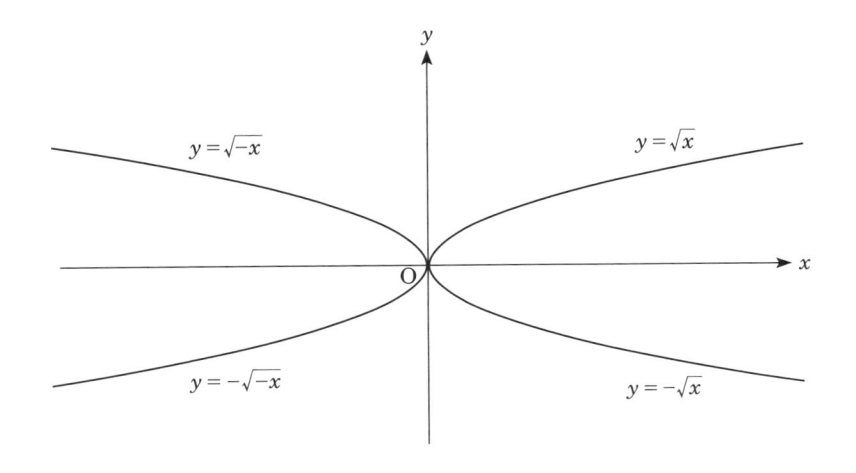

採用すればいい、ことになります。**グラフを描いてみるとすぐにわかることですが、このグラフ $y = \sqrt{-x}$ は、もとのグラフ $y = \sqrt{x}$ を、y 軸に関して対称に移動させたものになっています。**

$y = \sqrt{1-x} - 1 = \sqrt{-(x-1)} - 1$ と考えられるので、x 軸方向への移動は1となります。この式を $y = \sqrt{1-x} - 1 = \sqrt{-x-(-1)} - 1$ と変形してしまうと間違った答えになります。その理由は、もとの関数が $y = \sqrt{-x}$ なのですから、あくまでも $-$ の付いた文字 x の部分を「ひとかたまり」として平行移動を考えなければならないからです。

⑥は $y = \sqrt{-x}$ という関数を、さらに x 軸に関して対称に移動させた $y = -\sqrt{-x}$ を考えます。

$y = -\sqrt{-x}$ はもとの関数 $y = \sqrt{x}$ からいえば、この関数を座標の原点に関して対称移動させたものになっています。

問題3の9解答

① $y = \sqrt{x}$ を x 軸方向に -1 平行移動。

② $y = \sqrt{x}$ を x 軸方向に1、y 軸方向に2平行移動。

③ $y = \sqrt{x}$ を、x 軸に関して対称に移動させた関数が $y = -\sqrt{x}$。その関数 $y = -\sqrt{x}$ を y 軸方向に -1 平行移動。

④ $y = -\sqrt{x}$ を x 軸方向に4平行移動。

⑤ $y = \sqrt{x}$ を、y 軸に関して対称に移動させた関数が $y = \sqrt{-x}$。その関数 $y = \sqrt{-x}$ を x 軸方向に1、y 軸方向に -1 平行移動。

⑥ 関数 $y = \sqrt{-x}$ を x 軸に関して対称に移動させた関数が $y = -\sqrt{-x}$。その関数 $y = -\sqrt{-x}$ を y 軸方向に1平行移動。

⑥の関数ははじめの関数 $y = \sqrt{x}$ を、原点に関して対称に移動させた関数 $y = -\sqrt{-x}$ を y 軸方向に1平行移動、とも考えられます。

もちろんもう私は「$y = x + \sqrt{x}$ のグラフを描きなさい」のような問

次には無理関数というものが現れました。

$y = x + \sqrt{x}$
$y = x$
$y = x + \sqrt{x}$ のグラフ
$y = \sqrt{x}$

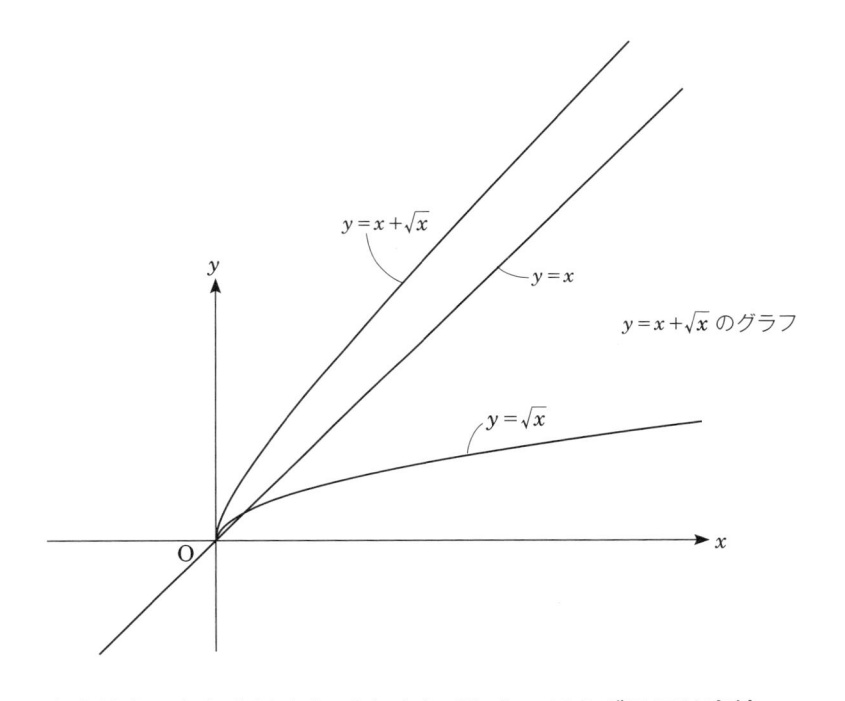

題にめぐり合ったときはあわてませんでした。このグラフは直線 $y = x$ と無理関数 $y = \sqrt{x}$ とを同じ座標平面上に描き、x 軸上のプラスまたはゼロの範囲に限って、これらの2つの関数の値を加えつつグラフを描けばいいのです。x 軸上のプラスまたはゼロの範囲に限って描くのは、$y = \sqrt{x}$ のグラフが、x 軸のマイナスの範囲では定義できていない（考えられない）からですよね。

それでいて私は「$y = \sqrt{x^2}$ のグラフを描きなさい」という問題に出くわしたときは、ちょっとあわてました。

$y = \sqrt{x^2}$ のルートをはずすには、場合分けをしなくてはなりません。

$x \leq 0$ の場合は、$y = \sqrt{x^2} = -x$

$x > 0$ の場合には、$y = \sqrt{x^2} = x$

となります。

このグラフを座標平面上に表すと、座標の原点の位置で折れ曲がった

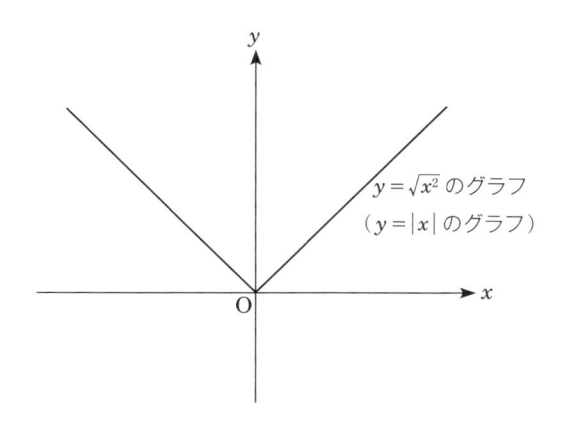

上向きの折れ線、ということになります。折れ線のグラフの描き方については、直線のグラフのところで悩んだことを思い出します。

そうか、$y = \sqrt{x^2}$ のグラフって、$y = |x|$ のグラフと同じ形なのね！

$y = \sqrt{x^2}$ のグラフ
($y = |x|$ のグラフ)

しかしこの事実に目を白黒させている私は、高校に入ったばかりの頃、教科書の冒頭に現れた記述と全く同じ内容に、また幻惑されているのだということにも気づきました。

実数 a に対して $|a|$ の絶対値記号のはずし方と、$\sqrt{a^2}$ のルートのはずし方は、全く同じ場合分けによって行なわれ、記号をはずした結果も全く同じになるのですからね。どうも、高校に入ったばかりの頃、このあたりがしっかり身についていなかった私には、この手の場合分けの問題には、いつまでも動転した気持ちを持つのでした。

無理関数の問題って奥が深いのね！

いいえ、奥が深いのは、なにも無理関数の分野に限ったことではありません。

その8　連立方程式とは、2つのグラフの交点を求める問題だったのだ！

x、y を未知数とする連立の1次方程式は、2本の直線の交点を求める

問題と同じ意味でした。たとえば連立方程式

$$\begin{cases} y = 3x \\ x + y = 12 \end{cases}$$

があった場合、これは2本の直線 $y = 3x$ と $y = -x + 12$ との交点を求める問題と考えればいいのでした。この2直線の交点はグラフから $(3, 9)$。これはこの連立方程式を解いた答え $x = 3$、$y = 9$ と一致します。

つまり連立方程式には、代入法、加減法のほかに3つ目の解き方、つまりグラフを用いる解き方というものがあった、というわけなのです。

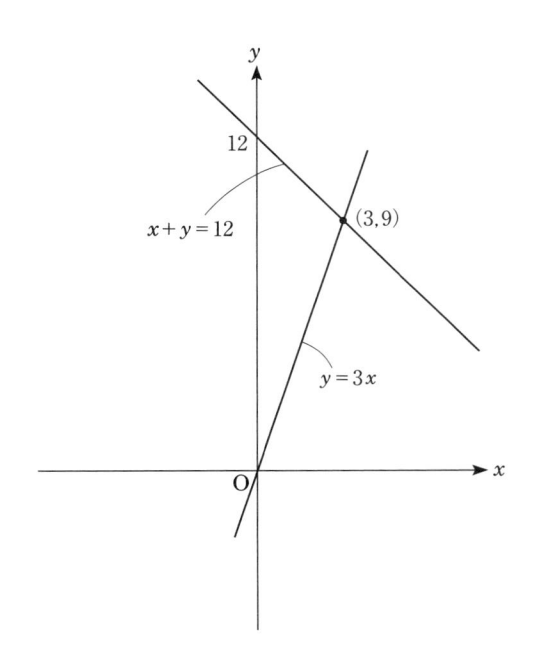

この考えは、他の方程式にも応用ができます。ちょっと見慣れないものもあるかもしれませんが、方程式を、2つのグラフの交点として考える問題をやりましょうか。

問題 3 の 10

グラフを利用して、次の方程式を解きましょう。

① $x = \dfrac{1}{x - 1}$

② $\sqrt{3 - x} = x - 2$

③ $|x^2 - 4| = x + 2$

> 問題 3 の 10 解説

①直線 $y = x$ と、分数関数 $y = \dfrac{1}{x-1}$ との交点を求める問題です。

もしも $x = 1$ という答えが出たら、この答えは、この方程式の答えとしては除外しなければならないのですが、そんなことは起こりえないということがグラフの問題として考えた場合、よくわかります。この問題を「方程式」とだけ考えていた時には必要不可欠だった「解の吟味」という作業が、この問題を「2つのグラフの交点を求める」問題だと考えれば不必要になるのです。

②直線 $y = x - 2$ と無理関数 $y = \sqrt{x-3}$ の交点を求める問題です。

もちろんこの場合は、グラフを座標平面上で考えるのですから、ルートの中の $3 - x$ は 0 または正の数ですし、ルートの付いた数 $\sqrt{3-x}$ に等しいという右辺の $x - 2$ も 0 または正の数です。つまり x の答えには $2 \leqq x \leqq 3$ という条件が付いてきます。

③これは直線 $y = x + 2$ と、未知の曲線 $y = |x^2 - 4|$ との交点を求める問題です。曲線 $y = |x^2 - 4|$ とは、2次関数 $y = x^2 - 4$ を描き、このうちの x 軸の下側に現れる（$-2 \leqq x \leqq 2$）の部分を、そのまま x 軸の上側に折り返したものになっています。絶対値の付いた数はいつでもプラスですので、これに等しい右辺の式 $x + 2$ も 0 またはプラスの数です。だから x には $x \geqq -2$ という条件が付いてきます。

①、②、③とも交点の y 座標のほうも計算するとなると、これは連立方程式の問題となりますよね。

> 問題 3 の 10 解答

① $x = \dfrac{1 \pm \sqrt{5}}{2}$ ② $x = \dfrac{3 + \sqrt{5}}{2}$

②この方程式を、文字式を動かして解く問題だとのみ考えると

連立方程式とは、2つのグラフの交点を求める問題だったのだ！

① [グラフ: y軸、交点 $\frac{1-\sqrt{5}}{2}$、1、$\frac{1+\sqrt{5}}{2}$]

② [グラフ: $y=\sqrt{3-x}$、$y=x-2$、交点 2、3、$\frac{3+\sqrt{5}}{2}$]

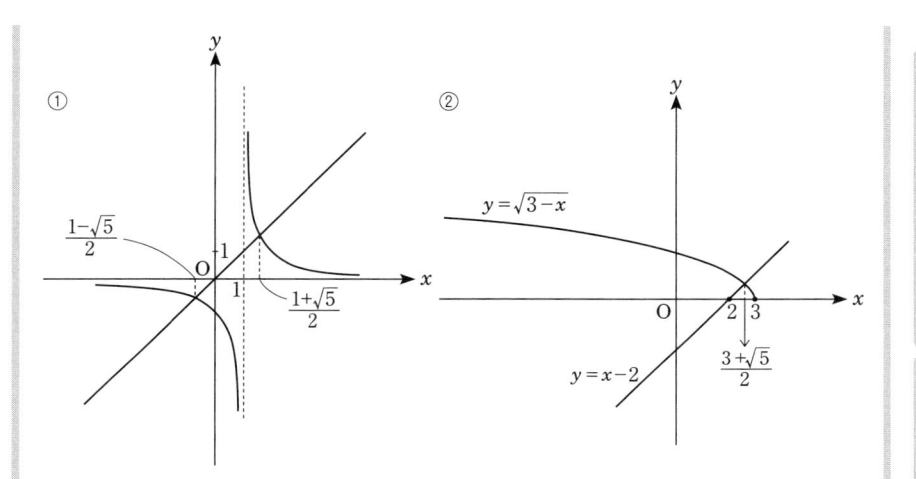

$x = \dfrac{3 \pm \sqrt{5}}{2}$ と2つの答えが出ますが、$x = \dfrac{3 - \sqrt{5}}{2}$ のほうは除外されます。そう、この値が x の条件 $2 \leqq x \leqq 3$ をみたしていないからですよね。なぜこの値が除外されたのか、実はこの値が図形の上でどんな意味を持つ値なのか、グラフを見ながら考えるとよく納得できます。

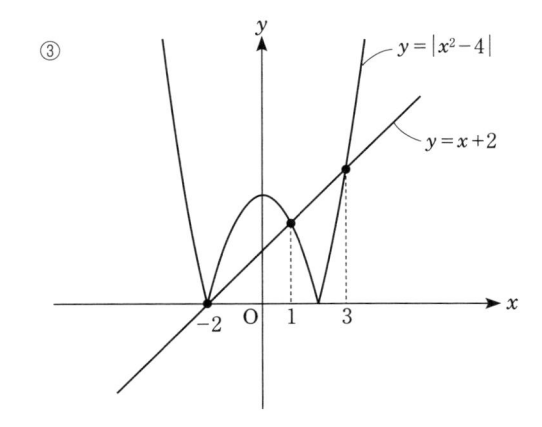

③ $x = -2 \quad x = 1 \quad x = 3$

③ [グラフ: $y=|x^2-4|$、$y=x+2$、交点 -2、1、3]

これら3つの答えはいずれも x の条件 $x \geqq -2$ をみたしています。実際に交点が3つあることをグラフの上で確かめてください。

その9 これからは、考えてもいなかったものが関数に化けます。それは三角関数と、指数・対数関数です。

その9－A まずはじめに、三角関数がやってきました。

その9－Aの I 三角比とは。

　それまでに習った覚えのある教科書の内容で、およそ私が考えてもいなかったものが関数に化けたからといって、「それは生徒のあなたが気づかなかっただけのことでしょ？」と数学が得意な人は一蹴するに違いありません。

　「自分に解けない問題が出てきたらどうしよう？」という脅迫観念のようなものに絶えず後押しされて、数学という教科に取り組んでいた私。正直にいえば、ここには「こわいもの見たさ」みたいな、すこぶる楽しみな気持ちも確かにありました。

　しかし、高校一年生の秋ごろ、およそ予測もしていなかった分野を「関数化」する考え方に導かれていったとき、やっぱりこの事態をはじめは、口をあんぐりと開けて見送るよりありませんでした。

　その前、三角比の問題というものは、私には得意でした。定義からちょっとやってみましょうか。

　まず、Cを直角とする直角三角形ABCがあり、辺の長さがそれぞれ図のように a、b、c となっていたとします。

　そうしたら、角度Aに対して

$$\sin A = \frac{a}{c}$$

$$\cos A = \frac{b}{c}$$
$$\tan A = \frac{a}{b}$$

という具合に3辺の比で、三角比の値を決めます。

そうすると、同じ直角三角形の角度 B に対しては

$$\sin B = \frac{b}{c}$$
$$\cos B = \frac{a}{c}$$
$$\tan B = \frac{b}{a}$$

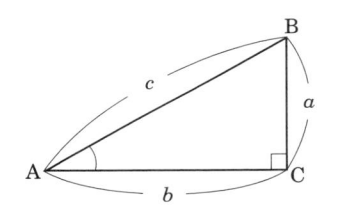

という具合に三角比の値が決まってきます。

同じ直角三角形の2角 A と B に対しては、sinA と cosB、cosA と sinB がそれぞれ同じ値、tanA と tanB とはそれぞれ分母分子を入れ替えた数（逆数）になっていることは知っておくと便利です。

これは三角比というものはいつでも、三角比を求める角度を、**直角 C に対して、左側において**比の値を決めているからなのです。

じゃ、具体的な問題で三角比の問題を解きましょうか。

問題3の11

次の直角三角形で、それぞれの角度 A、B について、sin、cos、tan の値を求めましょう。

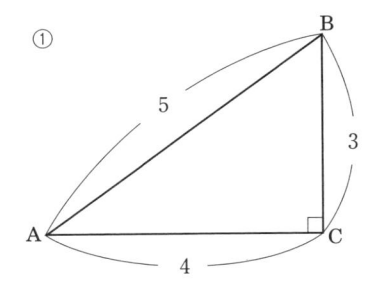

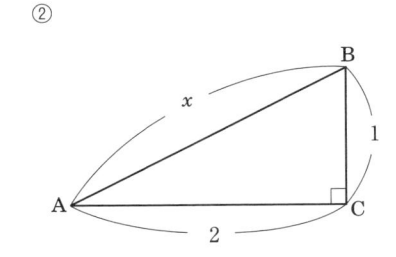

① 辺の長さ：AB = 5, BC = 3, AC = 4

② 辺の長さ：AB = x, BC = 1, AC = 2

③

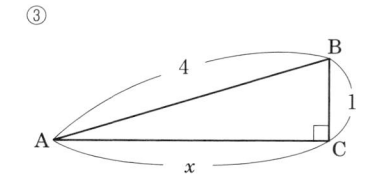

```
        B
   4   /|
      / | 1
     /  |
    A---+
    C
      x
```

問題 3 の 11 解説

①は三角比の定義をそのままあてはめればいいのですよね。

②、③については、それぞれ、直角三角形の1辺の長さがわかっていません。そこで、まず長さのわかっていない辺の長さ x を求めるのが先決ですが、これには、三平方の定理を使います。**三平方の定理**とは、**問題3の11**の上に描いた直角三角形の図で、3辺 a、b、c の間に、$c^2 = a^2 + b^2$ という公式が成り立つ、ということですよね。しかし実際に三平方の定理を使うとき、②の問題と③の問題では未知数 x の置き場所が違うところに注意です。

問題 3 の 11 解答

①

sinA	$\frac{3}{5}$	sinB	$\frac{4}{5}$
cosA	$\frac{4}{5}$	cosB	$\frac{3}{5}$
tanA	$\frac{3}{4}$	tanB	$\frac{4}{3}$

②

sinA	$\frac{1}{\sqrt{5}}$	sinB	$\frac{2}{\sqrt{5}}$
cosA	$\frac{2}{\sqrt{5}}$	cosB	$\frac{1}{\sqrt{5}}$
tanA	$\frac{1}{2}$	tanB	2

三角定規の三角形。

直角三角形の、長さがわかっていない1辺が斜辺ですので、$x^2 = 1^2 + 2^2$ と三平方の定理を利用し、$x^2 = 5$ から、斜辺 $x = \sqrt{5}$ を出します。

③

sinA	$\dfrac{1}{4}$	sinB	$\dfrac{\sqrt{15}}{4}$
cosA	$\dfrac{\sqrt{15}}{4}$	cosB	$\dfrac{1}{4}$
tanA	$\dfrac{1}{\sqrt{15}}$	tanB	$\sqrt{15}$

直角三角形の、長さがわかっていない1辺が、斜辺以外の残りの1辺ですので、$4^2 = 1^2 + x^2$ と三平方の定理を利用し、$x^2 = 16 - 1 = 15$ から、未知の辺の長さ $x = \sqrt{15}$ を出します。

その 9 − A の II

三角定規の三角形。

三角定規に現れる3つの角度（30°、45°、60°）についての三角比の値を求める問題はよく出てきて、記憶するようにもいわれましたので、私は素直に覚えました。

これらの値は、

45°の角度を持つ直角（二等辺）三角形とは、1辺が1の正方形を対角線のところで2つの直角二等辺三角形に切った、一方。

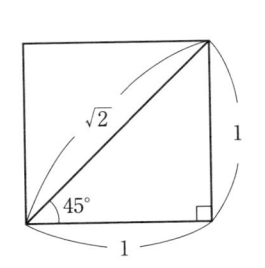

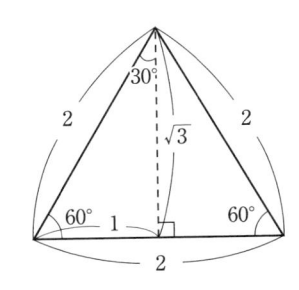

また、30°と60°の角度を持つ直角三角形とは、1辺が2の正三角形を、高さのところで2つに切った直角三角形の一方、と覚えておくと、具体的な数値を忘れても、すぐに計算で求められるので便利でした。

　では非常に利用頻度が高いので、この問題を練習問題として取り上げましょうか。

問題 3 の 12

三角定規の三角形について三角比の値を求めましょう。

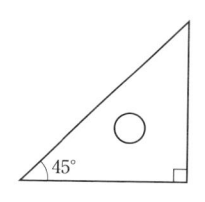

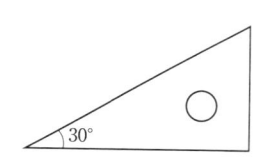

問題 3 の 12 解答

$\sin 45°$	$\dfrac{1}{\sqrt{2}}$
$\cos 45°$	$\dfrac{1}{\sqrt{2}}$
$\tan 45°$	1

$\sin 30°$	$\dfrac{1}{2}$	$\sin 60°$	$\dfrac{\sqrt{3}}{2}$
$\cos 30°$	$\dfrac{\sqrt{3}}{2}$	$\cos 60°$	$\dfrac{1}{2}$
$\tan 30°$	$\dfrac{1}{\sqrt{3}}$	$\tan 60°$	$\sqrt{3}$

　このあたりまでの知識が、私たちの世代の場合、中学校三年までに教わる内容で、私はこのあたりはよく理解しているつもりでした。三角比の考えが、測量に応用されるのだ、ということもわかりました。

　また43°とか、62°など半端（？）な角度の三角比の値が必要になった場合は、教科書の巻末にある「三角比の表」というものから具体的な数値を引っ張ってくればいいのだ、ということもわかりました。

三角比の拡張とは。

　ところが高校に入って「三角比の拡張」という節が出てきた途端に、この分野がわからなくなったのです。

　しかしこれは教科書の立場に立てば、いたって簡単な考えから起きたこと、つまり教科書はこの「三角比」の考え方を、「三角関数」に拡張したかっただけのことだったのです。

　しかしここにはいくつもの手順があり、教科書は「三角比の拡張」の話を進めながら、それらを関数化する手順について容赦なく伏線を張ってくるような感じでした。

　しかしこれはあとから思うとそうだった、というだけのことで、意味もわからず教科書に引っ張りまわされていた当時の私は、炎天下の犬のごとくに口をハアハアさせているだけでした。

その9-AのⅢ　三角比の拡張とは。

　まずは、中学校時代には90°より小さい角度についてのみ考えているものだと（ぼんやりと）信じ込んでいた三角比の値が、90°から360°までに拡張されることに至る話。

　教科書は言います。

　「120°の三角比を求めてみよう」

　なぜここにいきなり120°などという角度が現れるのか、そこでもう、私は幻惑されていたのですが、教科書の立場に立てば、これは例のおなじみの30°、60°の直角三角形（三角定規の三角形）の辺の比を利用してこの話（三角比の拡張という話）のはじめの一歩を説明したいというだけのことだったのです。

　教科書はまず、斜辺が2で、60°を一角に持つ直角三角形を、座標平

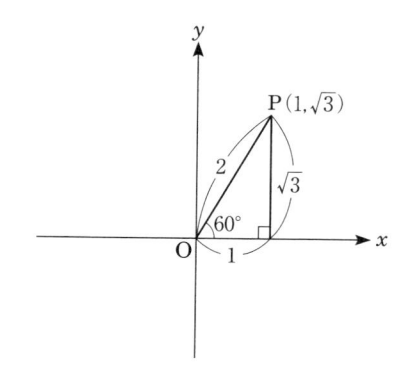

面上に図のごとくおきなさい、と言います。角度120°が現れたその上に、座標平面などが現れるのです。これってどういう意味なの？

そう、このあたりから私の目は、もう、点になっていたのです。

座標平面上に図のようにおかれた、60°の直角三角形の斜辺がPO、ただしOは座標の原点として、固定されています。

「では点Pは、この座標平面上の点として、どう表されていますか？」

いきなりこう聞かれた私はびっくり。直角定規の直角三角形を、やおら座標平面上におく、という考え方にまだ、なじんでいなかったからです。

しかし「点P$(1, \sqrt{3})$です」と気力を振り絞って質問に答えます。

教科書もにんまり、次には、この直角三角形の斜辺POをさらに60°回転させ、点Pが60°回転した先の点をあらたにP'と名づけます、と言います。

このときP'Oと、x軸の正の部分との間にできる角は120°になっています。

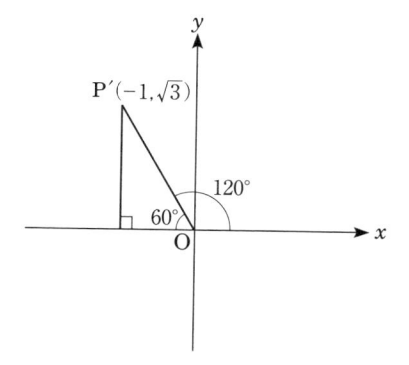

「では今度は、点P'の座標は、どう表されていますか？」

またまた聞かれた私は二度びっくり、新しい頂点P'からx軸（の負の部分）に垂線をおろすと、ここにもまた60°、30°の直角三角形ができていることにやっと気づきます。

三角比の拡張とは。

「だから P′ の座標は P′$(-1, \sqrt{3})$ です」と息も絶え絶えに答えます。
すかさず、教科書は言います。
「P′ の座標を OP′ の長さ（この場合は 2）で割ってみてください」
その答えは自動的に $\left(-\dfrac{1}{2}, \dfrac{\sqrt{3}}{2}\right)$ となります。

そうしたら、この y 座標の値を $\sin 120°$ の値、x 座標の値を $\cos 120°$ の値、y 座標の値を x 座標の値で割ったものを $\tan 120°$ の値と決めます、と教科書は教えてくれたのです。

まとめれば

$$\sin 120° = \frac{\sqrt{3}}{2}$$
$$\cos 120° = -\frac{1}{2}$$
$$\tan 120° = -\sqrt{3}$$

となります。

教科書の話はさらに先に進み、さっきの OP′ をさらに 30° 回転させます。点 P′ が回転した先の点を P″ とすれば、線分 OP″ と x 軸の正の部分との間の角は 150° になっているはずです。

また点 P″ の座標は、点 P″$(-\sqrt{3}, 1)$ となります。この座標の値を OP″ の長さ（2）で割ったときの y 座標に当たるものが $\sin 150°$、x 座標に当たるものが $\cos 150°$、また y 座標の値を x 座標の値で割ったものが $\tan 150°$ の値となる、というのです。

つまり

$$\sin 150° = \frac{1}{2}$$
$$\cos 150° = -\frac{\sqrt{3}}{2}$$
$$\tan 150° = -\frac{1}{\sqrt{3}}$$

さらに OP″ を 60°、30°、60°、30° とつぎつぎ回転していけば、

210°、240°、300°、330°の三角比が次々とわかってくると教科書は言うのですが、実のところ私には、さっぱりわかったような気がしませんでした。なぜ、こんな角度の三角比を、まして座標の考えを用いて求めるのか、その「そもそも」がわからなかったからです。

　ともあれここまでの教科書の言い分をまとめればこんな形になります。

　座標平面上にOPという線分（Oは原点だから、不動。しかし点Pのほうはやがて動き出すので、「動点」と呼ぶこともあり、これに従って線分OPを「動径」と呼ぶこともあります）があり、点Pの座標が(x, y)、動径OPの長さがrであったとします。

　また動径OPとx軸の正の部分からなる角度をθとします。そうすればこの角度θの三角比は、

$$\sin\theta = \frac{y}{r}$$

$$\cos\theta = \frac{x}{r}$$

$$\tan\theta = \frac{y}{x}$$

で求められるというのでした。

　この定義を用いれば、45°の直角三角形の斜辺（長さが$\sqrt{2}$）を90°ずつ回転させていくことによって、135°、225°、315°の三角比の値が次々と求められます。今度はOP＝r＝$\sqrt{2}$であることに注意してください。

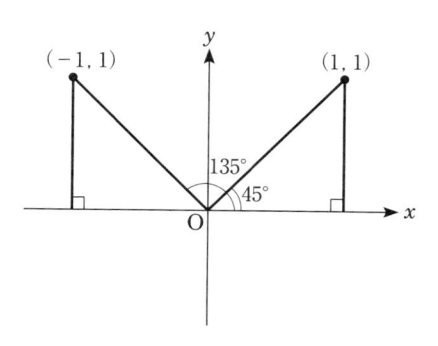

　おまけに点Pをy軸上の点$(0, 1)$だとでも考えておけば、90°の三角比が考えられますし、これを90°ずつ回転させれば180°、270°、

三角比の拡張とは。

360°の三角比もつぎつぎと考えられます。

点Pをx軸上の点（1, 0）だと考えておけば、0°の三角比というものも求められますよね。

こういう三角比を求めることに、正直いって高一の私は、あまりありがたみは感じていなかったけれど、その後、こういう思考の過程を通って、「三角比」が「三角関数」になるのだということが、次第にわかるようになりました。

もっと大事なことは、中学校までの知識では、直角三角形の辺の比で表されるものだとばかり思っていた90°より小さい角の三角比の値も、この座標を用いる考え方で矛盾なく求められる、ということでした。

たとえばこの節のはじめに、座標平面上においた60度の直角三角形の斜辺POで、点Pの座標は点P($1, \sqrt{3}$) でした。この座標の値をそれぞれ斜辺の長さ2で割ると $\left(\dfrac{1}{2}, \dfrac{\sqrt{3}}{2}\right)$ となりますが、これらの値のうち前のものが、「直角三角形の辺の比」から求められた $\cos 60°$、後ろのものが $\sin 60°$ の値と、それぞれ一致しているではありませんか。だからこそ、この節は「三角比の拡張」と名づけられているのですよね。

それでは、上に書いた三角比の値を具体的に求めてください。

問題3の13

次の表の空欄を埋めましょう。

	0°	30°	45°	60°	90°	120°	135°	150°	180°
sin		$\dfrac{1}{2}$	$\dfrac{1}{\sqrt{2}}$	$\dfrac{\sqrt{3}}{2}$		$\dfrac{\sqrt{3}}{2}$		$\dfrac{1}{2}$	
cos		$\dfrac{\sqrt{3}}{2}$	$\dfrac{1}{\sqrt{2}}$	$\dfrac{1}{2}$		$\dfrac{-1}{2}$		$\dfrac{-\sqrt{3}}{2}$	
tan		$\dfrac{1}{\sqrt{3}}$	1	$\sqrt{3}$		$-\sqrt{3}$		$\dfrac{-1}{\sqrt{3}}$	

	210°	225°	240°	270°	300°	315°	330°	360°
sin								
cos								
tan								

> **問題 3 の 13 解答**
>
> | | 0° | 30° | 45° | 60° | 90° | 120° | 135° | 150° | 180° |
> |---|---|---|---|---|---|---|---|---|---|
> | sin | 0 | $\frac{1}{2}$ | $\frac{1}{\sqrt{2}}$ | $\frac{\sqrt{3}}{2}$ | 1 | $\frac{\sqrt{3}}{2}$ | $\frac{1}{\sqrt{2}}$ | $\frac{1}{2}$ | 0 |
> | cos | 1 | $\frac{\sqrt{3}}{2}$ | $\frac{1}{\sqrt{2}}$ | $\frac{1}{2}$ | 0 | $\frac{-1}{2}$ | $\frac{-1}{\sqrt{2}}$ | $\frac{-\sqrt{3}}{2}$ | -1 |
> | tan | 0 | $\frac{1}{\sqrt{3}}$ | 1 | $\sqrt{3}$ | なし | $-\sqrt{3}$ | -1 | $\frac{-1}{\sqrt{3}}$ | 0 |
>
> | | 210° | 225° | 240° | 270° | 300° | 315° | 330° | 360° |
> |---|---|---|---|---|---|---|---|---|
> | sin | $\frac{-1}{2}$ | $\frac{-1}{\sqrt{2}}$ | $\frac{-\sqrt{3}}{2}$ | -1 | $\frac{-\sqrt{3}}{2}$ | $\frac{-1}{\sqrt{2}}$ | $\frac{-1}{2}$ | 0 |
> | cos | $\frac{-\sqrt{3}}{2}$ | $\frac{-1}{\sqrt{2}}$ | $\frac{-1}{2}$ | 0 | $\frac{1}{2}$ | $\frac{1}{\sqrt{2}}$ | $\frac{\sqrt{3}}{2}$ | 1 |
> | tan | $\frac{1}{\sqrt{3}}$ | 1 | $\sqrt{3}$ | なし | $-\sqrt{3}$ | -1 | $\frac{-1}{\sqrt{3}}$ | 0 |

　それぞれ数字の 1 と − 1 を 0 で割らなければならないので、$\tan 90°$ と $\tan 270°$ の値は存在しません。数表上では「値なし」となることに注意してください。

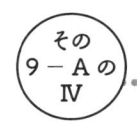

単位円という円が登場。

（その 9-Aの Ⅳ）

教科書の説明に従えば、ここで「単位円」という特別な円が登場します。これは原点を中心にした半径1の円です。

この円の上に点 P (x, y) をとれば、三平方の定理から $x^2 + y^2 = 1$ ですよね。座標値である x または y が負の値であっても、2乗すれば、それぞれ x^2、y^2 と同じになりますからね。

この式がそのまま、「単位円」を表す方程式（円の方程式）となります。

そうして、上で求めた0°から360°までの三角比の値を、今度はこの単位円の上で考えましょう、と言います。

さっきの「三角比の拡張」の部分での説明によれば、動径 OP と x 軸の正の部分からなる角度を θ としたとき、この角度 θ の三角比は、

$$\sin\theta = \frac{y}{r}$$

$$\cos\theta = \frac{x}{r}$$

$$\tan\theta = \frac{y}{x}$$

で求められるというのでした。

r というのは、動径 OP の長さでしたよね。

すると単位円の上で同じことを考えるということは、今度は $r = 1$ として考えればいいことになるのです。

つまり動径 OP の一方の端の点 P（動点 P）は、いつでも単位円の上を動く、というふうに考えるのですから。

単位円の上で考えれば、動径 OP と、x 軸の正の部分からなる角度 θ の三角比は、点 P の座標を点 P (x, y) としたとき

$$\sin\theta = y$$

$$\cos\theta = x$$

$$\tan\theta = \frac{y}{x}$$

と、点Pの座標の値のみを用いて表される、というのです。

　定義が簡単になったのだから、文句はないでしょう、というような教科書の口ぶりでしたが、私のほうは「じゃあなぜ、はじめからそう言ってくれなかったのよ？」という不満を持ちました。

　これも三角定規の三角形、という具体的なものを例にとって「三角比の拡張」の考えを説明したかったのだと、今は思います。

三角比の分野で「三角定規の三角形」はとても重要なものだけれど、こればかりにとらわれると「三角関数」、実はその前の「三角比」の考え方すら十分には理解できないのではないでしょうか。

　たとえば、30°の三角比というものは、確かに「三角定規の三角形」で求められるし、この角度は、具体的な三角比の問題にはよく現れるけれど、31°や31.5°の三角比を使って解かなければならない問題も当然存在するのだ、ということを強く意識すべきだったのです。

　実は、点Pが単位円の上を動くということは、三角定規の三角形の斜辺である2や、$\sqrt{2}$の値をそれぞれ1に縮めて同一の円の上に乗せるということだったのです。

　たとえば30°、60°の直角三角形を例にとれば、この三角形の斜辺の長さ2を1に縮めると、残りの2辺の長さはそれぞれ$\frac{1}{2}$と$\frac{\sqrt{3}}{2}$となり、30°や60°のサインまたはコサインの値がそのまま、この直角三角形の辺の長さとして現れるという寸法なのです。

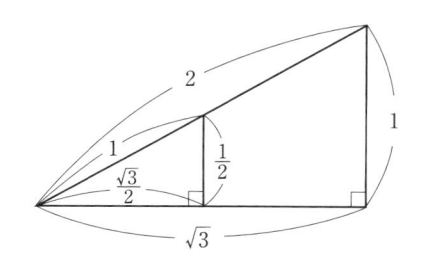

斜辺2の直角三角形を
斜辺1の直角三角形に
ちぢめる

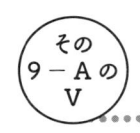

360°より大きい角と マイナスの角が現れました。

その9-AのV

　それと、単位円の上を動く、動点Pの座標を用いて、動径OPとx軸の正の部分がなす角度θの三角比を求める、という考え方にはもうひとつの大きな意図があったのです。

　それは、360°を越える角度を考える、ということとマイナスの角度を考える、という意図でした。

　単位円周上の点（1,0）から出発した動点Pは、この円を反時計回りに1周回り、ふたたび点（1,0）にもどってきます。だから、動点Pが円周上を1周回ったことによって、x軸の正の部分との間になした角（360°）は、実は、動点Pが点（1,0）の位置を少しも動かなかったと考えることによってできる角（0°）と同じ角と考えてもいいことになります。

　これは点Pが点（1,0）を出発して、単位円周上を何周回ってもとの点（1,0）にもどってきても、その結果、考えられる角度は0°と同じと考えることができます。

　だから360°（1回転）、720°（2回転）、1080°（3回転）、……の表す角度はすべて、0°と同じ動径が表す角と考えられます。

　このことは、別に点Pの動径が角度0を表す位置である、点（1,0）から出発するとばかり考える必要はありません。

　動径OPが、x軸の正の部分と、たとえばθの角度をなす場所から出発すると考えても同じことがいえるはずです。

　具体的にいえば、390°、750°、1110°はすべて、30°を表す角度と同じと考えられます。

　390° ＝ 360° ＋ 30°
　750° ＝ 720° ＋ 30° ＝ 360° × 2 ＋ 30°

$1110° = 1080° + 30° = 360° × 3 + 30°$

と表されるからです。

これを一般にいえば

360°×n+$θ$で表される角は、単位円周上で、すべて角$θ$と同じ角を表すと考えてよい、というのでした。

ここでは文字nは、0または自然数（1、2、3、……という数）、$θ$は0以上で360°より小さい角と考えておけばよいのです。

これで、いくらでも大きな正の角というものが考えられることになります。

たとえば10000°とはどんな角度でしょう？

$10000° = 360° × 27 + 280°$

ですので、10000°は単位円周を27周回った上で、280°の動径に重なる角度ということになります。

次に教科書は、私たちにマイナスの角度というものを教えてくれます。

それは、単位円周上の動点Pが、今度はこの円周上を「時計回り」に回ることで、マイナスの角度というものを考える、というのでした。

たとえば、−30°という角度は、動点Pが円周上を（1,0）の点から時計回りに30°回った位置と同じ、というのですから、プラスの方向（反時計回りの回転）から考えると、330°と同じ動径の表す角度、ということになります。

もっと絶対値の大きい負の数で、やってみましょうか。

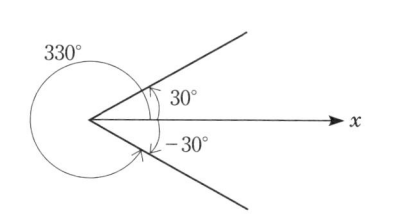

たとえば−1000°なら

$−1000° = 360° × (−3) + 80°$

なので、−1000°という角度は、単位円周上で80°を表す動径の表す角度と同じ角を意味することになります。

そうすると、単位円周上に表される

| 360°より大きい角とマイナスの角が現れました。|

正負の角度はすべて、

$$360° \times n + \theta$$

で表されることになります。

θ は 0 以上、360°より小さい角。

n のほうは、0、±1、±2、±3、……で表されるすべての数、つまり整数と呼ばれる数の全体であってよい、ということになります。この n から符号を取ったものを「回転数」と呼ぶこともあります。

負の角度や、360°より大きい角をとることによって拡張された角を、「**一般角**」といいます。

それではこの「一般角」の問題を少しやりましょうか。

問題 3 の 14

次の角度を、0 以上で、360°より小さい角で表してください。

① 390°
② −90°
③ −330°
④ 450°
⑤ 600°

問題 3 の 14 解答

① **30°** （390° = 360° × 1 + 30°）
② **270°** ｛−90° = 360° × (−1) + 270°｝
③ **30°** ｛−330° = 360° × (−1) + 30°｝
④ **90°** （450° = 360° × 1 + 90°）
⑤ **240°** （600° = 360° × 1 + 240°）

これらの問題は、もちろん、必ずしも、上のように計算で出す必要は

なく、単位円上を動点Pが動く具体的な図から答えを出せばいいのです。

　そうして教科書はこの「一般角」の話の締めくくりとして、**一般角で表された三角比の値は、0以上で、360°より小さい角度によって表される角度の三角比の値と同じである**、と言います。

　つまり−300°も420°も780°も、これら一般角で表された角度が実は、60°を表す角度と同じなので、その三角比も、すべて60°の三角比の値と同じである、と考えればいい、というのでした。

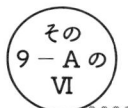

その9-AのⅥ　さらにもう一段、階段があった、三角比が三角関数に化ける道。

　三角比の考え方が、三角関数に進化するまでには、もうひとつ階段がありました。しかしこれを学んだ当時の私にはこの「階段」を登らされる意味が、よくわかっていませんでした。

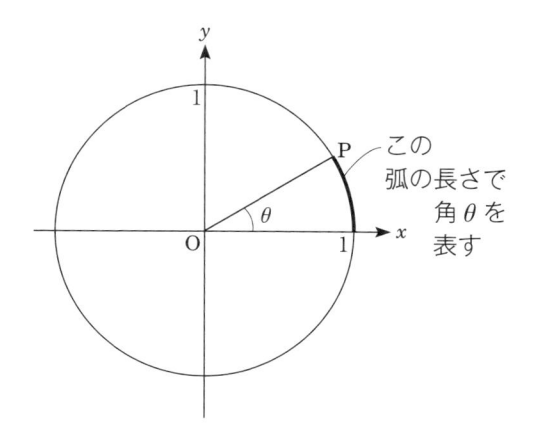

　ただもう、教科書に無理やり腕を引っ張られて階段を一段登らされた、というだけのことでしたが、実はここに「三角関数」をめぐる教科書の意図する、最後にして最大の企てが隠されていたのです。

　教科書はまた、座標平面上に単位円を描いた図を持ち出してきます。

　そうして、**動径OPとx軸の正方向とのなす角θを、角θによって**

> さらにもう一段、階段があった、三角比が三角関数に化ける道。

決まる単位円周上の弧の長さと同じものと見なす、と言うのです。

一般に円周の長さは、この円の半径を r とすれば $2\pi r$ ですよね。

単位円ならば $r = 1$ ですので、この円を1周した弧の長さは 2π、これを $360°$ と同じものと見なそう、2π という「長さ」で $360°$ という「角度」を読み替えようという提案なのでした。

そうすると、半周回れば $180°$ なので、$180°$ という角度は、π という長さに読み替えられたことになります。

同じく、$90°$ という角度は $\dfrac{\pi}{2}$ だし、$90°$ の半分である $45°$ は、$\dfrac{\pi}{4}$、$90°$ の3分の1である $30°$ は $\dfrac{\pi}{6}$、$30°$ の2倍である $60°$ は $\dfrac{\pi}{6} \times 2$ なので、$\dfrac{\pi}{3}$ という長さに読み替えられることになります。

角度を弧の長さで読み替えることによって、角度は新しい単位を持つことになります。この単位が「ラジアン」ですよね。

普通は、$180°$ が π ラジアンであるという関係を利用して、度から、ラジアンへ、またはラジアンから度への変換を行ないます。

計算は、比例式を用います。

たとえば、$225°$ をラジアンに読み替えたければ

$$225 : x = 180 : \pi$$

という比例式から　$180x = 225\pi$　これから、$x = \dfrac{225\pi}{180} = \dfrac{5}{4}\pi$ ということになります。

またたとえばラジアンで、$\dfrac{5}{6}\pi$ と表されている角度を、「度」に読み替えたければ

$$x : \dfrac{5}{6}\pi = 180 : \pi$$

から　$\pi x = \dfrac{5}{6}\pi \times 180$　両辺を π で割ってしまえば、$x = \dfrac{5}{6} \times 180 = 150$、つまり $\dfrac{5}{6}\pi$ ラジアンは $150°$ ということになります。

ラジアンから度への変更は、記号 π に 180 という値を代入してしまえば、計算は簡単です。

　たとえば、$\frac{7}{4}\pi$ ラジアンを「度」に直したければ、π の代わりに 180° を用いて $\frac{7}{4}\pi = \frac{7}{4} \times \pi = \frac{7}{4} \times 180 = 315$ ですので、315°、といった具合。

　「もしもラジアンで表された角度に、π が付いてなかった場合はどうなるのよ？」

　この質問は、「度」と「ラジアン」という 2 つの角度の単位についての本質を突いた鋭い質問だと思いますが、生徒だった私自身の頭にこういう質問が沸いたことはありませんし、その後、教師の立場に立ったときも、生徒からこういう質問を受けたことはついぞありません。

　この質問を、平ったくいえば、たとえば「1 ラジアン」や、「2.3 ラジアン」があるの？ 具体的にはどんな大きさの角度なの？ という疑問につながります。

　ラジアンで表されたこれらの角度に、おなじみの π は付いていないけれど、もちろん「度」で表される具体的な角度に直すことができます。

　用いるのはもちろん、180° を π に読み替える比例式を使えばいいのですよね。

　たとえば、「1 ラジアン」は

$$x : 1 = 180 : \pi$$
$$\text{から } x = 180 \div \pi \fallingdotseq 57.3$$

となりますので、1 ラジアンは約 57.3 度。

　これに 2.3 を掛ければ 2.3 ラジアンが出てくるはずなので、2.3（ラジアン）= 57.3 × 2.3 ≒ 131.8（度）ということになりますよね。

　「度」を「ラジアン」に読み替えるということは、それまで、「度」という独立した単位で表現されていた角度という数量を数直線上の「長さ」

に読み替える、ということだったのです。

　「度」を「ラジアン」に読み替えることによって、三角比の考え方が、たとえば直線 $y = ax + b$ や分数関数 $y = \dfrac{a}{x}$ と同じように、数直線（x軸）上で定義される関数になったのです。それが $y = \sin x$ や $y = \cos x$ または $y = \tan x$ として座標平面上に表されることになるのです。

その9-Aの Ⅶ　やっとたどりついた三角関数。

　それでは**問題3の13**でやった、角度の三角比の表に用いられている、「度」という単位で表された角度を、「ラジアン」に直す問題にいきましょうか。

　そうするとこの表がそのまま、3つの三角関数 $y = \sin x$、$y = \cos x$、$y = \tan x$ を座標平面上に表すための「数表」として使えるようになるのです。

問題3の15

次の「度」で表された角度を、ラジアンに直しましょう。

度	0°	30°	45°	60°	90°	120°	135°	150°	180°
ラジアン									

度	210°	225°	240°	270°	300°	315°	330°	360°
ラジアン								

問題 3 の 15 解答

度	0°	30°	45°	60°	90°	120°	135°	150°	180°
ラジアン	0	$\frac{1}{6}\pi$	$\frac{1}{4}\pi$	$\frac{1}{3}\pi$	$\frac{1}{2}\pi$	$\frac{2}{3}\pi$	$\frac{3}{4}\pi$	$\frac{5}{6}\pi$	π

度	210°	225°	240°	270°	300°	315°	330°	360°
ラジアン	$\frac{7}{6}\pi$	$\frac{5}{4}\pi$	$\frac{4}{3}\pi$	$\frac{3}{2}\pi$	$\frac{5}{3}\pi$	$\frac{7}{4}\pi$	$\frac{11}{6}\pi$	2π

　もちろん例の比例式　$□ : x = 180 : \pi$
の□のところに、上の表で「度」で表された角度の値を代入すれば、その角度をラジアンで表したものが、文字 x の答えとなって自動的に現れます。もちろん求める角度が $180°$（$=\pi$）や $90°\left(\frac{\pi}{2}\right)$ の何分の 1 になっているか、何倍になっているかなど、案分比例で考えるほうが実用的かもしれません。

　この数表ができて初めて、実数直線（x 軸）上で、三角関数のグラフが描けることになります。横軸（x 軸）で π の付いた数は、今度は $\pi = 3.14$ で計算すると、x 軸上の、具体的な位置が確認できることと思います。

　「じゃ、たとえば、$x = \frac{\pi}{6}$ と $x = \frac{\pi}{4}$ の『間の数』では三角関数はどういう値をとるのですか？」

　これは、その昔、絶えず私が、心に秘めながら、なんだか教科書に軽蔑の目で見られそうな気がして、具体的な質問には至らなかった疑問。

　そういう「間の数」についても、三角比の表でいくつかの具体的な三角比の値が計算してあるのですから大丈夫。たとえば、$31°\left(\frac{31}{180}\pi\right.$ ラジアン$\left.\right)$ や $37°\left(\frac{37}{180}\pi\right.$ ラジアン$\left.\right)$ の三角比の値だって、三角比の表にき

ちんと載っているでしょう？

だからたとえばサインの関数なら点 $\left(\dfrac{\pi}{6},\ \dfrac{1}{2}\right)$ と点 $\left(\dfrac{\pi}{4},\ \dfrac{1}{\sqrt{2}}\right)$ との間を、なめらかに結んでしまえば、君の疑問はなんなく解消できますよ、というように教科書が答えたかどうかは、私にはわかりません。

しかしこの質問は、三角関数によらず、よろず関数というものに対する普遍的な疑問だと思うのですけれどね。

問題 3 の 16

下の数表を用いて $y = \sin x$、$y = \cos x$、$y = \tan x$ のグラフを描きましょう。

	0	$\dfrac{1}{6}\pi$	$\dfrac{1}{4}\pi$	$\dfrac{1}{3}\pi$	$\dfrac{1}{2}\pi$	$\dfrac{2}{3}\pi$	$\dfrac{3}{4}\pi$	$\dfrac{5}{6}\pi$	π
sin	0	$\dfrac{1}{2}$	$\dfrac{1}{\sqrt{2}}$	$\dfrac{\sqrt{3}}{2}$	1	$\dfrac{\sqrt{3}}{2}$	$\dfrac{1}{\sqrt{2}}$	$\dfrac{1}{2}$	0
cos	1	$\dfrac{\sqrt{3}}{2}$	$\dfrac{1}{\sqrt{2}}$	$\dfrac{1}{2}$	0	$\dfrac{-1}{2}$	$\dfrac{-1}{\sqrt{2}}$	$\dfrac{-\sqrt{3}}{2}$	-1
tan	0	$\dfrac{1}{\sqrt{3}}$	1	$\sqrt{3}$	なし	$-\sqrt{3}$	-1	$\dfrac{-1}{\sqrt{3}}$	0

	$\dfrac{7}{6}\pi$	$\dfrac{5}{4}\pi$	$\dfrac{4}{3}\pi$	$\dfrac{3}{2}\pi$	$\dfrac{5}{3}\pi$	$\dfrac{7}{4}\pi$	$\dfrac{11}{6}\pi$	2π
sin	$\dfrac{-1}{2}$	$\dfrac{-1}{\sqrt{2}}$	$\dfrac{-\sqrt{3}}{2}$	-1	$\dfrac{-\sqrt{3}}{2}$	$\dfrac{-1}{\sqrt{2}}$	$\dfrac{-1}{2}$	0
cos	$\dfrac{-\sqrt{3}}{2}$	$\dfrac{-1}{\sqrt{2}}$	$\dfrac{-1}{2}$	0	$\dfrac{1}{2}$	$\dfrac{1}{\sqrt{2}}$	$\dfrac{\sqrt{3}}{2}$	1
tan	$\dfrac{1}{\sqrt{3}}$	1	$\sqrt{3}$	なし	$-\sqrt{3}$	-1	$\dfrac{-1}{\sqrt{3}}$	0

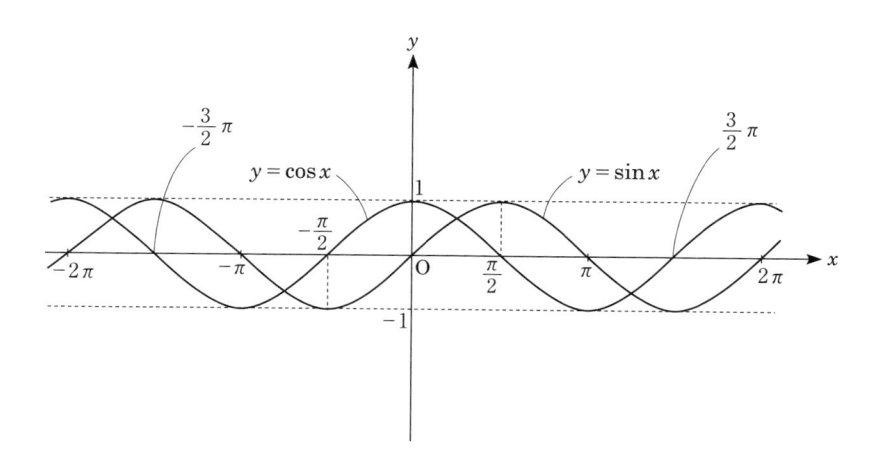

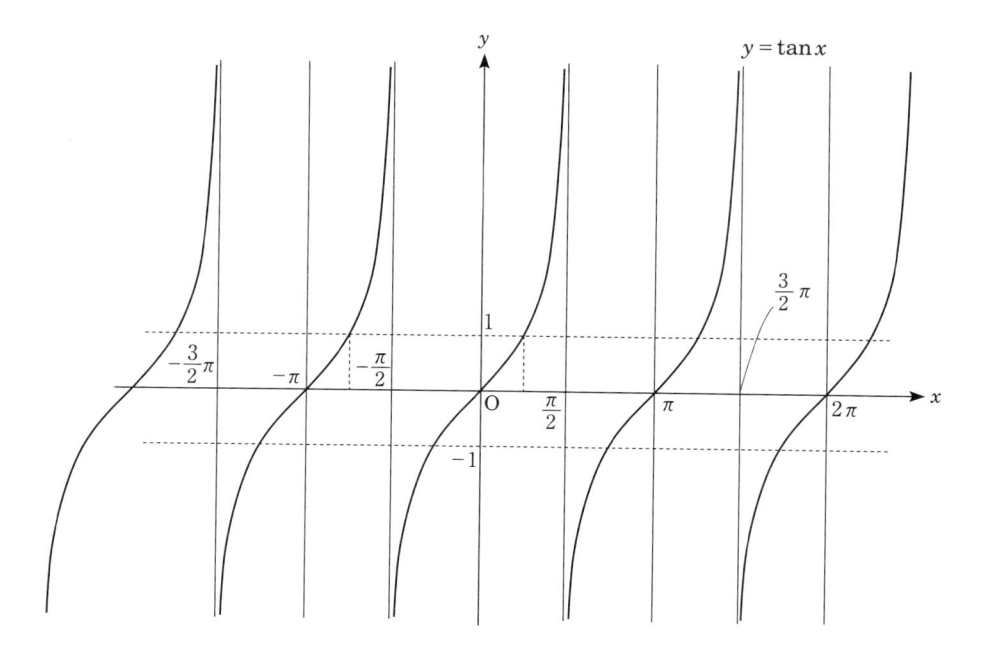

問題 3 の 16 解答

$y = \sin x$、$y = \cos x$、$y = \tan x$ のグラフ

この表に現れた関数値が、変数 x が単位円周上を、反時計回りに 2 周、3 周、4 周、……と回っていったときも、あるいは、時計回りに 1 周、2 周、3 周、……と回っていったときも、同じ値を繰り返しとるというのですから、三角関数というものが、ある周期によって同じ波形の現れる関数（周期関数）であることがわかります。

その 9-A の Ⅷ　やっぱり出てきた、三角方程式。

いくらか、三角関数になれた頃、私はまた懲りずに「私に解けない三角関数の問題が現れたらどうしよう？」と悩み始めます。

そうして三角方程式、というものにめぐり合いました。こんな問題です。

問題 3 の 17

次の三角方程式を $0 \leqq \theta < 2\pi$ の範囲で解きましょう。また一般解を求めましょう。

① $2\sin\theta = 1$
② $2\cos\theta = -\sqrt{3}$
③ $\tan\theta = 1$
④ $2\sin^2\theta + \sin\theta = 1$
⑤ $2\sin^2\theta - 3\cos\theta = 0$

問題 3 の 17 解説

①〜⑤とも、まず単位円の 1 周の間で解（答え）を考え、それを一般角で表せばいいのです。

④は $\sin\theta = x$ などと置き換え、x の 2 次方程式 $2x^2 + x - 1 = 0$ としてまず、x の答えを出してください。

⑤は同じ方程式に、$\sin$ と $\cos$ と異なった三角関数が現れますが、こういう場合は、公式 $\sin^2\theta + \cos^2\theta = 1$ を用いて、同じ三角関数に変換すればいいのです。

この公式は、三角比の拡張のところで、単位円周上を動く動点 P の座標を (x, y) とおくと、$\sin\theta = y$、$\cos\theta = x$ で表されることを用いれば簡単に証明できます。

点 P が単位円周上を動くのですから、$x^2 + y^2 = 1$ ですものね。

もちろん、ラジアンの考え方に慣れていない場合は、「度」を使って答えに当てはまる角度を考え、それをラジアンに変換して答えてもいいのです。⑤の問題は、**cos** の方程式に変換します。

問題 3 の 17 解答

① $\theta = \dfrac{\pi}{6}$ または $\theta = \dfrac{5}{6}\pi$

一般解は $\theta = \dfrac{\pi}{6} + 2\boldsymbol{n}\pi$ または $\theta = \dfrac{5}{6}\pi + 2\boldsymbol{n}\pi$

n はいずれも整数。一般解は、もっとたくみにまとめた形で表現することもありますが、今の場合はこのままにしておきます（以下、②〜⑤の一般解についても同じです）。

② $\theta = \dfrac{5}{6}\pi$ または $\theta = \dfrac{7}{6}\pi$

一般解は $\theta = \dfrac{5}{6}\pi + 2\boldsymbol{n}\pi$ または $\theta = \dfrac{7}{6}\pi + 2\boldsymbol{n}\pi$

③ $\theta = \dfrac{\pi}{4}$ または $\theta = \dfrac{5}{4}\pi$

一般解は $\theta = \dfrac{\pi}{4} + 2\boldsymbol{n}\pi$ または $\theta = \dfrac{5}{4}\pi + 2\boldsymbol{n}\pi$

④ $\theta = \dfrac{\pi}{6}$ または $\theta = \dfrac{5}{6}\pi$ または $\theta = \dfrac{3}{2}\pi$

一般解は $\theta = \dfrac{\pi}{6} + 2n\pi$ または $\theta = \dfrac{5}{6}\pi + 2n\pi$

または $\theta = \dfrac{3}{2}\pi + 2n\pi$

$\sin\theta = x$ とおいた方程式は $2x^2 + x - 1 = 0$

x の方程式の答えは $x = \dfrac{1}{2}$ と $x = -1$ です。

⑤ $\theta = \dfrac{\pi}{3}$ または $\theta = \dfrac{5}{3}\pi$

一般解は $\theta = \dfrac{\pi}{3} + 2n\pi$ または $\theta = \dfrac{5}{3}\pi + 2n\pi$

公式 $\sin^2\theta + \cos^2\theta = 1$ を用いて、$\sin\theta$ を $\cos\theta$ に置き換えた方程式が、$2\cos^2\theta + 3\cos\theta - 2 = 0$。ここで $\cos\theta = x$ とおくと、x の2次方程式 $2x^2 + 3x - 2 = 0$ となります。この2次方程式の解は $x = -2$ と $x = \dfrac{1}{2}$ になりますが、$\cos\theta$ は -1 以上 1 以下の値しかとりませんので、この時点で、$x = -2$ という解は除外されます。

その9-B　指数関数とは。

その9-Bの I　どうにもつかめなかった「2の3乗」の「3」が動き出すまでの顛末。

　指数というものが初めて出てきたのは、中学校時代のどこであったか、ともあれはじめ私は、この「指数」というものの考え方がわからなくはありませんでした。

たとえば、$2^2 = 4$ とか、$(-2)^3 = -8$ とか、$(-3)^2 = 9$ とか、$3^3 = 27$、あるいは $5^3 = 125$、といった具合にすらすら答えを出せました。

一般に a^n とは、数字の a を n 回掛けるという意味ですよね。

本書でも第1章のその5あたりで「累乗の計算」として、練習問題を何題かやりました。

この「累乗の計算」の基礎になる考え方が「指数計算」ですよね。

そうして、この指数の計算をめぐっては、「指数法則」というものがその裏づけになっていたのです。それはこんな感じでした。

① $a^m \times a^n = a^{m+n}$
② $(a^m)^n = a^{mn}$
③ $(ab)^m = a^m b^m$

この「法則」も常識的なものと感じられ、私には理解が容易でした。

ここで、文字 a、b には具体的な制限がなかったので「数字」なら何でもいいのだろうと私は漠然と解釈、もちろん m と n は「正の整数」（自然数）だと、こっちは確信していました。

だって a^n、b^m とはそれぞれ、数 a や b を、n 回、m 回掛けるという意味、「それ以外のこと」は考えられないと、私は疑うまでもなく、信じ込んでいたからです。

そんなわけで他ならぬ「それ以外のこと」を考えるようにと、教科書が全力を傾けて仕向けてくるのだ、という事実がなかなか飲み込めませんでした。つまりある意味で「常識に反した」のことを考えるようにと、教科書が私たちに迫っている、ということを。

じゃ、この初歩的、常識的な「指数」の意味と、指数法則の使い方を確認する問題をやりましょうか。**第1章その5あたりでやった問題と似ていますね。**

問題 3 の 18

次の計算をしましょう。

① $a^4 \times a^5$

② $(a^4)^2$

③ $(2a)^3 \times a^2$

④ $(3a^2b)^2 \times (-ab)^3$

問題 3 の 18 解答

① a^9

② a^8

③ $8a^5$

④ $-9a^7b^5$

その 9-B の II　教科書の不審な行動。

ところが教科書が、この辺から奇妙ともいえる振る舞いを始めます。
$2^5 = 32$ から、指数を１つ１つ減らしていったものを、縦に書き並べます。

　　こんな具合。　　$2^5 = 32$
　　　　　　　　　　$2^4 = 16$
　　　　　　　　　　$2^3 = 8$
　　　　　　　　　　$2^2 = 4$
　　　　　　　　　　$2^1 = 2$

指数を１つ減らすということは、たとえば $2^5 = 32$ が $2^4 = 16$ になる場合のように、表の上の数を２で割ったのと同じ意味である、と言うのです。だから、この表の先は、こんなふうに続けるのが自然であろうと

説くのです。

$$2^0 = 1$$
$$2^{-1} = \frac{1}{2}$$
$$2^{-2} = \frac{1}{4}$$
$$2^{-3} = \frac{1}{8}$$

つまりこれからは、自然数 n（$n = 1$、2、3、……）に対して a^{-n} というものを考え、これは $\frac{1}{a^n}$ と考えてください、と言いたいらしいのです。

また特に $n = 0$ の場合も考え、$a^0 = 1$ としましょう、と言います。

私は理科の教科書で、天文学的な数字を 10^n、また、ごく微小な数字を 10^{-n} と表していたことを思い出し、「そうか、指数にマイナスを付けるのは、何も数字の 10 に限らないわけね」と納得しました。理科の教科書の言ったことの応用から、a のマイナス乗の考え方を理解したのです。

問題 3 の 19

次の□に当てはまる数を書き入れましょう。

① $7^{-1} = \dfrac{1}{7^{\square}} = \dfrac{1}{\square}$

② $10^{-3} = \dfrac{1}{10^{\square}} = \dfrac{1}{\square}$

③ $5^0 = \square$

問題 3 の 19 解答

□の順に

① □ = 1　　　□ = 7

② □ = 3   □ = 1000
③ □ = 1

ついでに（?）教科書は、今まで乗数が正の整数（自然数）である場合のみに成り立っていると約束していた3つの「指数法則」についても、その指数を整数全体に拡張します、それに伴って、割り算の場合の指数法則を追加します、と言います。それはこんな具合です。

指数法則④ $a^m \div a^n = a^{m-n}$

じゃ、整数全体に拡張され、割り算の形も追加された指数法則を用いる問題をやりましょうか。

問題 3 の 20

次の計算をしましょう。

① $10^{-4} \times 10^5$
② $(2^{-2})^{-3}$
③ $3^4 \div 3^{-2}$
④ $3^5 \times 3^{-3} \div 3^2$

問題 3 の 20 解答

① 10
② 64 $2^6 = 64$
③ 729 $3^4 \div 3^{-2} = 3^{4-(-2)} = 3^6 = 729$
④ 1 $3^5 \times 3^{-3} \div 3^2 = 3^{5+(-3)-2}$
         $= 3^0 = 1$

> その9-Bの III

$\sqrt{2}$ を2の「分数乗」と考える。

　a^n の指数 n は、今までのところ、整数全体（0、±1、±2、±3、……）に拡張されています。

　教科書は、この n を今度は「分数乗」にまで拡張しようとします。

　教科書はこんなことを言います。

　「$\sqrt{2}$ は2回掛けると2になる正の数」なのですが、世の中には「3回掛けると2になる正の数」というものも当然存在するわけで、これを $\sqrt[3]{2}$ と書きましょう、と。

　一般に正の数 a に対して「n 回掛けると a になる正の数」というものが考えられるからこれを $\sqrt[n]{a}$ と書きましょう、と教科書はさらに告げるのでした。

　特に a の2乗根、3乗根、4乗根、……をまとめて a の累乗根と呼ぼう、と次に教科書は提案します。

　「a の累乗根」といったとき、文字 a は正の数で、その n 乗根である $\sqrt[n]{a}$ 自身も正の数らしい、と私はやっと納得しましたが、このあたりの制限が次の対数の章ですこぶる利いてくるなどとは考えもしませんでした。

　また2の2乗根、$\sqrt[2]{2}$ のことを単に $\sqrt{2}$ と書いていたことも納得しました。

　いや $\sqrt[2]{2}$ が $\sqrt{2}$ のことであると気づいてから、やっと $\sqrt[n]{a}$ の意味を理解したのです。

　じゃ、このあたりで「累乗根」にまつわる問題を少し。

問題3の21

　次の値を求めましょう。

⟦$\sqrt{2}$ を 2 の「分数乗」と考える。⟧

① $\sqrt[3]{1000}$
② $\sqrt[4]{16}$
③ $\sqrt[4]{81}$
④ $\sqrt[3]{125}$
⑤ $\sqrt[5]{32}$

問題 3 の 21 解答

① 10　　（3 回掛けて 1000 となる数は 10 だから）以下考え方はみな同じ。

② 2

③ 3

④ 5

⑤ 2

たとえば 3 回掛けて 2 となる正の数が $\sqrt[3]{2}$ だから、これを $2^{\frac{1}{3}}$ と書きましょうということを究極、教科書は言いたいらしいのですが、ここの持っていき方で、教科書はお世辞にも「素直」ではありませんでした。なんだか「腹に一物」あるような感じでした。

その説明は、こんな具合でした。

もしも指数法則② $(a^m)^n = a^{mn}$ が、**指数 m、n が分数でも成り立っ**ているとすると、

$$\left(2^{\frac{1}{3}}\right)^3 = 2^{\frac{1}{3} \times 3} = 2^1 = 2$$

となるはずであるから、これからは、$2^{\frac{1}{3}}$ は $\sqrt[3]{2}$ と同じものであると考えよう、と教科書は言うのです。つまり

$$2^{\frac{1}{3}} = \sqrt[3]{2}$$

ここでやっと、2 の肩の数（指数）が分数にまで拡張されることにな

ったのです。

　これは正の数 a に対して a の「分数乗」というものを定義する第一歩だったのですが、何のためにそういうことをするのか私にはわかっていませんでした。これは、正の数 a に対して、究極「a の実数乗」というものを考え、これを関数 $y = a^x$ というグラフ（指数関数のグラフ）に導こうという考えの入り口だったのです。

　まして教科書が、実は、指数がすべての実数をとる場合に対して「指数法則」が成り立つことを念頭において、a の「分数乗」を定義しているのだという、遠慮深謀には気づきませんでした。

　ただ、教科書が、a の分数乗を定義するこの場面で、あらかじめ存在する「指数法則」というものを、妙な具合に出したり引っ込めたりしているのを「おかしいなあ」と思って見ていただけでした。

　ともあれ $2^{\frac{1}{3}} = \sqrt[3]{2}$ ということになり、しかも指数法則が成り立つようにこう決めたというのですから。

　たとえば $2^{\frac{2}{3}} = \left(2^{\frac{1}{3} \times 2}\right) = \left(2^{\frac{1}{3}}\right)^2 = (\sqrt[3]{2})^2$

　また $2^{\frac{2}{3}} = 2^{2 \times \frac{1}{3}} = (2^2)^{\frac{1}{3}} = \sqrt[3]{2^2}$ になるのですから、結果としていえることは、

$$(\sqrt[3]{2})^2 = \sqrt[3]{2^2}$$

　こんなことで、一般に分数の指数というものが定義できて、
$a^{\frac{1}{n}} = \sqrt[n]{a}$
$a^{\frac{n}{m}} = (\sqrt[m]{a})^n$ だというのです。

　ただしこの場合、a は正の数で、m、n は正の整数です。

　ということは a の「分数乗」というときその値はすべて正の数ということになります。

　つまり根号の中の数 a も正の数だし、根号の付いた数 $\sqrt[n]{a}$ も正の数なのです。

| $\sqrt{2}$ を 2 の「分数乗」と考える。 |

また、こう決めることによって、すでに a の (ゼロやマイナスを含めた)「整数乗」が定義できているので、特に a の「マイナス分数」乗というものも定義できたことになります。

それでは実際の問題に挑戦しましょうか。

問題 3 の 22

次の□に当てはまる数字を考えましょう。

① $5^{\frac{1}{4}} = \sqrt[\square]{5}$

② $6^{\frac{2}{3}} = \sqrt[\square]{6^{\square}} = \sqrt[\square]{\square}$

③ $7^{\frac{1}{2}} = \sqrt{\square}$

④ $10^{\frac{3}{4}} = \sqrt[\square]{10^{\square}} = \sqrt[\square]{\square}$

⑤ $\dfrac{1}{\sqrt{8}} = \dfrac{1}{\sqrt{2^{\square}}} = \dfrac{1}{2^{\square}} = 2^{\square}$

⑥ $\dfrac{1}{\sqrt[4]{27}} = \dfrac{1}{\sqrt[4]{3^{\square}}} = \dfrac{1}{3^{\square}} = 3^{\square}$

問題 3 の 22 解答

□の順番に

① □ = 4

② □ = 3　□ = 2　□ = 3　□ = 36

③ □ = 7

④ □ = 4　□ = 3　□ = 4　□ = 1000

⑤ □ = 3　□ = $\dfrac{3}{2}$　□ = $-\dfrac{3}{2}$

⑥ □ = 3　□ = $\dfrac{3}{4}$　□ = $-\dfrac{3}{4}$

そうすると、今度は指数が、整数や分数のときも、次の 4 つの「指数

法則」というものが成り立つようになる、と教科書は言います。

おかしいなあ、なんでこんなことになったのでしたっけ？

そう、その答えはもともとの「指数法則」が成り立つように、**負の指数や、分数の指数を決めたからなのです。**

ともあれ拡張された指数法則をここでまとめておきましょうか。

文字 a と文字 b は正の数、p と q は有理数（整数の分数で表される数。分母を1として表せば、整数自身も整数の分数として表されます）です。

指数法則　　① $a^p \times a^q = a^{p+q}$

　　　　　　　② $(a^p)^q = a^{pq}$

　　　　　　　③ $(ab)^p = a^p \times b^q$

　　　　　　　④ $a^p \div a^q = a^{p-q}$

これを用いて、練習問題をやりましょうか。

問題 3 の 23

次の式を簡単にしましょう。

① $3^{\frac{2}{5}} \times 3^{\frac{3}{5}}$

② $2^{\frac{5}{4}} \times 2^{-\frac{1}{4}}$

③ $(3^6)^{\frac{1}{3}}$

④ $8^{-\frac{2}{3}}$

⑤ $7^{\frac{2}{3}} \div 7^{\frac{8}{3}}$

⑥ $16^{\frac{1}{8}} \times 16^{\frac{5}{8}}$

⑦ $(\sqrt[3]{2})^8 \div \sqrt[3]{4}$

⑧ $(\sqrt[4]{10})^3 \div \sqrt[4]{10} \times \sqrt{10}$

問題 3 の 23 解答

① 3　　　　　　　$3^{\frac{2}{5}+\frac{3}{5}} = 3^{\frac{5}{5}} = 3^1 = 3$

② 2　　　　　　　$2^{\frac{5}{4}-\frac{1}{4}} = 2^{\frac{4}{4}} = 2^1 = 2$

> ここで教科書は、指数関数 $y = 2^x$ のグラフを描かせちゃいます。

③ 9　　　　　$3^{6 \times \frac{1}{3}} = 3^2 = 9$

④ $\dfrac{1}{4}$　　　　$\dfrac{1}{8^{\frac{2}{3}}} = \dfrac{1}{(2^3)^{\frac{2}{3}}} = \dfrac{1}{2^{3 \times \frac{2}{3}}} = \dfrac{1}{2^2} = \dfrac{1}{4}$

⑤ $\dfrac{1}{49}$　　　$7^{\frac{2}{3} - \frac{8}{3}} = 7^{-\frac{6}{3}} = 7^{-2} = \dfrac{1}{49}$

⑥ 8　　　　$16 = 2^4$ だから　$2^{4 \times \frac{1}{8}} \times 2^{4 \times \frac{5}{8}} = 2^{\frac{1}{2}} \times 2^{\frac{5}{2}}$
　　　　　　　$= 2^{\frac{1}{2} + \frac{5}{2}} = 2^{\frac{6}{2}} = 2^3 = 8$

⑦ 4　　　　$(\sqrt[3]{2})^8 = 2^{\frac{8}{3}}$
　　　　　　$\sqrt[3]{4} = 4^{\frac{1}{3}} = 2^{\frac{2}{3}}$ なので
　　　　　　$(\sqrt[3]{2})^8 \div \sqrt[3]{4} = 2^{\frac{8}{3} - \frac{2}{3}} = 2^{\frac{6}{3}} = 2^2 = 4$

⑧ 10　　　　$(\sqrt[4]{10})^3 = 10^{\frac{3}{4}}$
　　　　　　$\sqrt[4]{10} = 10^{\frac{1}{4}}$
　　　　　　$\sqrt{10} = 10^{\frac{1}{2}}$ なので
　　　　　　$(\sqrt[4]{10})^3 \div \sqrt[4]{10} \times \sqrt{10}$
　　　　　　$= 10^{\frac{3}{4} - \frac{1}{4} + \frac{1}{2}} = 10^{\frac{3}{4} - \frac{1}{4} + \frac{2}{4}} = 10^{\frac{4}{4}} = 10^1 = 10$

その9-BのIV　ここで教科書は、指数関数 $y = 2^x$ のグラフを描かせちゃいます。

　はじめは「数えられる数(自然数)」のみだと思っていた、2の肩の数(指数)、教科書は、この指数を整数全体と分数にまで拡張します。

　つまり $y = 2^x$ という関数は、文字 x が整数と、分数全体で定義できた(意味を持つ)ということになるのです。

　そこで教科書は、文字 x がいくつかの整数と分数をとる場合についての x の変化に対応する y の表(数表)を作ってごらん、と私たちに言います。

ではこれを問題として取り上げましょうか。

問題 3 の 24

次の数表を完成させましょう。

x	$\cdots$ -4 $\quad -3$ $\quad -2$ $\quad -\frac{3}{2}$ $\quad -1$ $\quad -\frac{1}{2}$ $\quad 0$ $\quad \frac{1}{2}$ $\quad 1$ $\quad \frac{3}{2}$ $\quad 2$ $\quad 3$ $\cdots$
$y=2^x$	

問題 3 の 24 解答

x	$\cdots$ -4 $\quad -3$ $\quad -2$ $\quad -\frac{3}{2}$ $\quad -1$ $\quad -\frac{1}{2}$ $\quad 0$ $\quad \frac{1}{2}$ $\quad 1$ $\quad \frac{3}{2}$ $\quad 2$ $\quad 3$ $\cdots$
$y=2^x$	$\cdots$ $\frac{1}{16}$ $\quad \frac{1}{8}$ $\quad \frac{1}{4}$ $\quad \frac{1}{\sqrt{8}}$ $\quad \frac{1}{2}$ $\quad \frac{1}{\sqrt{2}}$ $\quad 1$ $\quad \sqrt{2}$ $\quad 2$ $\quad \sqrt{8}$ $\quad 4$ $\quad 8$ $\cdots$

この数表を用いて、教科書は $y = 2^x$ のグラフを描きなさい、と言い、高校生の私は、たしか教科書の言うとおりグラフを描いてしまったと思うのです。

あとから思うと、これは全く私が「教科書の口車に乗せられた」「だまされた」というよりありませんでした。

問題 3 の 25

上の数表を用いて指数関数 $y = 2^x$ のグラフを描きましょう。

> ここで教科書は、指数関数 $y = 2^x$ のグラフを描かせちゃいます。

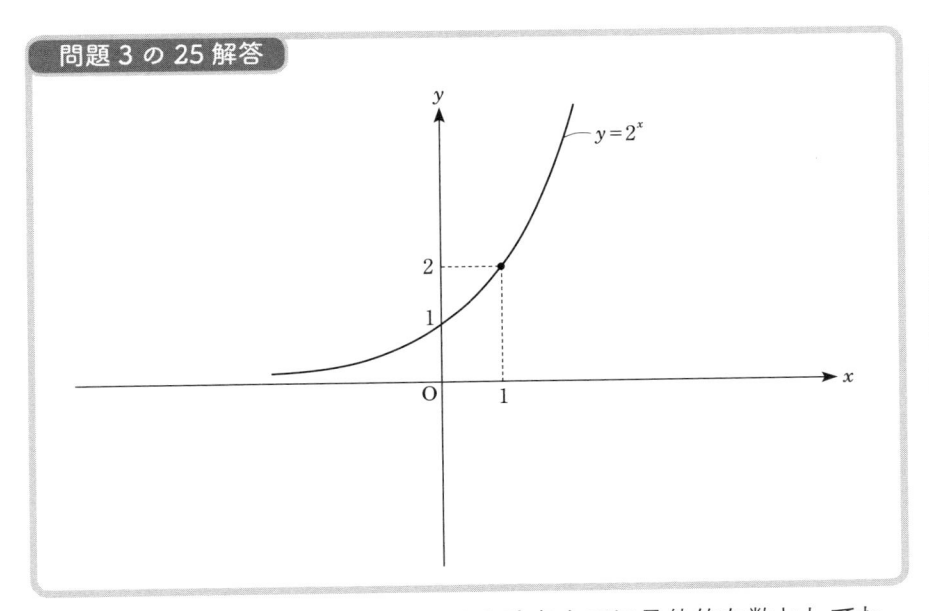

問題 3 の 25 解答

$y = 2^x$ というグラフについて、この時点までに具体的な数としてわかっている（定義できている）のは、x が整数の場合と、分数の場合のみです。

でも x 軸上にある数は、x が整数と分数のみに限りません。

たとえば上の数表にある $x = 1$ と $x = \frac{3}{2}$（$= 1.5$）の間には $x = \sqrt{2}$（$\fallingdotseq 1.41$）という数があるわけでしょう？

でも教科書は $2^{\sqrt{2}}$ という数があるのかないのか、あるとすればどんな数なのか、それについては何の説明もしていないのです。

そうして、座標平面上の 2 点 $(1, 2)$ と $\left(\frac{3}{2}, \sqrt{8}\right)$ を「なめらかに」結ぶようにとだけ言って、まだ関数値そのものが定義されていない $x = \sqrt{2}$ の場合を頬かぶりして通ったのです。

実は私は、高校時代、$2^{\sqrt{2}}$ や、$2^{\sqrt{3}}$ などという数があるのかないのか、そんな数はまだ、私たち（生徒たち）に紹介されていないじゃない、などと言って、教科書を追及した覚えはありません。2 のマイナス乗や分

数乗をめぐる計算問題の中には、小学校以来の分数計算の再来を含む、ひどくややこしいものもあり、それらの問題にミスなく正解を得ようと夢中になって取り組んでいるうちに、ものの見事に教科書に「持って行かれた」のだと思います。

しかし、よく考えてみればこういった教科書の姿勢は何も指数関数 $y = 2^x$ を私たちに紹介した場面に限りません。

たとえば例のおなじみの放物線 $y = x^2$ を描く場合だって、たとえば x 軸上の $x = 1$ と $x = 2$ の間にあるはずの $x = \sqrt{2}$ という点の動きがどうなっているかについては、教科書は、特別に言及してはいないではありませんか。教科書はただ2点 $(1, 1)$ $(2, 4)$ の間を「なめらかに」結ぶように言い、$y = x^2$ の上にあるに違いない点 $(\sqrt{2}, 2)$ の存在を、生徒たちに何気なく容認させてしまうのです。

教科書がたとえば $2^{\sqrt{3}}$ という数を紹介しないで通り過ぎる理由は、この数を定義するときに使う考え方が、高校数学の範囲を超えるかららしいのです。

この考え方は、こんなことらしいです。

$\sqrt{3} = 1.73205\cdots\cdots$ ですよね。

そこで $2^1, 2^{1.7}, 2^{1.73}, \cdots\cdots$ という数列を順次考え、この究極の値（極限値）として、$2^{\sqrt{3}}$ という値を定義するのです。ある実数値（この場合は $2^{\sqrt{3}}$ という実数値）が、有理数の数列の極限値として表現できる、という考え方が、高校数学の範囲を超えるらしいのです。

しかし中学生だった私は、初めて放物線 $y = x^2$ のグラフを描いた（描かされた）ときには、数表で計算したいくつかの (x, y) の「間の点」でこのグラフがどうなっているのかについて疑問を持ったのです。

しかし指数関数 $y = 2^x$ を描いたときには、数表で計算した点と点との「間の点」がどうなっているのかについて明確な疑問を持った覚えはないのです。

| ここで教科書は、指数関数 $y = 2^x$ のグラフを描かせちゃいます。 |

　思えば「三角関数」の難しさは、いままで $0°$ より大きく $90°$ より小さい角度のみで決まっているものだ、と思い込んでいた「三角比」の値が、実は、マイナスの角度をも含むどんな大きさの角度にも決まってくるのだ、という点に思いが及ぶか否かというところにありました。つまりたとえば $y = \sin x$ という数式において、文字 x のとる値がだんだんに拡張されていくという事実に付いて行けるかどうか、というところにあったのです。

　これに対して指数関数、たとえば $y = 2^x$ においては、2 の指数 x の範囲（広さ）が徐々に広がるということもさることながら、ある指数 p と指数 q との「間の点」r で、a^r がどんな数になるのか、一つ一つ確かめていかねばならない難しさが潜んでいたのです。

　つまりここにおける指数 x の「拡張」には、数直線（実数）の構造に関係する「拡張」の意味が含まれていたのです。

　しかし「三角関数」と「指数関数」における、文字 x の「拡張」の意味の違いについて高校生の私には、全くというほど実情がつかめていませんでした。

　「数学ができる」という人は自力でこのあたりの事情をつかんでいたのでしょうね。

　教科書も、このあたりでは「自力で事情がつかめる」人以外は相手にしなくなっているのではないでしょうか。

その9-C 対数関数とは。

その9-CのⅠ はじめはちんぷんかんぷん、対数の定義。

「対数」という新しい数が出てきたとき、それは私たちには次のように紹介されました。

a を 1 でない正の定数とするとき、

$p = a^q$ は、$q = \log_a p$ と書けるし、逆に $q = \log_a p$ を $p = a^q$ と書いてよい、

というのでした。

正直いって私にはこの定義はちんぷんかんぷんでしたが、定義と首っぴきで次のような練習問題をやる（やっつける）ことはやり（やっつけ）ました。

問題 3 の 26

次の式を $q = \log_a p$ の形で表しましょう。

① $81 = 3^4$
② $\dfrac{1}{25} = 5^{-2}$
③ $\sqrt{10} = 10^{\frac{1}{2}}$

定義と首っぴきで考えたのが次の解答。

問題 3 の 26 解答

① $\log_3 81 = 4$

② $\log_5 \dfrac{1}{25} = -2$

③ $\log_{10} \sqrt{10} = \dfrac{1}{2}$

問題 3 の 26 の逆の問題もありました。

問題 3 の 27

次の式を $p = a^q$ の形で表しましょう。

① $\log_2 32 = 5$
② $\log_4 4 = 1$
③ $\log_{\frac{1}{2}} 16 = -4$

これも首っ引きで考えましたが、答えとして出した式が、累乗についての正しい関係を表す式にもどっていれば、それでいいと胸をなでおろしました。

問題 3 の 27 解答

① $2^5 = 32$
② $4^1 = 4$
③ $\left(\dfrac{1}{2}\right)^{-4} = 16$

しかしこんな理解の仕方では、すぐに行き詰まるに決まっています。ちょっとした応用問題だって私には解ける自信はありません。

何とか、「対数」というものが心からわかるようになりたいと思ってもがいていたら、ちょっと耳寄りな話が私の耳に飛び込んできました。

その9-CのⅡ 「逆関数」の考え方が救い主になる。

それは「逆関数」という考え方でした。

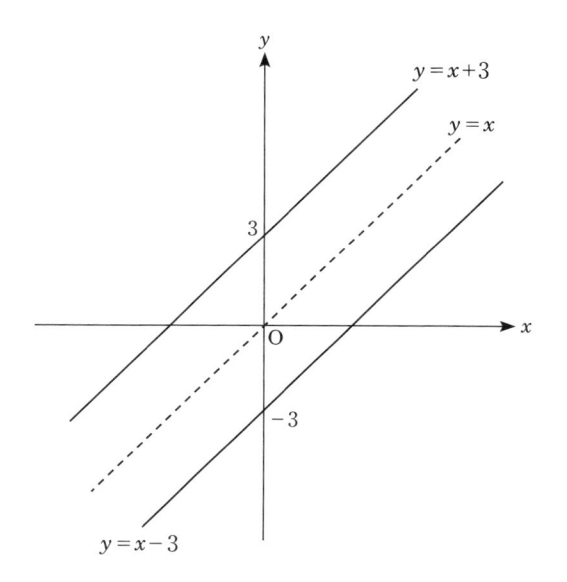

$y=x+3$ と $y=x-3$ は、互いに逆関数で $y=x$ に関して対称

たとえば、直線の式 $y = x - 3$ があるとします。この式を「文字 x」について解くことはできます。$x = y + 3$ ですよね。

2次関数 $y = x^2 + 1$ も x について解くことができます。$x = \pm\sqrt{y-1}$ です。

また別の形の2次関数 $y = x^2 - 3x + 1$ も「文字 x」について解くことはできます。$x^2 - 3x + 1 - y = 0$ とおいて、これを x の2次方程式として解の公式を用いれば文字 x が文字 y だけを含む式として具体的に出てきます。

分数関数 $y = \dfrac{1}{x+1}$ だって、この式を「$x =$」の式に直すことはできます。

$x = \dfrac{1-y}{y}$ ですよね。

しかしたとえば三角関数 $y = \sin x$ では、文字 x を文字 y の式として書きなおすことは、少なくとも高校の知識では難しそうです。

同じように指数関数 $y = 2^x$ についても、この式を「$x =$」の式に直すことはすぐにはできないから、新しい記号 log を用いて $x = \log_2 y$ と書き、これで $y = 2^x$ の式を「x について解いた」ことにするのだ、という理屈がわかってきたのです。

それと同時に、数学ができるという友人たちがひとくちに言っていた「対数は指数の逆」という意味もわかるようになりました。

さっき直線の式 $y = x - 3$ を $x = y + 3$ と、x について解き、解いた式の x と y を入れ替えると新しい関数 $y = x + 3$ ができます（ここで文字 x と文字 y を入れ替えるのは、2つの関数 $y = x - 3$ と $y = x + 3$ とを同じ座標平面上に表すためです）。

こうしてできた $y = x + 3$ と、もとの関数 $y = x - 3$ とを「**互いに逆関数である**」というのです。

そうして、ある関数とその逆関数とは、直線 $y = x$ に関して対称に座標平面上に表される、ということもわかってきました。

これはある関数 $y = f(x)$ があれば、その逆関数は $x = f(y)$ と表されることを用いて証明するのです。

$y = f(x)$ 上に、点 (a, b) をとると、$f(x)$ の逆関数上ではこの点が (b, a) に移行することを用い、これらの2点を結んだ直線が $y = x$ に直交して（直角に交わっている）いることと、これらの2点の中点（真ん中の点）が直線 $y = x$ 上にあることをいえばいいのです。

確かに直線 $y = x - 3$ を、直線 $y = x$ を折り山として折り曲げると、直線 $y = x + 3$ に重なるではありませんか。

2次関数についても、分数関数についても逆関数どうしは、直線 $y =$

x に対して対称になっています。

そこで指数関数 $y = 2^x$ を x について解いた式 $x = \log_2 y$ についても、文字 x と文字 y を入れ替えて逆関数を作ります。

$y = \log_2 x$ ですよね。この関数（対数関数）も指数関数 $y = 2^x$ を直線 $y = x$ に対して折り曲げたものになります。

というわけで、逆関数の考え方から、指数関数と対数関数の関係がわかってから、私には「対数」の考え方が、少しずつ、わかるようになってきたのです。

それではここで、指数関数 $y = 2^x$ を用いて対数関数 $y = \log_2 x$ を描いてみてください。指数関数 $y = 2^x$ については、**問題3の25**で描きましたよね。

これを直線 $y = x$ を折り山として折り曲げて描けばいいのです。

問題3の28

指数関数 $y = 2^x$ の数表を用いて、対数関数 $y = \log_2 x$ の数表を作りましょう。この数表を用いて $y = \log_2 x$ のグラフを描きましょう。

問題3の28 解答

下の数表は**問題3の24**で作った $y = 2^x$ の数表です。

x	$\cdots$	-4	-3	-2	$-\frac{3}{2}$	-1	$-\frac{1}{2}$	0	$\frac{1}{2}$	1	$\frac{3}{2}$	2	$3 \cdots$
$y = 2^x$	$\cdots$	$\frac{1}{16}$	$\frac{1}{8}$	$\frac{1}{4}$	$\frac{1}{\sqrt{8}}$	$\frac{1}{2}$	$\frac{1}{\sqrt{2}}$	1	$\sqrt{2}$	2	$\sqrt{8}$	4	$8 \cdots$

この x と y についての表をそっくり上下入れ替えたのが $y = \log_2 x$ を書くための数表です。$y = 2^x$ と $y = \log_2 x$ とは互いに逆関数なのですから。

指数に直すとわかる「対数の性質」をめぐる公式。

x	⋯	$\frac{1}{16}$	$\frac{1}{8}$	$\frac{1}{4}$	$\frac{1}{\sqrt{8}}$	$\frac{1}{2}$	$\frac{1}{\sqrt{2}}$	1	$\sqrt{2}$	2	$\sqrt{8}$	4	8 ⋯
$y = \log_2 x$	⋯	-4	-3	-2	$-\frac{3}{2}$	-1	$-\frac{1}{2}$	0	$\frac{1}{2}$	1	$\frac{3}{2}$	2	3 ⋯

$y = \log_2 x$ のグラフを描く場合には、下の数表をにらみながら（変数 x に対する y の値を終始確認しながら）指数関数 $y = 2^x$ のグラフを直線 $y = x$ を折り山にして、折り曲げたものを描けばいいのです。

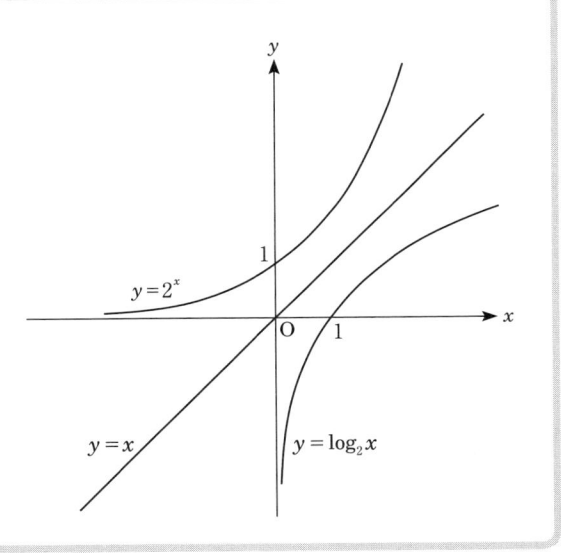

その9-Cの Ⅲ　指数に直すとわかる「対数の性質」をめぐる公式。

指数関数 $y = 2^x$ を、x について解いたのが対数関数 $x = \log_2 y$ の意味。数字の「2」の部分を一般化すれば指数 $y = a^x$ を x について解いたものが $x = \log_a y$。そうすると指数のほうに付いていた、文字 a や文字 x、文字 y についての制限が、そのまま対数のほうにも、引き継がれることになります。

　$y = a^x$ で、文字 a は正の数で、1 であってはいけません。もともと

a^x という場合、指数 x が分数に拡張されるあたりから、文字 a が負の場合は考えないことになっていたのですからね。また、$a = 1$ だとすると指数 $y = a^x$ は x がどんな数字であっても $y = 1$ となってしまうからです。

また $y = a^x$ について、a が（1でない）正の数ですので、y はいつでも正の数です。x のほうは、そう、この値は教科書がさんざん苦労して（ところどころごまかしながらも）拡張したので、今は「すべての実数」ということになっています。

指数関数 $y = a^x$ を対数関数 $x = \log_a y$ に書き直したとき、文字 a をこの対数の「底」と呼びます。底 a の範囲は $a > 0$ で $a \neq 1$。

また文字 y にあたる部分をこの対数関数の「真数」といい、真数 y のとりうる範囲は $y > 0$ ですよね。もちろん x 自身のとりうる範囲は全実数域になっています。

また指数の考え方から、$a^0 = 1$、$a^1 = a$
なので $\log_a 1 = 0$、$\log_a a = 1$ です。

そうしてまもなく教科書には「対数の性質」と名づけたいくつかの公式が出てきます。

対数を含む式の計算をするときには不可欠な公式です。

これが例によって、私にはどうにも難物でした。これなどももとの指数にもどって考えれば、その意味が、案外楽に理解できたのですけどね。

やっぱり対数がわかるためには「対数は指数の逆」という意味が身にしみてわかるということが不可欠のようです。

ともあれ「対数の性質」と呼ばれる公式は次のようなものでした。

① $\log_a (M \times N) = \log_a M + \log_a N$

② $\log_a \dfrac{M}{N} = \log_a M - \log_a N$

③ $\log_a M^p = p \log_a M$

（ただし、M と N は正の数。p は実数）

これら3つの公式のうち、①の証明を練習問題の形でやりましょうか。

問題3の29

公式①　$\log_a(M \times N) = \log_a M + \log_a N$ を証明しましょう。ただし、M と N は正の数とします。

問題3の29 解答（証明）

左辺 = $\log_a(M \times N) = X$ とおきます。

また右辺のうち　$\log_a M$ の部分を Y、$\log_a N$ の部分を Z とおきます。

そうすると、この公式が証明できる、ということは $X = Y + Z$ であるということがいえればいいことになります。

そこで X、Y、Z で置き換えられた各対数を指数にもどします。

$$\log_a(M \times N) = X \text{ から } a^X = M \times N$$
$$\log_a M = Y \text{ から } a^Y = M$$
$$\log_a N = Z \text{ から } a^Z = N$$

上の3本の式のうち下側の2本を相互に掛け合わせると

$$a^Y \times a^Z = M \times N$$

ここで指数法則が使え　$a^{Y+Z} = M \times N$

この式を一番上の式と比べると、$M \times N$ を仲介にして

$$a^X = a^{Y+Z}$$

がいえます。

a の肩の数（指数）を比べることによって $X = Y + Z$

つまり「対数の性質」の①が証明できたことになります。

（証明終わり）

公式②と③についても、対数で表されている数式を指数に直せば証明ができますのでやってみてください。

このほかに「**底の変換公式**」と呼ばれるものもありました。これを「**対数の性質**」の④として付け加えておきましょうか。

④ $\log_a M = \dfrac{\log_b M}{\log_b a}$

もちろん新しく底として出てきた文字 b も、1 でない正の数と考えてください。

この「底の変換」についての公式も、対数→指数へ変換することによって証明できます。

使い方は、たとえば $\log_2 3$ を、底が 10 の対数に変換したいと思ったら、
$\log_2 3 = \dfrac{\log_{10} 3}{\log_{10} 2}$
と変換すればいいのです。

これら 3 つないし 4 つの公式を用いると、対数を用いるさまざまな問題が解けるようになります。

もちろん $\log_a 1 = 0$ や $\log_a a = 1$ といった性質は自由に使ってくださいね。

たとえばこんな問題。

問題 3 の 30

次の式を簡単にしましょう。

① $\log_{12} 2 + \log_{12} 6$

② $\log_3 54 - \log_3 2$

③ $\log_3 6 + \log_3 12 - 3\log_3 2$

④ $\log_3 8 - \log_3 24$

⑤ $\log_6 8 + 2\log_6 3 - \log_6 2$

おなじみの疑問が復活しました。

> **問題 3 の 30 解答**
>
> ① 1
>
> 左辺 $= \log_{12}2 + \log_{12}6 = \log_{12}(2 \times 6) = \log_{12}12 = 1$
>
> ② 3
>
> 左辺 $= \log_3 54 - \log_3 2 = \log_3 54 \div 2 = \log_3 27 = \log_3 3^3$
> $= 3\log_3 3 = 3$
>
> ③ 2
>
> 左辺 $= \log_3 6 + \log_3 12 - 3\log_3 2 = \log_3 6 + \log_3 12 - \log_3 2^3$
> $= \log_3 6 \times 12 \div 8 = \log_3 9 = \log_3 3^2 = 2\log_3 3 = 2$
>
> ④ -1
>
> 左辺 $= \log_3 8 - \log_3 24 = \log_3 8 \div 24 = \log_3 \dfrac{1}{3}$
> $= \log_3 3^{-1} = -\log_3 3 = -1$
>
> ⑤ 2
>
> 左辺 $= \log_6 8 + 2\log_6 3 - \log_6 2 = \log_6 8 + \log_6 3^2 - \log_6 2$
> $= \log_6 8 \times 9 \div 2 = \log_6 36 = \log_6 6^2 = 2\log_6 6 = 2$

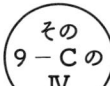

その9 — Cの IV おなじみの疑問が復活しました。

　対数の考え方がいくらかでも自分に納得できるようになってから、私の心にもあのおなじみの疑問が復活するようになりました。

「指数・対数の問題で、私に解けないものが出てきたらどうしよう？」

　よみがえった冒険心で私が挑戦したいくつかの問題をやりましょうか。

　まず、凍結（？）してあった指数の問題からいきましょう。

問題 3 の 31

次の計算をしましょう。

① $\sqrt[3]{54} + \sqrt[3]{16} - \sqrt[3]{2}$

② $\sqrt{6} \times \sqrt[4]{54} \div \sqrt[4]{6}$

③ $a^{\frac{3}{2}} \times a^{\frac{3}{4}} \div a^{\frac{5}{4}}$

④ $(a^{\frac{1}{2}} + b^{\frac{1}{2}})(a^{\frac{1}{2}} - b^{\frac{1}{2}})$

⑤ $\left\{\left(\dfrac{81}{16}\right)^{\frac{3}{4}}\right\}^{\left(-\frac{2}{3}\right)}$

⑥ $a^{x(y-z)} \times a^{y(z-x)} \times a^{z(x-y)}$

問題 3 の 31 解答

① $4\sqrt[3]{2}$

それぞれを、2 の指数の形で表すといいです。

$$\sqrt[3]{54} + \sqrt[3]{16} - \sqrt[3]{2} = 54^{\frac{1}{3}} + 16^{\frac{1}{3}} - 2^{\frac{1}{3}}$$
$$= (27 \times 2)^{\frac{1}{3}} + (8 \times 2)^{\frac{1}{3}} - 2^{\frac{1}{3}}$$
$$= 3 \times 2^{\frac{1}{3}} + 2 \times 2^{\frac{1}{3}} - 2^{\frac{1}{3}}$$
$$= (3 + 2 - 1) \times 2^{\frac{1}{3}} = 4 \times 2^{\frac{1}{3}}$$

② $3\sqrt{2}$

$\sqrt{6}$ を 4 乗根の形で表すと $\sqrt{6} = \sqrt[4]{36}$ ですから

$$\sqrt{6} \times \sqrt[4]{54} \div \sqrt[4]{6} = \sqrt[4]{36 \times 54 \div 6} = \sqrt[4]{324} = \sqrt[4]{81 \times 4}$$
$$= 3\sqrt[4]{4} = 3\sqrt[2]{2} = 3\sqrt{2}$$

③ a

$a^{\frac{3}{2} + \frac{3}{4} - \frac{5}{4}} = a^{\frac{4}{4}} = a^1 = a$

④ $a - b$

展開公式 $(a + b)(a - b) = a^2 - b^2$

で a に $\sqrt{a}$、b に $\sqrt{b}$ を代入します。

248

⑤ $\dfrac{4}{9}$

$\dfrac{81}{16} = \dfrac{3^4}{2^4} = \left(\dfrac{3}{2}\right)^4$ ですので、

$\left[\left(\dfrac{81}{16}\right)^{\frac{3}{4}}\right]^{-\frac{2}{3}} = \left[\left(\dfrac{3}{2}\right)^{4 \times \frac{3}{4}}\right]^{-\frac{2}{3}} = \left(\dfrac{3}{2}\right)^{3 \times \left(-\frac{2}{3}\right)} = \left(\dfrac{3}{2}\right)^{-2} = \dfrac{4}{9}$

⑥ 1

$a^{x(y-z)} \times a^{y(z-x)} \times a^{z(x-y)}$
$= a^{x(y-z)+y(z-x)+z(x-y)} = a^{xy-zx+yz-xy+zx-yz} = a^0 = 1$

次は「**対数の性質**」を用いる計算問題です。「**対数の性質**」①〜③に加えて、④の「**底の変換**」についての公式を使う問題も出てきます。

問題 3 の 32 ①では対数の「底」が 10 になっていますが、底の 10 を省略して書く場合もあります。そう、これが「**常用対数**」の表し方ですよね。②の問題では、底の 10 を省いてあります。

以下の問題でも同じです。底が書かれていない場合は常用対数（底が 10）の意味だと、解釈してください。

問題 3 の 32

次の式を簡単にしましょう。

① $\log_{10} \dfrac{9}{35} - \log_{10} \dfrac{3}{70} + \log_{10} \dfrac{50}{9}$

② $\log \dfrac{16}{13} - 2\log \dfrac{5}{9} + \log \dfrac{130}{243}$

③ $\log_2 3 \times \log_3 4 \times \log_4 2$

④ $(\log_2 3 + \log_4 9)(\log_3 4 + \log_9 2)$

⑤ $\log_3 54 + \log_3 4.5 + \log_3 \dfrac{1}{27\sqrt{3}} - \log_3 \sqrt[3]{81}$

問題 3 の 32 解答

① $2 - \log_{10}3$

$$\log_{10}\frac{9}{35} - \log_{10}\frac{3}{70} + \log_{10}\frac{50}{9} = \log_{10}\left\{\left(\frac{9}{35}\right) \div \left(\frac{3}{70}\right) \times \left(\frac{50}{9}\right)\right\}$$

$$= \log_{10}\frac{100}{3} = \log_{10}100 - \log_{10}3 = \log_{10}10^2 - \log_{10}3$$

$$= 2 - \log_{10}3$$

② $6\log 2 - \log 3 - 1$

$$\log\frac{16}{13} - 2\log\frac{5}{9} + \log\frac{130}{243} = \log\left\{\left(\frac{16}{13}\right) \div \left(\frac{25}{81}\right) \times \left(\frac{130}{243}\right)\right\}$$

$$= \log\frac{32}{15} = \log 32 - \log 15$$

$$= \log 2^5 - \log(5 \times 3) = 5\log 2 - \log(10 \div 2 \times 3)$$

$$= 5\log 2 - (\log 10 - \log 2 + \log 3) = 6\log 2 - \log 3 - 1$$

③ 1

底を 10 に直すと

$$\log_2 3 \times \log_3 4 \times \log_4 2 = \left(\frac{\log 3}{\log 2}\right) \times \left(\frac{\log 4}{\log 3}\right) \times \left(\frac{\log 2}{\log 4}\right) = 1$$

④ 5

底をすべて 10 に統一します。

$$(\log_2 3 + \log_4 9)(\log_3 4 + \log_9 2)$$

$$= \left\{\left(\frac{\log 3}{\log 2}\right) + \left(\frac{\log 9}{\log 4}\right)\right\}\left\{\left(\frac{\log 4}{\log 3}\right) + \left(\frac{\log 2}{\log 9}\right)\right\}$$

$\log 4 = 2\log 2$、$\log 9 = 2\log 3$ なので

$$\left\{\left(\frac{\log 3}{\log 2}\right) + \left(\frac{\log 9}{\log 4}\right)\right\}\left\{\left(\frac{\log 4}{\log 3}\right) + \left(\frac{\log 2}{\log 9}\right)\right\}$$

$$= \left\{\left(\frac{\log 3}{\log 2}\right) + \left(\frac{\log 3}{\log 2}\right)\right\}\left\{2\left(\frac{\log 2}{\log 3}\right) + \frac{1}{2}\left(\frac{\log 2}{\log 3}\right)\right\}$$

$$= 2\left(\frac{\log 3}{\log 2}\right) \times \frac{5}{2}\left(\frac{\log 2}{\log 3}\right) = 5$$

⑤ $\dfrac{1}{6}$

$\sqrt[3]{81} = 81^{\frac{1}{3}} = (3^4)^{\frac{1}{3}} = 3^{\frac{4}{3}}$

および $\sqrt{3} = 3^{\frac{1}{2}}$ に注意すると

$\log_3 54 + \log_3 4.5 + \log_3 \dfrac{1}{27\sqrt{3}} - \log_3 \sqrt[3]{81}$

$= \log_3 \left\{ 54 \times 4.5 \times \dfrac{1}{27 \times 3^{\frac{1}{2}}} \div 3^{\frac{4}{3}} \right\}$

$= \log_3 (9 \times 3^{-\frac{1}{2}} \times 3^{-\frac{4}{3}}) = \log_3 3^{2-\frac{1}{2}-\frac{4}{3}}$

$= \log_3 3^{\frac{1}{6}} = \dfrac{1}{6} \log_3 3 = \dfrac{1}{6}$

問題 3 の 33

$\log_a x = p$、$\log_a y = q$、$\log_a z = r$ とおくとき、次の各式を、p、q、r で表しましょう。

① $\log_a x^2 y^3 z$
② $\log_a x^{\frac{3}{2}} y^2 z^{-\frac{1}{2}}$
③ $\log_a \dfrac{x^2 y}{z}$
④ $\log_a \dfrac{x^3 y}{(y^2 z)^2}$
⑤ $\log_a (\sqrt{x} \times \sqrt[3]{y z^2})$
⑥ $\log_a \dfrac{\sqrt{xy} \times z}{\sqrt[3]{x^2 y}}$

問題 3 の 33 解答

① $2p + 3q + r$

$\log_a x^2 y^3 z = 2\log_a x + 3\log_a y + \log_a z = 2p + 3q + r$

以下同じように考えます。

② $\dfrac{3}{2}p + 2q - \dfrac{1}{2}r$

③ $2p + q - r$

④ $3p - 3q - 2r$

真数 $= \dfrac{x^3 y}{(y^2 z)^2} = \dfrac{x^3}{y^3 z^2}$ と簡単にしておいてから、対数の和の形に直します。

⑤ $\dfrac{1}{2}p + \dfrac{1}{3}q + \dfrac{2}{3}r$

真数 $= \sqrt{x} \times \sqrt[3]{yz^2} = x^{\frac{1}{2}} \times y^{\frac{1}{3}} \times z^{\frac{2}{3}}$ と、指数の表示にしておいてから対数をとると

$\log_a (\sqrt{x} \times \sqrt[3]{yz^2}) = \log_a (x^{\frac{1}{2}} \times y^{\frac{1}{3}} \times z^{\frac{2}{3}})$

$= \dfrac{1}{2}\log_a x + \dfrac{1}{3}\log_a y + \dfrac{2}{3}\log_a z$

$= \dfrac{1}{2}p + \dfrac{1}{3}q + \dfrac{2}{3}r$

⑥ $-\dfrac{1}{6}p + \dfrac{1}{6}q + r$

真数 $= (xy)^{\frac{1}{2}} \times z \div \left(x^{\frac{2}{3}} y^{\frac{1}{3}}\right) = x^{\frac{1}{2}} \times y^{\frac{1}{2}} \times z \times x^{-\frac{2}{3}} \times y^{-\frac{1}{3}}$

$= x^{\frac{3}{6} - \frac{4}{6}} \times y^{\frac{3}{6} - \frac{2}{6}} \times z$

$= x^{-\frac{1}{6}} \times y^{\frac{1}{6}} \times z$ のように簡単にしておくと

$\log_a \dfrac{\sqrt{xy} \times z}{\sqrt[3]{x^2 y}} = \log_a (x^{-\frac{1}{6}} \times y^{\frac{1}{6}} \times z) = -\dfrac{1}{6}p + \dfrac{1}{6}q + r$

やっぱり出てきた指数方程式と対数方程式。

「数式の問題」というと私にはやっぱり、方程式や不等式の問題に挑戦している自分自身の姿が思い浮かびます。こうした問題が私に解けるかしら？と思い悩むのは、やっぱり「数学」即、与えられた問題の「答えを出すこと」という単純な考えが頭に染みついているからでしょうか。ともあれ方程式や不等式の考え方は、どんな関数が登場する場面にあっても大切です。

究極、（未知のものをも含む）図形と図形との位置関係（交点や上下関係など）をさぐる問題につながるからです。

問題 3 の 34 は「指数方程式」の問題です。

問題 3 の 34

次の方程式を解きましょう。

① $9^{-3x+1} = \dfrac{1}{27}$

② $\left(\dfrac{2}{3}\right)^x = \left(\dfrac{3}{2}\right)^{2x-3}$

③ $3^{2x} - 5 \times 3^x + 6 = 0$

④ $2^{2x} - 3 \times 2^x - 4 = 0$

⑤ $4^{x+1} - 5 \times 2^{x+2} - 24 = 0$

問題 3 の 34 解答

① $x = \dfrac{5}{6}$

左辺 $= 3^{2(-3x+1)}$

右辺 $= 3^{-3}$ と変形し、両辺の指数を比べます。

② $x = 1$

左辺 $= \left(\dfrac{2}{3}\right)^x = \left(\dfrac{3}{2}\right)^{-x}$ と考え、両辺の指数を比べます。

③ $x = 1$、$x = \log_3 2$

$3^x = X$ と置き換えると $3^{2x} = X^2$ となりますので、この方程式は $X^2 - 5X + 6 = 0$ になります。

④ $x = 2$

③と同様の考え方で、$X = 2^x$ とおけば、この方程式は $X^2 - 3X - 4 = 0$ となります。

X についてのこの2次方程式を解くと、$X = -1$ と $X = 4$ の2つの答えが出ますが、$2^x = X$ とおいたので、$X < 0$ の答えは除外されます。

⑤ $x = 1 + \log_2 3$

$4^{x+1} = 2^{2(x+1)}$ また

$2^{x+2} = 2 \times 2^{x+1}$ と変形できます。そこで

$2^{x+1} = X$ と置き換えると、与えられた方程式は

$X^2 - 10X - 24 = 0$ となります。

ここでも $X > 0$ ですので、$X = 12$ のみを採用します。

$2^{x+1} = 12$ から、$x + 1 = \log_2 12$

$x = \log_2 12 - 1$ ですが、$\log_2 12$ の部分がさらに計算できます。

$\log_2 12 = \log_2 (3 \times 4) = \log_2 3 + 2\log_2 2 = \log_2 3 + 2$

この問題は、また、はじめに 2^x を別の文字で置き換える方法でも解けます。

続いて、対数方程式の問題です。

やっぱり出てきた指数方程式と対数方程式。

問題 3 の 35

次の方程式を解きましょう｛底が書かれていないものは、常用対数（底が 10）の問題ですね｝。

① $\log(x-3) + 1 = \log(x^2 - 5x + 6)$

② $\log(2x-1) + \log(x-9) = 2$

③ $\log_2 x = \log_4(x+1)$

④ $(\log 4x)(\log 8x) = 12(\log 2)^2$

⑤ $4(\log 2x)(\log 3x) = 3\left(\log \dfrac{3}{2}\right)^2$

⑥ $100 \times x^{\log x^3} = x^5$

問題 3 の 35 解答

① $x = 12$

対数方程式ですので、真数についての条件が付いてきます。

対数の真数は正なので、$x - 3 > 0$ かつ $x^2 - 5x + 6 > 0$ です。

この 2 つの不等式を同時にみたす x の範囲は $x > 3$ です。

そうして左辺 $= \log 10(x-3)$ と変形できますので、この真数と右辺の真数を比べ、x の 2 次方程式を作ります。この方程式からは $x = 3$ も答えとして出てきますが、条件 $x > 3$ をみたさないので除外します。

② $x = 13$

対数の真数は正である、ということから、$2x - 1 > 0$、$x - 9 > 0$ という条件が出ます。これを同時にみたす x の範囲は $x > 9$ です。

それから左辺 $= \log(2x-1)(x-9)$

　　　　　右辺 $= \log 10^2$ と変形し、真数どうしを比べて 2 次方程式を作ります。$2x^2 - 19x - 91 = 0$ です。

この 2 次方程式からは $x = -\dfrac{7}{2}$ という答えも出ますが、真数の条

件 $x > 9$ をみたさないので、除外です。

③ $x = \dfrac{1+\sqrt{5}}{2}$

まず真数の条件から、$x > 0$ が出ます。

それから、底を 10 に統一すると左辺 $= \dfrac{\log x}{\log 2}$

$$\text{右辺} = \dfrac{\log(x+1)}{\log 4}$$

$$= \dfrac{\log(x+1)}{2\log 2}$$

ですので、左辺＝右辺とおいて方程式を立てます。2 次方程式 $x^2 - x - 1 = 0$ となりますよね。2 次方程式の解の公式から $x = \dfrac{1 \pm \sqrt{5}}{2}$ が出ますが、真数の条件（$x > 0$）から $x = \dfrac{1-\sqrt{5}}{2}$ は除外です。

④ $x = \dfrac{1}{64}$、$x = 2$

真数から出る条件は、$x > 0$ です。

左辺 $= (\log 4x)(\log 8x) = (\log 4 + \log x)(\log 8 + \log x)$

$= (2\log 2 + \log x)(3\log 2 + \log x)$　ここで $\log x = X$ とおくと

左辺 $= (2\log 2 + \log x)(3\log 2 + \log x)$

$= (X + 2\log 2)(X + 3\log 2)$

$= X^2 + (5\log 2)X + 6(\log 2)^2$

左辺＝右辺とおいた方程式は $X^2 + (5\log 2)X - 6(\log 2)^2 = 0$ となります。この式の左辺は $\{X + 6(\log 2)\}\{X - (\log 2)\}$ と因数分解されます。左辺 $= 0$ とおいた答えは $X = -6\log 2$ と $X = \log 2$

これから一方の答えが、

$\log x = X = -6\log 2 = \log 2^{-6} = \log \dfrac{1}{64}$ ですので、$x = \dfrac{1}{64}$

もう一方の答えが、$\log x = X = \log 2$ ですので、$x = 2$

この 2 つの答えは、ともにはじめの真数の条件 $x > 0$ をみたしてい

⑤ $x = \dfrac{\sqrt{6}}{4}$ 、$x = \dfrac{\sqrt{6}}{9}$

真数から出てくる条件は $x > 0$ です。

④と似た問題ですが $\log 2$ と $\log 3$ が出てきますので、$\log x = X$ と置き換えるほかに、あらかじめ $\log 2 = a$、$\log 3 = b$ とでも置き換えておいたらどうでしょう。

左辺 $= 4(\log 2x)(\log 3x) = 4(\log 2 + \log x)(\log 3 + \log x)$
$= 4(X + a)(X + b) = 4X^2 + 4(a + b)X + 4ab$

右辺 $= 3\left(\log\dfrac{3}{2}\right)^2 = 3(\log 3 - \log 2)^2 = 3(b - a)^2$
$= 3(a^2 - 2ab + b^2) = 3a^2 - 6ab + 3b^2$

左辺 = 右辺とおいて整理すると

$4X^2 + 4(a + b)X - (3a^2 - 10ab + 3b^2) = 4X^2 + 4(a + b)X - (a - 3b)(3a - b)$ この式が「たすきがけ型」を用いて因数分解できて、

$4X^2 + 4(a + b)X - (a - 3b)(3a - b)$
$= \{2X - (a - 3b)\}\{2X + (3a - b)\}$ この式を $= 0$ とおいて X の値を求めると、

$X = \dfrac{a - 3b}{2} = \dfrac{\log 2 - 3\log 3}{2}$
$= \dfrac{1}{2}\log\dfrac{2}{3^3} = \dfrac{1}{2}\log\dfrac{2}{27}$
$= \log\left(\dfrac{2}{27}\right)^{\frac{1}{2}}$

もうひとつは $X = \dfrac{b - 3a}{2} = \dfrac{\log 3 - 3\log 2}{2}$
$= \dfrac{1}{2}\log\dfrac{3}{8} = \log\left(\dfrac{3}{8}\right)^{\frac{1}{2}}$

$X = \log x$ をもとにもどすとそれぞれ

$$\log x = \log\left(\frac{2}{27}\right)^{\frac{1}{2}}$$

$$\log x = \log\left(\frac{3}{8}\right)^{\frac{1}{2}}$$

だから $x = \left(\frac{2}{27}\right)^{\frac{1}{2}} = \sqrt{\frac{2}{27}} = \frac{1}{3}\sqrt{\frac{2}{3}} = \frac{\sqrt{6}}{9}$

もうひとつの解は $x = \left(\frac{3}{8}\right)^{\frac{1}{2}} = \sqrt{\frac{3}{8}} = \frac{1}{2}\sqrt{\frac{3}{2}} = \frac{\sqrt{6}}{4}$

2つの解とも真数＞0の条件をみたしています。

⑥ $x = 10$、$x = 10^{\frac{2}{3}}$

真数 $x > 0$ をまず抑えておいてから、問題の式 $100 \times x^{\log x^3} = x^5$ の両辺の対数をとってみます。

$\log 100 + \log x^{\log x^3} = \log x^5$

$2 + 3(\log x)(\log x) = 5\log x$

ここで $\log x = X$ と置き換えると $2 + 3X^2 = 5X$

$$3X^2 - 5X + 2 = 0$$

因数分解して $(X - 1)(3X - 2) = 0$

$X = \log x = 1$ 　または $X = \log x = \frac{2}{3}$

だから $x = 10$ または $x = 10^{\frac{2}{3}}$

この答えはともに真数＞0の条件をみたしています。

次は、やっぱり出てきました、指数・対数の連立方程式の問題。

問題 3 の 36

次の方程式を解きましょう。

① $\begin{cases} 2^x = 8^{y+1} \\ 9^y = 3^{x+1} \end{cases}$

② $\begin{cases} 4^x - 4^y = 48 \\ 2^{x+y} = 32 \end{cases}$

③ $\begin{cases} x^{x+y} = y \\ y^{x+y} = x^4 \end{cases}$

④ $\begin{cases} x^2 + 8y = 15 \\ \log x - \log y = 2\log 2 \end{cases}$

⑤ $\begin{cases} \log(x+y) + \log x = 1 \\ \log(x^3 - y^3) - \log(x - y) = 1 \end{cases}$

問題3の36 解答

① $x = -9、y = -4$

1番目の式から　　$2^x = 2^{3(y+1)}$
2番目の式から　　$3^{2y} = 3^{x+1}$

それぞれの式で指数を比べると　　$x = 3(y+1)$
$2y = x + 1$

この2本の式を連立して解きます。

② $x = 3、y = 2$

2本目の式の両辺を2乗します。

$2^{2(x+y)} = (32)^2$

$4^{x+y} = (32)^2$

$4^x \times 4^y = (32)^2$

そこで $4^x = X$、$4^y = Y$ と置き換えると、1本目の式から

$X - Y = 48$　です。

2本目の式から、$XY = (32)^2$ が出ます。

$X、Y$ に関する連立方程式を解けばいいのです。ただし X も Y も正の数であることに注意します。

Y を消去すると2次方程式 $X^2 - 48x - 1024 = 0$ が出ますが、足して -48、掛けて -1024 である2つの数を探すのはなかなか難しいので、2次方程式の解の公式に持ち込みます。そうすると $X = 64$ と $X = -16$ が出ますが、X が負のほうの答えは除外します。

　　$X = 4^x = 64$、　$Y = 4^y = 16$ から、$x = 3$ と $y = 2$ が出ます。

　③ $x = 1$、$y = 1$

　「指数の拡張」を考えたとき、その底は常に正の数として考えたので（**第3章その9 − B の Ⅲ**）で、x も y も正の数です。

　そこで、2本の式それぞれに対数をとります。

1本目の式は　　　$(x + y)\log x = \log y$

2本目の式は　　　$(x + y)\log y = 4\log x$

1本目の式の $\log y$ を2本目の式に代入します。

$$(x + y)^2 \log x = 4\log x$$

この式から $\log x \{(x + y)^2 - 4\} = 0$

$$\log x \{(x + y) - 2\}\{(x + y) + 2\} = 0$$

ⅰ）$\log x = 0$ のとき $x = 1$。　　問題の1本目の式から $y = 1$

ⅱ）$x + y = 2$ のとき　　　　　問題の1本目の式から $x^2 = y$

　　　　　　　　　　　　　　　問題の2本目の式から $y^2 = x^4$

これら2本の式は同等ですので、方程式の解は決まりません。

ⅲ）x も y も正なので $x + y = -2$ の場合はありえません。

　結局ⅰ）の答えのみがこの問題の答えになります。

　④ $x = 3$、$y = \dfrac{3}{4}$

真数の条件から、$x > 0$、$y > 0$ です。

2本目の式から $\log \dfrac{x}{y} = \log 2^2$

これより $\dfrac{x}{y} = 4$　　$x = 4y$ を1番目の式に代入し2次方程式

260

$$16y^2 + 8y - 15 = 0$$

ができます。これを解いたとき、$y < 0$ となる答えは除外します。

⑤ $x = \sqrt{10}$、$y = 0$

1本目の式から $\log x(x+y) = \log 10$

これより $x(x+y) = 10$

カッコをはずすと $x^2 + xy = 10$

2本目の式から $\log \dfrac{x^3 - y^3}{x - y} = \log 10$

3乗の差の展開公式を用いて簡単にすると

$$\log(x^2 + xy + y^2) = \log 10$$

これより $x^2 + xy + y^2 = 10$

1本目の式から $x^2 + xy = 10$ なので $y^2 = 0$ より $y = 0$

これを式 $x^2 + xy = 10$ に代入すると $x^2 = 10$

真数の条件から $x > 0$ なので $x = \sqrt{10}$

$x = \sqrt{10}$、$y = 0$ という値は、問題の式に現れている対数のすべての真数を正にしています。

もちろんあります、不等式の問題。

問題 3 の 37

次の不等式を解きましょう。

① $5^{x-3} > 2^{x+2}$

② $\left(\dfrac{1}{9}\right)^x + \left(\dfrac{1}{3}\right)^{x+1} > \dfrac{2}{9}$

③ $(\log x)^2 \leqq (\log x^2) + 3$

④ $3\log_x 10 + \log_{10} x > 4$

問題 3 の 37 解答

① $x > \dfrac{3 - \log 2}{1 - 2\log 2}$

　問題の不等式の両辺の常用対数（底が 10 の対数）をとります。なぜそんなことをしてよいかは、**たとえば「正の数 a と b に対して、$a^x > b^y$ が成り立っているとき、$\log a^x > \log b^y$ が成り立つかどうか」を証明できればいいのです。**

左辺 − 右辺 = $\log a^x - \log b^y = \log \dfrac{a^x}{b^y}$　ここで条件から、$a^x > b^y$ なので $\dfrac{a^x}{b^y} > 1$ です。だから左辺 − 右辺 = $\log \dfrac{a^x}{b^y} > \log 1 = 0$ なので、左辺＞右辺が成り立ちます。

　そこで問題①のような指数の不等式の問題で、必要があれば、両辺の常用対数をとってもよい（不等号の向きを変えない）ことになるのです。

　この問題の場合は $(x - 3) \log 5 > (x + 2) \log 2$ と x の 1 次不等式になります。

　$(\log 5 - \log 2) x > 2 \log 2 + 3 \log 5$

ですが、ここで $\log 5 = \log \dfrac{10}{2} = \log 10 - \log 2 = 1 - \log 2$ を用いると $(1 - 2\log 2) x > 3 - \log 2$

　$\log 2 \fallingdotseq 0.3010$ ですので、x の係数は正となりますから、上の不等式は、不等号の向きを変えずにこの問題の答えとなります。

② $x < 1$

　$\left(\dfrac{1}{3}\right)^x = X$ とおくと与えられた不等式は、次のような文字 X の 2 次不等式になります。

　$\left(\dfrac{1}{9}\right)^x = \left(\dfrac{1}{3}\right)^{2x} = X^2$

| やっぱり出てきた指数方程式と対数方程式。 |

また $\left(\dfrac{1}{3}\right)^{x+1} = \dfrac{1}{3}\left(\dfrac{1}{3}\right)^x = \dfrac{1}{3}X$ に注意してください。

$$X^2 + \dfrac{1}{3}X > \dfrac{2}{9}$$

両辺に 9 を掛けて整理すると　　$9X^2 + 3X - 2 > 0$

左辺 = 0 とおいた 2 次方程式の答えは $X = \dfrac{1}{3}$ と $X = -\dfrac{2}{3}$

しかし $X = \left(\dfrac{1}{3}\right)^x > 0$ ですので、$X > \dfrac{1}{3}$ のみが、この 2 次不等式の解となります。これを x の範囲に直して答えるときに $3^{-x} > 3^{-1}$ ですので、さらに不等号の向きが変わります。

③　$\dfrac{1}{10} \leqq x \leqq 1000$

$\log x = X$ とおきます。真数の条件は $x > 0$ です。

与えられた不等式は $X^2 - 2X - 3 \leqq 0$

左辺 = 0 とおいた 2 次方程式の答えは、$X = -1$ と $X = 3$

不等式の答えは $-1 \leqq X \leqq 3$

$X = \log x$ にもどすと　　$-1 \leqq \log x \leqq 3$

これより　　　　　　　　$10^{-1} \leqq x \leqq 10^3$

この答えは真数の条件、$x > 0$ をみたしています。

④　$x > 1000$、$1 < x < 10$

この問題では、x は真数でもあり、かつ底でもあるのですから、$x > 0$ でかつ $x \neq 1$ です。

そこで底を 10 に変換すると、与えられた不等式は、

$$3 \times \left(\dfrac{\log 10}{\log x}\right) + \log x > 4$$

$$3 \times \left(\dfrac{1}{\log x}\right) + \log x > 4$$

ここで（$\log x$）を両辺に掛けるのですが、$\log x$ が正の場合と、負の場合で場合分けをしなくてはいけません。

　ⅰ）$\log x > 0$（$1 < x$）のとき
$$3 + (\log x)^2 > 4\log x$$
$\log x = X$ とおいて整理すると、$X > 0$ で
$$X^2 - 4X + 3 > 0$$
　左辺 = 0 とおいた 2 次方程式の答えは $X = 1$、$X = 3$

　$X > 0$ という条件があるので、この 2 次不等式の解は　$X > 3$、$0 < X < 1$

　$X = \log x$ にもどすと、$\log x > 3$　から $x > 1000$
$$0 < \log x < 1 \quad から \quad 1 < x < 10$$
　ⅱ）$\log x < 0$（$0 < x < 1$）のとき
$$3 + (\log x)^2 < 4\log x$$
と不等号の向きが変わります。

　$\log x = X$ とおいて整理すると、$X < 0$ で
$$X^2 - 4X + 3 < 0$$
　左辺 = 0 とおいた 2 次方程式の答えは $X = 1$、$X = 3$

　2 次不等式の答えの範囲は $1 < X < 3$

ですが、$X < 0$ という条件があるので、ⅱ）の場合の解はありません。

　そこで場合分けⅰ）から出た解のみが、この問題の解となります。

　直線の式から、放物線、分数関数、無理関数、それに三角関数や指数・対数の関数、これらの関数の意味と、その形についてだいたいのところがわかってきた私は、また例のおなじみの考えにとりつかれることになります。

　「なんとかあんまり『頭を使わずに』これらの関数が描けるようにならないかしら？」

やっぱり出てきた指数方程式と対数方程式。

　考えてみると「私に解けない数式の問題が出てきたらどうしよう？」に始まり、この悩みをどうにかこうにかクリアしたあとは「なんとかあんまり『頭を使わずに』これらの問題が解けるようにならないかしら？」という次なる悩みに進化（？）するのが、いつに変わらず、私の数学学習のステップでした。

　「あんまり頭を使わずに」というと語弊があるかもしれませんが、関数の分野でも、これら関数のおおざっぱな形が組織的につかめる方法があるのかどうか、あるとしたらそれを知りたいと強く思いました。

　そうして「あった」のです、そういう方法が。

　「微分積分」少なくとも「微分」の初歩について私が学び、おぼろげながらでもこれを理解したとき、私の頭に浮かんだのは、このことでした。

　そうか「微分法」を用いると、関数の形がスラスラわかるようになり、1つ1つのグラフを描くことにそう悩まされなくて済むようになるのか。

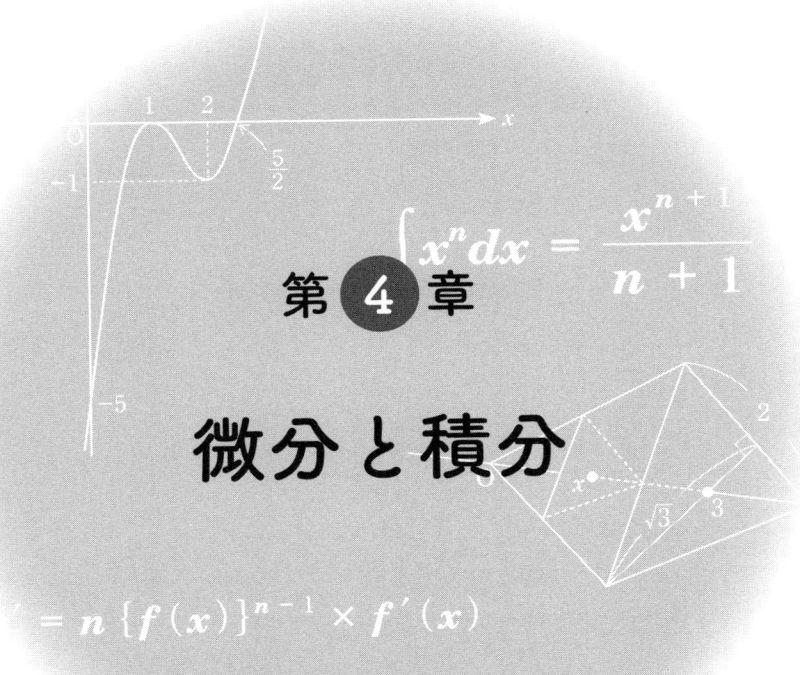

第 4 章

微分と積分

その1 数表を用いればどんなグラフも描けるの？

　今度は「自分に描けないグラフの問題が出てきたらどうしよう？」と思いながら、私は相変わらず数学という教科に付いて行きました。

　直線の式 $y = ax + b$、2次関数（放物線）$y = ax^2 + bx + c$、これらの式によって表される関数のグラフを、私は今では自由に描くことができます。

　でも世の中には、3次関数のグラフだってあるわけでしょう？

　3次関数とは、一般に、$y = ax^3 + bx^2 + cx + d$ という形で表されているはず。

　このうち、もっとも簡単なものは、$y = x^3$ ですよね。でもこの式で表されるグラフを、私はまだ描けないことになっているではありませんか。

　いいえ、描けないなんてことはありません。$x = \cdots\cdots, -3, -2, -1, 0, 1, 2, 3, \cdots\cdots$ という値に対してそれぞれ y の値を計算した表（数表）を作って、それらを座標平面上に1つ1つマークしていけば、それらの点を結んだものが $y = x^3$ のグラフの、だいたいの形を表すものになっているのではありませんか。

　でも、その時の私は「数表」なんかちっとも信用できない気持ちになっていたのです。

　なぜなら指数関数 $y = 2^x$ を教わったときには、たとえば $x = 1$ と $x = 2$ の間にある $x = \sqrt{2}$ という点においては関数値 $y = 2^{\sqrt{2}}$ があるかないか、わかってもいないのに $y = 2^x$ というグラフを描いてしまった（描かされた）ではありませんか。

　またたとえば三角関数のひとつである $y = \tan x$ で、$x = \dfrac{\pi}{2}$（90°）と $x = \dfrac{3}{2}\pi$（270°）においては、この関数の値は定義できないのでしょ

う？　しかし数表だけに頼ってグラフを描いていたら、私にはこれらの点でこの関数にそんな異変が起こってくることに、自力で気づけるとはとても思えません。なんだか自分に都合のいい（計算のしやすい）値だけをとって、数表を作ってしまいそうな気がするのです。その結果、私の描く $y = \tan x$ のグラフは、およそとんでもない形になってグラフに現れそうです。

　こんなことが、$y = x^3$ についても起こりえないとは限らないような気がしてきました。

　何とか x、y の数表のみに頼らないでグラフの形を正確につかむ方法はないものかと思っていたら、ちょっと耳寄りな情報が入ってきました。

その2　ある左官屋さんの方法。

　$y = x^2$（放物線）という関数の形はもうよくわかっていると思っていいのでしょう。これは、原点を通り、y 軸に関して対称、上広がりのな

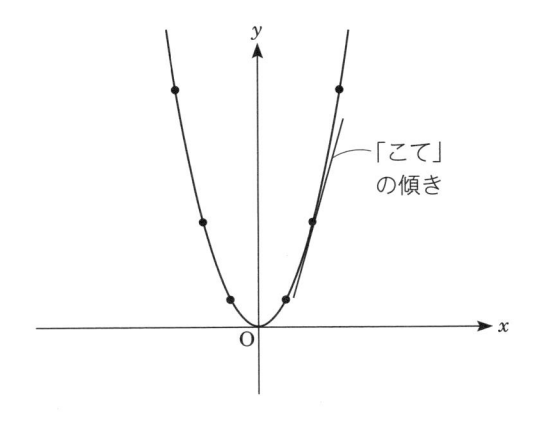

「こて」の傾き

ほんものの左官屋さんの「こて」。
この「こて」の面を「長方形」に見立てています。

めらかなグラフです。

　このグラフが、地面に平行で、地面よりちょっと高い位置に引かれた x 軸とこれに垂直な y 軸でできた座標平面の上に、細い針金のような線で描かれていたとします。

　のっぽの左官屋さんが、薄っぺらい平らな長方形でできたこてを持って、この放物線の外側から、この放物線にこてをあてがいながら上から下へと押さえていきます。

　まず x 軸の右側（x 軸の正の範囲）では、彼のこては、いつでも右上の方向に向いています。かれがこの針金でできた放物線にこてを当てながら下側へと滑らせていくと、ちょうどこの放物線の頂点（原点）の位置で、こては真横（x 軸に平行、この場合は x 軸に一致）になります。左官屋さんは、この放物線の真下から、この放物線を見上げながら、原点の位置を通過し、今度は x が負の範囲に彼のこてを滑らせていきます。

　そうして、彼のこては、今度は、いつでも右下がりの方向に向くことになります。

　この左官屋さんのこての動きから得られた情報を、変数 x の動きとこれに対応する関数 y の動きを記したおなじみの数表に一行加えると、この関数の形がもっと確実に探れると教科書は言っているらしいのです。

　えっ、「こて」が何ですって？

　そう、このこての表面が、長方形の薄い平らな板からできていると考えれば、真横から見ると、それは一本の線のように見えるはず。

　x 軸の右側の範囲（$x > 0$）では、この線は、右上がり、原点（$x = 0$）の位置では、この線は x 軸に平行（x 軸に一致）、x 軸の左側（$x < 0$）の範囲では、この線は右下がりになっているのです。

　直線が右上がり、ということは、この直線の傾きが正。直線が右下がり、ということは、この直線の傾きが負。直線が x 軸に、一致も含めて

放物線 $y = x^2$ の接線とは。

平行、ということはこの直線の傾きが 0 ということですよね。

教科書は、真横から見た結果、一本の直線のように見えるこの「こて」のへり（長方形の一辺）のことをこの曲線の「接線だ」と言っているのです。

じゃ、今度は教科書による、この「接線」の説明にいきましょうか。

その3 　放物線 $y = x^2$ の接線とは。

教科書もまた、よく知られている（はずの）$y = x^2$ という関数を例にとって、一般の関数の形をより描きやすくする（つかみやすくする）ための話を進めます。

$y = x^2$ の上に異なる 2 点 A (a, a^2) と B (b, b^2) をとります。

点 B は点 A の「どっち側」にあるのですか？ 右側ですか、左側ですか？ という質問がもし出れば、この質問は重要ですが、そんな質問をする生徒はまずありません。

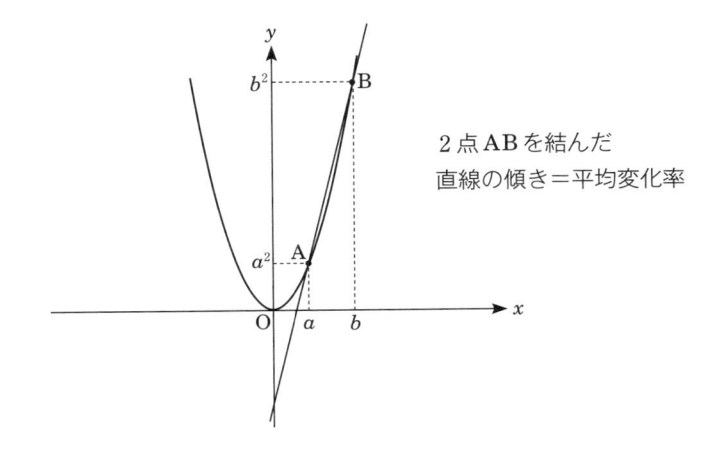

2点ABを結んだ
直線の傾き＝平均変化率

2点A、Bを結ぶと直線ができますが、この直線の傾きを求めてください、とまず教科書は言います。

直線の傾きは｛y軸（たて軸）方向の変化量｝を｛x軸（よこ軸）方向の変化量｝で割ったものです。この場合はy軸方向の変化量は$b^2 - a^2$、x軸方向の変化量は$b - a$ですので、直線ABの傾きは$(b^2 - a^2) \div (b - a)$。割られる式は因数分解できて、
$(b^2 - a^2) \div (b - a) = (b + a)(b - a) \div (b - a) = b + a$です。

一般に「**曲線上の2点を結んでできる直線の傾き**」のことを「**平均変化率**」というのです、と教科書は言います。

さてここからがさっき私が夢想したのっぽの左官屋さんの「こて」使いの話と、教科書の言う「接線」の話とがバッティングしてくる場面です。

教科書は言います。「今、放物線上の2点AとBで、点Bのx座標bを、点Aのx座標aに『限りなく』近づけます。そのとき2点A、Bを結んだ直線の傾きはどうなりますか？」

2点A、Bを結んだ直線の傾きは$(a + b)$だけど、もしもbがaに限りなく近づいたら、この傾きの値$(a + b)$は$2a$に限りなく近づくのではないかしら？ と私も納得。

教科書は、このことを記号で、

$\lim_{b \to a}(a + b) = 2a$ と書くのですよ、と教えてくれます。

一般に、記号 $\lim_{b \to a}(a + b)$ の表す結果を、数bが数aに近づいたときの式$(a + b)$の「極限値」と呼ぶのだそうです。

そうして今は $\lim_{b \to a}$（平均変化率）を求めたことになるのですが、特にこの場合の極限値のことを点A(a, a^2)における、曲線$y = x^2$の「**微分係数**」と呼ぶのだ、と教えます。

つまり $\lim_{b \to a}$（平均変化率）$= \lim_{b \to a}(a + b) = 2a$、この値が点A$(a, a^2)$における、曲線$y = x^2$の「微分係数」です。

yがxの関数であることを強調すると$y = f(x)$ですが、この場合x

放物線 $y = x^2$ の接線とは。

$= a$ における関数 $y = f(x)$ の微分係数を $f'(a)$ と表すこともあります。

つまり $f'(a) = \lim_{b \to a}$ (平均変化率) $= \lim_{b \to a} (a + b) = 2a$ ですよね。

しかしここで求めた点 A における $y = x^2$ の「微分係数」なる値が、実は点 A における $y = x^2$ の「接線」の傾きを表しているということを説明するのに、教科書はお義理にもスマートではありませんでした。

実はこの「極限値を求める」という考え方、特に「数 b が数 a に限りなく近づく」というところには、数学の本質にかかわる難しさがあるようなのです。

「数 b が数 a に一致せずに、しかも限りなく近づく」「そういう近づき方が可能なのだ」ということの裏には、数 b が動いていく「数直線」の構造が保障する真実が隠されているらしいのです。しかし高校生の私は、もちろん、そんな秘密には全く気づきませんでした。

教科書は、放物線 $y = x^2$ 上の点 $\mathrm{A}(a, a^2)$ を通る直線を何本か描き、

数 b が数 a に近づいたとき、これらの直線の傾きは、究極、点 A における微分係数の値に近づいていくのだから、点 A を通り、点 A における関数 $y = x^2$ の微分係数($2a$)を傾きに持った直線を、点 A における関数 $y = x^2$ の「接線」と呼ぼう、と提案します。

「接線」というと、「円の接線」がおなじみでしたが、この「円の接線」と今、教科書が新たに紹介してくる「放物線の接線」と同じなのか違うのか、私にはよくわかりませんでした。

ともあれ、今の場合でいえば、「接線」と名づけられたこの直線は点 (a, a^2) を通り、傾きが $2a$ の直線なのですから、前の章(**問題 3 の 2**)でやった、点 (a, b) を通り、傾きが m であるような直線の式を求める公式

$$y - b = m(x - a) \text{ を利用して}$$
$$y - a^2 = 2a(x - a) \text{ から}$$
$$y = 2ax - a^2$$

つまりこの式で表された直線の一部が、私の夢想した左官屋さんのこてを真横から見たときの直線の一部に一致するのです。

そうしてこの直線は傾きの $2a$ が正のとき（a が正のとき）右上がり、$2a$ が負のとき（a が負のとき）右下がり、$2a$ がゼロ（a がゼロ）のとき、x 軸に平行（この場合は一致）、ということになります。これがそのまま、この関数 $y = x^2$ の動きと重なるのです。

ところでここでいう文字 a って何のことでしたっけ？

そう、関数 $y = x^2$ の上に勝手にとった点 A の x 座標のことですよね。

だからこの文字 a を変数 x のことだと思うことができ、$x = a$ における $y = x^2$ の微分係数 $f'(a) = 2a$ のことを $f'(x) = 2x$ だと思うことができる。この $f'(x) = 2x$ は、もとの関数 $f(x)$ から生まれた新しい関数だとも考えられるので、この関数 $f'(x)$ をもとの関数 $f(x)$ の「**導関数**」と呼ぼう、そうしてある関数の導関数を求めることを、この関数を「**微分する**」というのだ、と教科書は一気呵成に話を運びます。

しかしこのいい回しにも容易にだまされてはならない、微分という分野の肝心かなめの部分に通じる真実が隠されていたのですが、私には容易に気づかれませんでした。

こういうことが一口にいえるのは、ごく限られた関数においてのみ可能だったのです。どういうところが「ごく限られている」のか、今もって私には十分に説明はできませんが、ともあれ今例にあげている関数 $y = x^2$ がこの意味で「ごく限られた」関数の中に入っていることはたしかです。

また、私が次にグラフを描こうと思っている $y = x^3$ についても大丈夫です。

この一般化された接線の傾き（導関数）$f'(x)$ から得られる新たな情報をも付け加えた数表を作れば、関数 $y = x^2$ の動きがより正確にキャッチできると教科書は言いたいらしいのです。

導関数 $f'(x)$ は、さらに簡単に y' と書くこともでき、y' についての情報が加わった数表のことを**「増減表」**といいます。

では関数 $y = x^2$ の増減表を書いてみましょうか。

x		0	
$y' = 2x$	$-$	0	$+$
$y = x^2$	↘	0	↗

この表を見ているだけで、x 軸の負の範囲を減少しながらやってきた $y = x^2$ という関数が、$x = 0$ を境に増加に転じながら、x 軸の正の範囲をどこまでも上り詰めていく動きが目に見えるようになるのです。

増減表の x の欄は $x = 0$ だけがマークされ、あとは空欄になっていますが、実は x についてのこの欄は、全体が数直線の一部と同じものになっているのだ、と考えてください。

つまり無限のかなたからやってきて、たまたまこの増減表の x の欄に突入した数直線が点 $x = 0$ を通過し、また無限のかなたに去っていくごく一部を捉えた図（表）なのだと解釈してください。

y'（導関数）の値をゼロにする x の値（この場合は $x = 0$）が重要なので、その付近だけを捉えて書いてあるのです。

その 4　3 次関数 $y = x^3$ の場合。

では私たちがまだ、そのグラフの形を正確にはつかめていない（ことになっている）関数 $y = x^3$ について、平均変化率から、微分係数を求める問題をやりましょう。

ついでに $x = a$ における微分係数を、もっと一般に「導関数」に直す問題もやりましょう。

問題 4 の 1

3次関数 $y = x^3$ の上に異なる 2 点 A (a, a^3) B (b, b^3) があります。
① $x = a$ から $x = b$ までの、関数 $y = x^3$ の平均変化率を求めましょう。
② $x = a$ における関数 $y = x^3$ の微分係数を求めましょう。
③ $y = x^3$ の導関数を求めましょう。

問題 4 の 1 解説

①「平均変化率」とはその関数上の相異なる 2 点を結んだ直線の傾きなのですから、いまは 2 点 AB を結ぶ直線の傾きを求めればいいのです。
平均変化率 = 2 点 AB を結ぶ直線の傾き = (y の変化量) ÷ (x の変化量)
= $(b^3 - a^3) \div (b - a) = (b - a)(b^2 + ab + a^2) \div (b - a)$
= $b^2 + ab + a^2$

② $x = a$ における微分係数とは、$\lim_{b \to a}$ (平均変化率) のことですから
$x = a$ における微分係数 = $\lim_{b \to a}$ (平均変化率)
= $\lim_{b \to a} (b^2 + ab + a^2) = a^2 + a^2 + a^2 = 3a^2$

③この関数の場合には、単に、文字 a を文字 x に置き換えればいいのですよね。

問題 4 の 1 解答

①平均変化率 = $b^2 + ab + a^2$
② $x = a$ における微分係数 $f'(a) = 3a^2$
③ $y = x^3$ の導関数は $y' = 3x^2$ または $f'(x) = 3x^2$

この導関数 $f'(x)$ の式を見ると $f'(x) = 3x^2$ なのですから、文字 x

3次関数 $y = x^3$ の場合。

が数直線上のどんな値をとっても、$f'(x) = (y')$ の値は正またはゼロ、つまり接線の傾きは常に正またはゼロです。

　あのおなじみの左官屋さんのこての動きは、x 軸上の正の範囲で右上がり、$x = 0$ のところでいったんは、x 軸に一致するけれど、ふたたび x 軸上の負の範囲で右上がり、ということになります。

　え、でもこの左官屋さんのこては、ちょっきり $x = 0$ の場所では、この曲線につっかえ、そこで行き止まりになってしまうのではありませんか。

　これ以上先に進むためには、左官屋さんのこては、$x = 0$ の位置で、関数 $y = x^3$ を横切らざるを得ないではありませんか。左官屋さんのこては、一度は関数のグラフをちょん切って先に進んでもいいの？

　それでは教科書さん、あなたの言う「接線」の意味では、ここはどう説明するのですか。

　ともあれ、ここまでのまとめの意味でも、**問題 4 の 1** で得られた導関数についての情報に基づいて、増減表を書いておきましょうよ。

問題 4 の 2

関数 $y = x^3$ の増減表を書き、グラフを描きましょう。

問題 4 の 2 解答

x		0	
$y' = 3x^2$	+	0	+
$y = x^3$	↗	0	↗

　確かにこの増減表を見ているだけで、$x = 0$ の位置が唯一無二の「お尻休め」のスポットのようになった無限に長い滑り台、関数 $y = x^3$ の形が想像できますよね。

$x=0$ の位置で関数 $y=x^3$ の「接線」がどうなるのか、教科書は一行も説明していません。その理由は、私が学んだ教科書では、$y=x^3$ という関数は例にとられていないからです。なんだかずるいですね。

　でも私の判断では、x 軸（直線 $y=0$）は、$x=0$ で曲線 $y=x^3$ を横切っているけれど、この点におけるこの曲線の「接線」というのではないかと思いますよ。

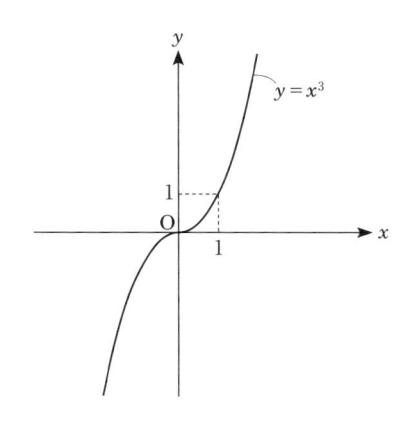

　なぜって、ある関数のある点における「接線」がもとの関数を横切っては「いけない」などとは教科書にはひとことも書いていないからです。

　左官屋さんのこてのほうの説明では、この左官屋さんは点 $x=0$ の付近で、一時は次元を超え（1次元上の空間にワープ）でもしない限り、この曲線をちょん切らずには、この曲線の $x<0$ の範囲にいくことはできないのです。だからこの時点では、左官屋さんのこての説明の負けでしょうかね。

その5　出てきました「導関数の定義」と呼ばれる式。

　ある関数 $y=f(x)$ 上の点 $\mathrm{A}(a, f(a))$ における**微分係数（接線の傾き）** $f'(a)$ で、文字 a を変数 x のように考えることによって $f'(a)$ を $f'(x)$ と書き換えることができます。この式 $f'(x)$ を関数 $y=f(x)$ の導関数というのでした。

出てきました「導関数の定義」と呼ばれる式。

「文字 a を変数 x に読み替える」という方法ではなく、はじめから変数 x を用いて導関数 $f'(x)$ を定義する方法があります。

ある関数 $y = f(x)$ 上の点 A $(a, f(a))$ における微分係数（接線の傾き）$f'(a)$ を定義したときは、この関数の上に異なる 2 点 A と B をとり、点 B の x 座標である数 b を点 A の x 座標である数 a に「限りなく近づける」ことによって、2 点 AB を結んだ直線の傾き（平均変化率）の極限をとったのでした。

今度は、はじめから関数 $y = f(x)$ 上に点 P $(x, f(x))$ をとって、この点における接線の傾き（導関数）を一般的に求めようというのですから、x 軸上、変数 x に近づいてくる別の点をとると、この間の事情が説明しづらくなります。

その代わりに、変数 x に対してある幅 h を考え、この幅（h）がゼロに近づくことによって、数（$x + h$）が数 x に「近づく」状態を表現しようとするのです。

導関数の定義も、微分係数の定義と原理は同じです。

まず、2 点 $(x, f(x))$ $(x + h, f(x + h))$ を結んだ直線の傾き（平均変化率）を出します。

　　平均変化率＝（y の変化量）÷（x の変化量）
$= \{f(x + h) - f(x)\} \div \{(x + h) - x\}$
$= \{f(x + h) - f(x)\} \div h = \dfrac{f(x + h) - f(x)}{h}$ ですよね。

ここで、幅 h をゼロに近づければ、点 P $(x, f(x))$ における微分係数 $f'(x)$（ここではすでに、もっと一般的な「導関数」と呼ばれるものになっている）が出てきます。

$$f'(x) = \lim_{h \to 0} \frac{f(x + h) - f(x)}{h}$$

これが**「導関数の定義」**と呼ばれる式ですよね。そうしてある関数の導関数を求めることをこの関数を**「微分する」**というのでした。

関数 $y = f(x)$ を文字 x で微分するので、この $f'(x)$ を $\dfrac{dy}{dx}$ や $\dfrac{df(x)}{dx}$ といった記号で表すこともあります。

それでは関数 $y = x^2$ と $y = x^3$ について、この「導関数の定義」を用いて導関数を求める問題をやりましょうか。

同じ結果が出てくる問題を何度も繰り返すのは面白くないと思われる向きもあろうかと思いますが、結局この「導関数の定義」の式が、微分法のほとんどすべてだろうと私は思うのです。

これらの問題は、結果が重要なのではなく、「導関数の定義」の式が自分で自由に動かせる、ということが大切なのだと思います。

問題 4 の 3

「導関数の定義」を用いて、
① $y = x^2$ の導関数を求めましょう。
② $y = x^3$ の導関数を求めましょう。

問題 4 の 3 解答

① $f'(x) = \dfrac{dy}{dx} = \lim\limits_{h \to 0} \dfrac{f(x+h) - f(x)}{h}$

$= \lim\limits_{h \to 0} \dfrac{(x+h)^2 - x^2}{h}$

$= \lim\limits_{h \to 0} \dfrac{x^2 + 2xh + h^2 - x^2}{h}$

$= \lim\limits_{h \to 0} \dfrac{2xh + h^2}{h}$

$= \lim\limits_{h \to 0} \dfrac{h(2x + h)}{h}$

$= \lim\limits_{h \to 0} (2x + h) = 2x$

出てきました「導関数の定義」と呼ばれる式。

② $f'(x) = \dfrac{dy}{dx} = \lim\limits_{h \to 0} \dfrac{f(x+h) - f(x)}{h}$

$= \lim\limits_{h \to 0} \dfrac{(x+h)^3 - x^3}{h}$

$= \lim\limits_{h \to 0} \dfrac{x^3 + 3x^2h + 3xh^2 + h^3 - x^3}{h}$

$= \lim\limits_{h \to 0} \dfrac{3x^2h + 3xh^2 + h^3}{h}$

$= \lim\limits_{h \to 0} \dfrac{h(3x^2 + 3xh + h^2)}{h}$

$= \lim\limits_{h \to 0} (3x^2 + 3xh + h^2) = 3x^2$

$y = x^2$ を微分すると $y' = 2x$、$y = x^3$ を微分すると $y' = 3x^2$ なのですから、$y = x^4$ を微分したら $y' = 4x^3$ なの？ また $y = x^5$ を微分したら $y' = 5x^4$ になるの？

こういう見当のつけ方は、大切だと私は思います。

そう、$y = x^4$、$y = x^5$ の導関数についての上の予測は、すべて当たっていて、一般に $y = x^n$ を微分したら $y' = nx^{n-1}$ であることもわかっています。もちろん、n は、今のところ正の整数（自然数）ですよね。

これらの具体的な式の導関数は、導関数の定義の式に次々に展開公式を組み合わせれば、みな求められます。

一般の形、「$y = x^n$ の導関数は $y' = nx^{n-1}$」については、**数学的帰納法**や**二項定理**などを使わないと証明ができませんが、これらの考え方も高校数学の範囲ですから挑戦しようとしてできないことはありません。

$y = x^2$ より下の次数を持つ式、$y = x$ や $y = c$（定数）についても「導関数の定義」の式から微分することができて、それぞれ $y' = 1$ と $y' = 0$ になります。これらの導関数を、ちょっとまとめておきましょうか。

$y = c$（定数） なら $y' = 0$

$y = x$ なら $y' = 1$

$y = x^2$ なら $y' = 2x$

$y = x^3$ なら $y' = 3x^2$

⋮

$y = x^n$ なら $y' = nx^{n-1}$

ここでは、n は自然数にゼロを付け加えた数の全体、ということになりますよね。

その6　微分できない関数もあるの？

この質問は鋭いと思うのですが、あいにくと高校時代に微分積分の初歩の章を学んでいた頃の私の頭にこういう疑問が浮かんだ覚えはありません。

しかし世の中には「微分できない」という関数ももちろんあります。

はじめに2次関数 $y = x^2$ 上の点 A(a, a^2) における微分係数（接線の傾き）を求めたとき、点 A とは別の点 B(b, b^2) をグラフの上にとり、数 b が数 a に「限りなく近づいていく」ことを考えました。このとき点 B が点 A の右側にあるのか、左側にあるのか、つまり数 b が数 a の右側から a に近づくのか、左側から a に近づくのかは重要なことらしい、といいました。

これを先ほど紹介した「導関数の定義」の式でいえば、x に付けた「幅」

微分できない関数もあるの？

h が「限りなく 0 に近づく」ことによって、変数 $(x+h)$ が、変数 x に近づくことになるのですが、このとき h が 0 の右側から 0 に近づくのか、それとも 0 の左側から 0 に近づくのかは、問題にしていいことらしいのです。つまり h のことを、はじめは「ある幅」などと紹介しましたが、この意味では負の場合も含む「幅」ということになるのです。

そうしてそもそも「微分できる」ということは、h が 0 の右側から 0 に近づいたときの極限値と、左側から 0 に近づいたときの極限値が一致する、ということらしいのです。0 の右側から 0 に近づけば、h は終始正の数ですが、0 の左側から 0 に近づけば、h は終始負の数ということになるではありませんか。

たとえば、第 3 章で紹介した折れ線のグラフ $y=|x|$ を思い出してください（p.194 参照）。

$x=0$ で、このグラフは V 字に折れ曲がっているわけですが、この点では、この関数は「微分できない」のです。

なぜなら h が $x=0$ の右側から 0 に近づいたとき、この極限値は直線 $y=x$ の導関数と同じものになるはずなので、その式は $y'=1$ です。

しかし h が、$x=0$ の左側から 0 に近づいたとき、この極限値は直線 $y=-x$ の導関数と同じものになり、その式は $y'=-1$。

つまり関数 $x=|x|$ 上の、$x=0$ においては、「導関数の定義」の式から出てくる極限値の値が左右一致しないので、この点では「微分できない」というらしいのです。

たしかに関数 $y=|x|$ 上の点 $(0,0)$ においては例の左官屋さんのこては、ふらふら動くばかりで、その向きは

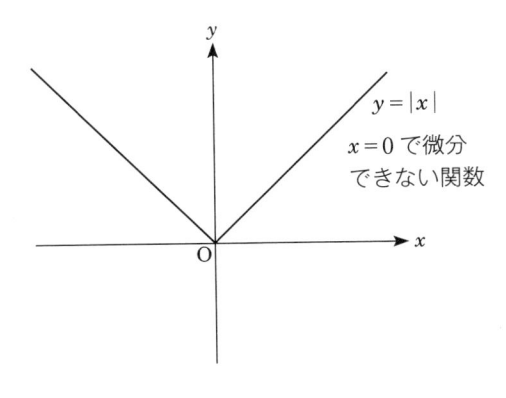

$y=|x|$

$x=0$ で微分できない関数

283

右にも左にも水平にも定まりませんものね。

　しかし今まで、微分係数や、導関数を求めるために例に引いた関数 $y = x^2$ や $y = x^3$ においては、h が 0 の右側から 0 に近づこうと、左側から 0 に近づこうと、「導関数の定義」に出てくる極限値の式は変わらないので、「微分できる」ということになります。

　またこれらの関数に数字（実数）を掛け、プラスマイナスで結んだ関数（x の多項式）や、これまで私が順を追って紹介してきた分数関数や、無理関数、三角関数、指数・対数関数などもそれぞれ定義のできている範囲では「微分可能」となります。

　たとえば三角関数の一種である $y = \tan x$ は $x = \dfrac{\pi}{2}$ と $x = \dfrac{3}{2}\pi$ においては、そもそも $\tan x$ の値が「定義できていない」ので微分することも考えない、というのが正解らしいのです。

　分数関数 $y = \dfrac{1}{x}$ における $x = 0$ においても、同様なことがいえるから、この点においては微分できるかどうか、なんて頭を悩まさないでいい、ということになります。

　つまり「微分できる」かどうかは、あくまでも関数上の「各点」で考えることのようなのです。しかも「各点」は数直線上にバラバラにあるわけではありませんから、結局、各点の「つながり」において考えなければならないことになるらしい、というのがその後大分経ってから私が理解した「微分法」という考えの難しさでした。

　ともあれ関数 $y = f(x)$ における変数 x が、数直線上のある区間においてすべて「微分可能」ならこの関数はその区間で「**微分可能**」というのです。ある区間で「**微分可能**」ならその区間で「**導関数**」（その点における接線の傾き）というものが存在することになります。

　これから問題として扱う関数は、定義のできている区間ではすべて微分可能ですので、ご心配なく。

その7　微分法の公式。

微分の計算をしていく上でいくつかの公式があります。

微分法の公式
関数 $f(x)$ と $g(x)$ がともに微分可能なとき、
① **k を定数として、$\{kf(x)\}' = kf'(x)$**
② **$\{f(x) + g(x)\}' = f'(x) + g'(x)$**
③ **$\{f(x) - g(x)\}' = f'(x) - g'(x)$**

なぜこんなことがいえるかは、例の「導関数の定義」の式を用いて一つ一つ証明すればいいのですが、この証明はそんなに難しくはありません。

ただし、「導関数の定義」の式を、長々と引きずっていかなければなりませんので、これらの式をややこしいとだけ思う方には少々抵抗があるかもしれませんね。

ともあれ、この公式とさっき私が「その5」で紹介した、$y = c$（定数）から $y = x$、$y = x^2$、……、一般に $y = x^n$ に至る各関数の導関数を求める公式を使うと、次のような関数（x の多項式）が微分できるようになります。

たとえば「$y = 3x^2 + 2x - 1$ を微分しなさい」なら、その答えは
$y' = (3x^2 + 2x - 1)' = (3x^2)' + (2x)' - (1)'$
$= 3(x^2)' + 2(x)' - (1)' = 3 \times 2x + 2 \times 1 + 0 = 6x + 2$
という具合です。

では、この形の練習問題をやりましょうか。

問題4の4

次の関数を微分しましょう。

① $y = 4x^2 - 3x + 5$
② $y = -2x^3 - 4x^2 + 3x - 5$
③ $y = 3x^4 + 2x^2 - 7x + 2$
④ $y = x^5 - 3x^3$
⑤ $y = x^4 - 3x^2 + 9x + 10$

問題4の4 解答

① $y' = 8x - 3$
② $y' = -6x^2 - 8x + 3$
③ $y' = 12x^3 + 4x - 7$
④ $y' = 5x^4 - 9x^2$
⑤ $y' = 4x^3 - 6x + 9$

では、たとえばカッコの付いた文字式 $y = (2x + 3)(x - 1)$ についてはどのように微分するのかしら、もちろん、カッコをほどいて微分すればいいのよね、と思っていたら、こういういう式をカッコを付けたまま（展開せずに）、微分する公式があるのだと教わりました。これを微分法の公式④として付け加えましょうか。

微分法の公式④

$\{f(x)g(x)\}' = f'(x)g(x) + f(x)g'(x)$

もちろん、この公式も例の「導関数の定義」の式に持ち込んで証明するのですよ。

まあ、相当ややこしい式にならないとはいえません。また証明の途中で関数 $g(x)$ が連続（つながっている）かどうかの判断も付け加えな

微分法の公式。

ければならない箇所がありますが、これは関数がある区間で「微分可能」ならその関数はその区間で「連続」である（つながっている）という知識を用いて切り抜けます。

ともあれこの公式を用いれば、先ほどの問題「$y = (2x + 3)(x - 1)$を微分しなさい」なども問題の式のカッコをはずさずに微分できます。

$$y' = (2x + 3)'(x - 1) + (2x + 3)(x - 1)'$$
$$= 2(x - 1) + (2x + 3) = 2x - 2 + 2x + 3 = 4x + 1$$

問題の式をはじめに展開してしまうと$y = 2x^2 + x - 3$。これを微分すると$y' = 4x + 1$となり、公式④を用いた結果と見事（？）一致します。

またこの公式を利用すると、たとえば$y = (2x - 1)^3$などの微分も、展開せずにできるようになります。

$$y = (2x - 1)^3 = (2x - 1)^2(2x - 1) と考えて$$
$$y' = \{(2x - 1)^2(2x - 1)\}'$$
$$= \{(2x - 1)^2\}'(2x - 1) + (2x - 1)^2(2x - 1)'$$
$$= \{(2x - 1)(2x - 1)\}'(2x - 1) + 2(2x - 1)^2$$
$$= 2\{(2x - 1)'(2x - 1)\}(2x - 1) + 2(2x - 1)^2$$
$$= 4(2x - 1)^2 + 2(2x - 1)^2 = 6(2x - 1)^2 となります。$$

これは$y = (2x - 1)^3$で$(2x - 1)$の部分をひとかたまりの3次の式と考えて、ここをまず微分、それから$(2x - 1)$を微分した結果を掛ければいいのです。

公式風に書くと、$y = \{f(x)\}^n$という式を微分すると

$$y' = n\{f(x)\}^{n-1} \times f'(x) ということになります。$$

ここで$f(x)$はもちろん微分可能、nはまずは、自然数に0を付け加えた数の全体（$n = 0$、1、2、3、……）としておきましょうか。

ではこの公式④を用いた問題をやりましょう。

心配性の人は、展開した式を微分したものとつき合わせて確かめてくださいね。

問題 4 の 5

次の関数を微分しましょう。

① $y = (3x^2 + 1)(x^2 - 1)$
② $y = (2x^3 + 5)(2x + 3)$
③ $y = (5x^2 + 1)(x^3 - 4x)$
④ $y = (3x + 4)^2$
⑤ $y = (1 - x)^3$

問題 4 の 5 解答

① $y' = 12x^3 - 4x$
$y' = \{(3x^2 + 1)(x^2 - 1)\}'$
$= (3x^2 + 1)'(x^2 - 1) + (3x^2 + 1)(x^2 - 1)'$
$= 6x(x^2 - 1) + 2x(3x^2 + 1) = 6x^3 - 6x + 6x^3 + 2x$
$= 12x^3 - 4x$

② $y' = 16x^3 + 18x^2 + 10$
$y' = \{(2x^3 + 5)(2x + 3)\}'$
$= (2x^3 + 5)'(2x + 3) + (2x^3 + 5)(2x + 3)'$ と微分します。

③ $y' = 25x^4 - 57x^2 - 4$
$y' = \{(5x^2 + 1)(x^3 - 4x)\}'$
$= (5x^2 + 1)'(x^3 - 4x) + (5x^2 + 1)(x^3 - 4x)'$ と微分します。

④ $y' = 6(3x + 4)$

⑤ $y' = -3(1 - x)^2 = -3(x - 1)^2$

④と⑤はもちろん $y = \{f(x)\}^n$ なら $y' = n\{f(x)\}^{n-1} \times f'(x)$ という公式を使っています。

その8 $y = x^3$ 以外の3次関数のグラフはどんな形をしているの？

　私には $y = x^3$ のグラフがどんな形をしているかはよくわかりました。
　$x = 0$ のところで、ちょっとした踊り場のようなものを持っているけど、あとは永遠に、滝つぼに雪崩打って落ち込んでいくようなグラフでしたよね。
　でも世の中には、$y = x^3$ 以外の3次関数だって、いっぱいあるわけでしょう？
　みな、永遠に滝つぼに落ちていくようなグラフの形をしているのでしょうか。
　と思っていたら、教科書にこんな例題が載っていました。
　「3次関数 $y = 2x^3 - 9x^2 + 12x - 5$ のグラフを描きなさい」
　なんだか項もばっちり、係数もばっちりあって難しそうですよね。
　どうしてもう少し、秩序だった例題が出てこないのでしょうかね。
　秩序だった例題というのは、私にも話の筋道がよくわかり、次の課題への挑戦の仕方が見えてくるような例題ということになります。
　ともあれグラフを描くには、増減表が必要。増減表を書くためには、微分する必要がある、とひとつ覚えに覚えていた私はまず、この関数を微分してみます。
　$y' = 6x^2 - 18x + 12$
　$y' = 0$ となる x を求める（接線の向きが変わる点を調べる）ために、因数分解できないかやってみると、
　$y' = 6x^2 - 18x + 12 = 6(x^2 - 3x + 2) = 6(x - 1)(x - 2)$
とうまくいきました。
　$y' = 0$ となる x を求めると $x = 1$ と $x = 2$ です。この2つの点を中心

に、増減表を作ります。

x		1		2	
y'	+	0	−	0	+
y	↗	0	↘	−1	↗

　増減表の x の欄も、それに伴って変わる y' や y の欄も数直線の一部を拡大しているのですから、数直線のイメージを持ちながら書きます。

　たとえば、各欄は、左右に無限に伸びているものの一部なのだとか、数は必ず右のほうに大きい数を書くのだ、などです。

　それと x が 1 より小さいとき、y' の値が正（＋）であるとなっていますが、どうしてこんなことがいえるかというと、これは x が 1 より小さい具体的な値（今の場合、私は $x = 0$ をイメージしました）を実際に y' の式に代入してみて、その符号で全体の区間における y' の符号を決めるのです。

　$x = 0$ なら $y' = 12$ ですから、確かに正（＋）となっているではありませんか。その隣の欄では 1 と 2 の間の数、$x = 1.5$ をサンプルにとりましょうか。

　こんな具合に、ある区間に入っているサンプルを 1 つとり、そのサンプルを確かめることによって y' の全体の符号を決定する、ということを増減表を書く場合よくやります。この方法がなんだか胡散臭いと思われ方は、不等式を解くのが一番確実な方法ですが、関数の次数が高くなると、当然、導関数の不等式の次数も高くなり、これを解くのも厄介になる側面はあります。

　それとたとえば $x < 1$ のとき、導関数 y' は正なのですが、次の区間 $1 < x < 2$ では、y' の符号が必ず変わるとは限りません。このあたりは練習問題で確認しましょうか。

　ともあれ、これでこの関数の増減の様子がわかったのですから、グラ

$y = x^3$ 以外の3次関数のグラフはどんな形をしているの？

フを描くことができます。$x = 1$ と $x = 2$ ではこのグラフはそれぞれ、山と谷になります。

$x = 1$ の時の「山」にあたる y の値 $y = 0$ を極大値。$x = 2$ の時の「谷」にあたる y の値 $y = -1$ を極小値というのですね。

同じ3次関数でも、このグラフは $y = x^3$ と違って、体勢を整える間もなく、あわただしく滝つぼへ落ちていく、というわけではなさそうです。$x = 2$ のところにできている山水湖でしばらく泳げそうですよね。

あ、そうそう問題の式 $y = 2x^3 - 9x^2 + 12x - 5$ は、$x - 1$ を因数に持つなんて気がつかれました？

$x = 1$ を y の式に代入してみると、確かに、$y = 2 - 9 + 12 - 5 = 0$ となるではありませんか。

だからこの式は $x - 1$ で割り切れる（因数定理）のですよね。

第1章でやった、多項式を多項式で割るやり方を覚えていらっしゃいますか。

実際に割ってみると、商は $2x^2 - 7x + 5$ と確かに割り切れます。そうして $2x^2 - 7x + 5$ の部分がさらに「たすきがけ型」の因数分解で積の形になるのです。

つまり $y = 2x^3 - 9x^2 + 12x - 5 = (x - 1)(2x^2 - 7x + 5)$
$= (x - 1)(x - 1)(2x - 5) = (x - 1)^2 (2x - 5)$

となります。

つまりこのグラフは $x = 1$ で x 軸に接し、$x = \dfrac{5}{2}$ で x 軸を横切る曲線のグラフということが確実にわかります。やっぱり教科書の例題って、よく工夫してあるのですね。

それとこのへんになると、今まで数式の計算の範囲で習った、いろいろな式の扱い方の知識を総動員して考える、ということになります。

だから一口に、微分（積分）の分野は「高校数学の集大成」などといわれるのですよね。

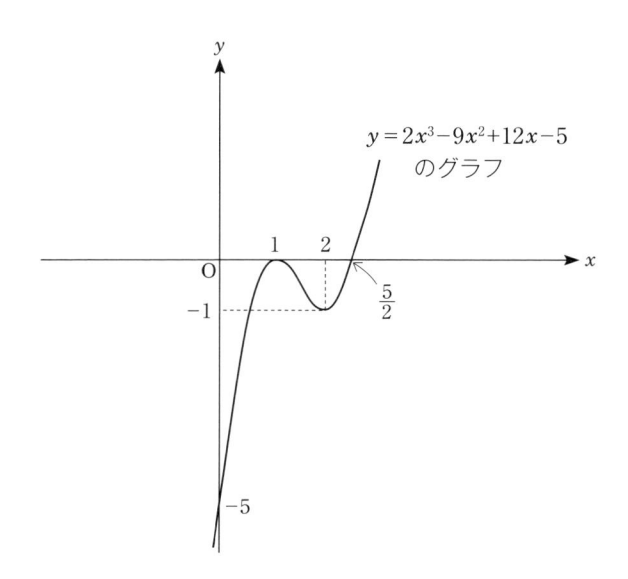

では、実際に増減表を書き、グラフのだいたいの形を求める問題をやりましょうか。

問題 4 の 6

次の関数の増減を調べ、グラフを描きましょう。

① $y = x^3 - 6x^2 + 9x$
② $y = (1 - x)^3$
③ $y = x^4 - 8x^2 + 2$

問題 4 の 6 解答

① $y' = 3x^2 - 12x + 9 = 3(x^2 - 4x + 3) = 3(x - 1)(x - 3)$

$y' = 0$ となる x の値 ($x = 1$ と $x = 3$) に基づいて、増減表を書きます。

x		1		3	
y'	+	0	−	0	+
y	↗	4	↘	0	↗

$y = x^3$ 以外の3次関数のグラフはどんな形をしているの？

問題の式は $y = x^3 - 6x^2 + 9x = x(x^2 - 6x + 9) = x(x - 3)^2$ と因数分解できますので、このグラフは $x = 0$ で x 軸を横切り、$x = 3$ で x 軸に接していることがわかります。

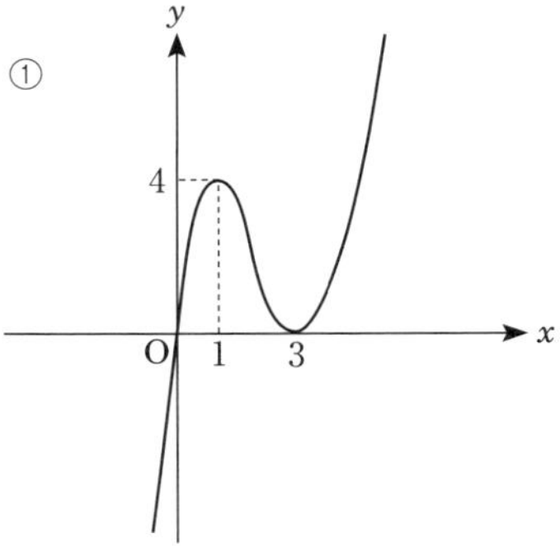

② $y' = -3(1 - x)^2$
$= -3(x - 1)^2$ です。

（この式の導関数の求め方は前の問題4の5の⑤でやりましたね）

$y' = 0$ となる x の値は $x = 1$ です。この値に基づいて増減表を描きましょう。

また問題の式 $y = (1 - x)^3$ は $x = 1$ で x 軸を横切っていることもたしかです。

$x = 1$ で y' の式は 0 となるのですが、その左右の x の範囲において y' の符号が変わっていないことに注意してください。他の問題にもこうした場面があり、考えなしにやると、このあたりでグラフの形がまるっきり間違ってしまうこともままあります。

x		1	
y'	−	0	−
y	↘	0	↘

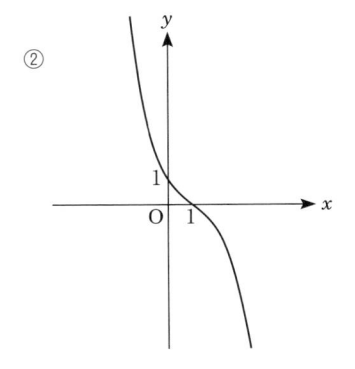

それから問題の式 $y = (1 - x)^3$ が $y = -(x - 1)^3$ と書き直せることから、これは関数 $y = -x^3$ のグラフを、x 軸方向に1だけ平行移動したグラフだ、と気づいた方はすごい。微分法など使わなくて

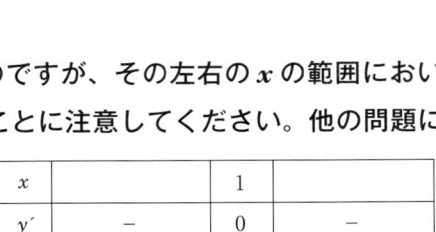

も、問題のグラフが描けるということになりますから。

$y = -x^3$ のグラフは、そう、$y = x^3$ のグラフを y 軸に関して対称に移動したグラフですから、x が正の範囲で「滝つぼ」に落ちていく形です。

$y = -x^3$ を平行移動したのが問題のグラフなのですから、$x = 0$ で $y = -x^3$ のグラフに起こったことが、そのまま $x = 1$ でこの問題のグラフに起こっているのです。

③ $y' = 4x^3 - 16x = 4x(x^2 - 4) = 4x(x+2)(x-2)$

そこで $x = 0$、$x = -2$、$x = 2$ に基づいて増減表を書きます。

x		-2		0		2	
y'	$-$	0	$+$	0	$-$	0	$+$
y	↘	-14	↗	2	↘	-14	↗

グラフと x 軸との交点を求めるために、問題の式 $y = x^4 - 8x^2 + 2 = 0$ とおきます。

ここで $x^2 = X$ とおくと $X^2 - 8X + 2 = 0$ という2次方程式になります。解の公式を用いてこの2次方程式を解くと、$X = 4 \pm \sqrt{14}$ と実数解になります。

しかも $X = x^2$ なので X の値は負になることはないはずです。しかし $X = 4 \pm \sqrt{14}$ は2数とも正の数なので大丈夫です。

だからこのグラフと x 軸との交点の x 座標は4つあって、それぞれ $x = \pm\sqrt{4 + \sqrt{14}}$ と $x = \pm\sqrt{4 - \sqrt{14}}$ ですよね。

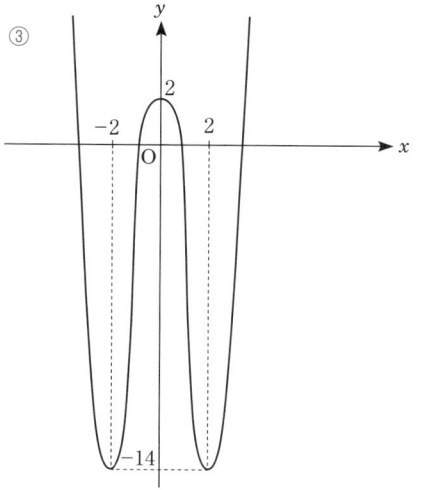

こうした交点の x 座標は、かなりややこしい数値ですので、値が出たからといってそれで心が休まるというものでもありませんが、あなたが描いたこの4次関数のグラフの概形（おおよその形）が、より確からしいことの保証にはなるでしょう。

その9　x の多項式以外の関数のグラフはどう描くの？

この質問は、x の多項式以外の関数は、どうやって微分するの？ という疑問につながります。

「私に描けない関数のグラフが出てきたらどうしよう？」「x、y の数表だけに頼る方法はあんまり信用できないらしいし」という不安に後押しされて私は微分法の初歩を学んでいたのですから。

それで私は、分数関数の最も簡単な形である $y = \dfrac{1}{x}$ と無理関数の最も簡単な形である $y = \sqrt{x}$ について、微分法を用いてグラフの形を確かめてみることにしました。

まず $y = \dfrac{1}{x}$ について、「導関数の定義」の式を用いて微分してみることにしました。

$x = 0$ についてはこの関数は定義できていないので、変数 x ははじめから0でないとしていいのですよね。

$$y' = \lim_{h \to 0} \left(\frac{1}{x+h} - \frac{1}{x} \right) \div h$$

$$= \lim_{h \to 0} \frac{\dfrac{x}{x(x+h)} - \dfrac{(x+h)}{x(x+h)}}{h}$$

$$= \lim_{h \to 0} \frac{\frac{x-(x+h)}{x(x+h)}}{h} = \lim_{h \to 0} \frac{\frac{(-h)}{x(x+h)}}{h}$$
$$= \lim_{h \to 0} \frac{(-1)}{x(x+h)} = \frac{-1}{x^2}$$

$y' = 0$ となる x の値は存在せず、y' の符号は、$x = 0$ を除くすべての範囲で負となります。増減表を書いてみるとこんな具合です。この場合 $x = 0$ のときの y' と y の値はともに「存在せず」（なし）とします。

x		0	
y'	−	なし	−
y	↘	なし	↘

このストイックな感じの増減表から第3章のその6で似た例をやった、分数関数 $y = \frac{1}{x}$ の形が想像できるでしょうか。とにかく、分数関数ではこの関数の分母を0とする、$x = 0$ の周辺に謎が潜んでいそうですよね。

$y = \frac{1}{x}$ の導関数が $y' = -\frac{1}{x^2}$ ですよね。

これは第3章の拡張された指数の考え方を使うと、$y = x^{-1}$ の、導関数が $y' = -x^{-2}$ ということになります。

そうするとこれは、今まで使っていた、n が0または自然数の範囲における $y = x^n$ の導関数を求める公式 $y' = nx^{n-1}$ の公式が、整数の範囲まで拡張されるのではないの？ という予測につながります。実際、これは正しい推測なのです。

おまけに第3章の指数の拡張の考え方によって、この n が実は、有理数（2つの整数の分数の形で書ける数）にまで拡張されることが、私の学んだ数学Ⅲの教科書に証明付きで出ていました。もちろん使うのは「導関数の定義」と（拡張された）指数法則です。

となると無理関数 $y = \sqrt{x}$ は $y = \sqrt{x} = x^{\frac{1}{2}}$ ですので、導関数も拡張された公式にしたがって求められそうです。しかしあくまでも自分の身丈に従って数学の問題を解こうとしている私は、あくまでも素朴な $\sqrt{}$ の付いた形にこだわります。

グラフを描こうというのですから、無理関数 $y = \sqrt{x}$ は $x \geq 0$ の範囲のみで考えればいいということになります。

じゃ $y = \sqrt{x}$ を「導関数の定義」に従って微分してみましょうか。

$$y' = \lim_{h \to 0} \frac{f(x+h) - f(x)}{h}$$
$$= \lim_{h \to 0} \frac{\sqrt{x+h} - \sqrt{x}}{h}$$

ここで「有理化の逆」のような式の変形を行ないます。分母分子に $\sqrt{x+h} + \sqrt{x}$ を掛けるのです。

$$y' = \lim_{h \to 0} \frac{(\sqrt{x+h} - \sqrt{x})(\sqrt{x+h} + \sqrt{x})}{h(\sqrt{x+h} + \sqrt{x})}$$
$$= \lim_{h \to 0} \frac{(\sqrt{x+h})^2 - (\sqrt{x})^2}{h(\sqrt{x+h} + \sqrt{x})}$$
$$= \lim_{h \to 0} \frac{(x+h) - x}{h(\sqrt{x+h} + \sqrt{x})}$$
$$= \lim_{h \to 0} \frac{h}{h(\sqrt{x+h} + \sqrt{x})}$$
$$= \lim_{h \to 0} \frac{1}{\sqrt{x+h} + \sqrt{x}} = \frac{1}{2\sqrt{x}}$$

増減表を書くためには $y' = 0$ となる x の値を調べておくことが必要ですが、そういう x の値はありません。

また無理関数 $y = \sqrt{x}$ が定義できている全範囲 $x \geq 0$ で、y' は正、つまり接線は終始、右上がりということになります。

増減表は次のようになります。

この増減表は $x \geq 0$ の範囲のみで書けばいいのですから、左側が0で行き止まっている形の増減表を書けばいいのです。

x	0	
y'	なし	+
y	0	↗

この増減表から**第3章その7**でやった、$y = \sqrt{x}$ のだいたいの形が思い描けますか。

難しい？やっぱりグラフのだいたいの形は、x、y の具体的な数値に、y' の符号（y の増加減少）についての情報を加味しないとつかみにくいでしょうか。

じゃ、問題として無理関数 $y = \sqrt{1-x^2}$ のだいたいの形をつかんでみましょうか。

問題4の7

無理関数 $y = \sqrt{1-x^2}$ のグラフを描きましょう。

問題4の7解説

まず y' を求めます。

$$y' = \lim_{h \to 0} \frac{f(x+h)-f(x)}{h}$$
$$= \lim_{h \to 0} \frac{\sqrt{1-(x+h)^2}-\sqrt{1-x^2}}{h}$$

分母分子に、$\sqrt{1-(x+h)^2} + \sqrt{1-x^2}$ を掛け、上でやった「有理化の逆」のような計算テクニックを使います。

$$= \lim_{h \to 0} \frac{\{\sqrt{1-(x+h)^2}-\sqrt{1-x^2}\}\{\sqrt{1-(x+h)^2}+\sqrt{1-x^2}\}}{h(\sqrt{1-(x+h)^2}+\sqrt{1-x^2})}$$

$$= \lim_{h \to 0} \frac{\{1-(x+h)^2\}-(1-x^2)}{h(\sqrt{1-(x+h)^2}+\sqrt{1-x^2})}$$

$$= \lim_{h \to 0} \frac{(1-x^2-2hx-h^2)-(1-x^2)}{h(\sqrt{1-(x+h)^2}+\sqrt{1-x^2})}$$

$$= \lim_{h \to 0} \frac{-2hx-h^2}{h(\sqrt{1-(x+h)^2}+\sqrt{1-x^2})}$$

$$= \lim_{h \to 0} \frac{h(-2x-h)}{h(\sqrt{1-(x+h)^2}+\sqrt{1-x^2})}$$

$$= \lim_{h \to 0} \frac{-2x-h}{\sqrt{1-(x+h)^2}+\sqrt{1-x^2}}$$

$$= \frac{-2x}{2\sqrt{1-x^2}} = \frac{-x}{\sqrt{1-x^2}}$$

$y'=0$ となる x の値は $x=0$ であることがわかります。

またもとの関数 $y=\sqrt{1-x^2}$ が定義できている（意味を持つ）のは、ルートの中の式 $1-x^2$ が正または 0 のときに限られますので、

$1-x^2 \geqq 0$

$x^2-1 \leqq 0$ から $-1 \leqq x \leqq 1$ の範囲で増減表を書けばいいことになります。

問題 4 の 7 解答

x	-1		0		1
y'		$+$	0	$-$	
y	0	↗	1	↘	0

グラフは原点を中心にして半径が 1 の円（単位円）の上半分（半円）

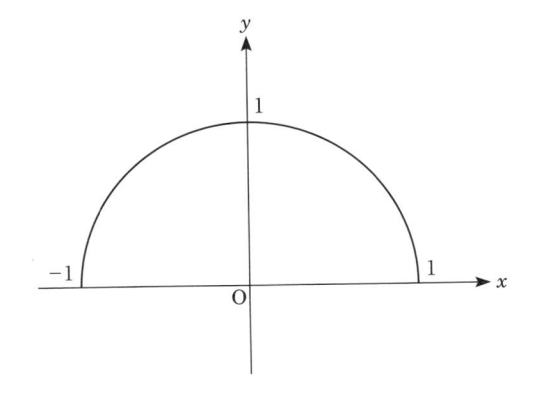

問題4の7のグラフが単位円の上半分を表す（半円である）ことに気づかれましたか。

問題に与えられた関数 $y = \sqrt{1-x^2}$ の両辺を2乗すると $y^2 = 1 - x^2$ ですので、この式から $x^2 + y^2 = 1$。これは、**第3章その9－AのⅣで**やった単位円を表す式ですよね。問題に与えられた式から、y は正または0であるとわかっていますので、問題のグラフは「単位円の上半分」となります。

しかしこれなども、増減表からだけでは、この関数が表す図形のおおよその形を推測するのは難しいでしょうかね。逆に、円の方程式などの関数の知識が身についている人は、微分法に持ち込むことなく、この関数のグラフが描けるでしょう。

じゃ、**問題4の7**の関数のルートの中をちょっと変えた形の関数のグラフを描いてみましょうか。

問題4の8

無理関数 $y = \sqrt{x^2 - 1}$ のグラフを描きましょう。

問題4の8解説

この式が定義できているのは $x^2 - 1 \geq 0$ の範囲ですので、$x \geq 1$、$x \leq -1$ の範囲で考えればいいことになります。

まず y' を求めたいのですが、もちろん「導関数の定義」の式を使うのが一番ですが、ここでは、その7で紹介した公式 $y = \{f(x)\}^n$ なら $y' = n\{f(x)\}^{n-1} \times f'(x)$ を指数 n が $\frac{1}{2}$ の場合に応用してやってみましょうか。

$y = \sqrt{x^2 - 1} = (x^2 - 1)^{\frac{1}{2}}$ と考えておいて

$y' = \frac{1}{2}(x^2 - 1)^{\frac{1}{2} - 1}(x^2 - 1)'$

$$= \frac{1}{2}(x^2-1)^{-\frac{1}{2}} \times 2x$$

$$= x(x^2-1)^{-\frac{1}{2}} = \frac{x}{\sqrt{x^2-1}}$$

やはり大分簡単になります。

ところで、$y'=0$ となるのは $x=0$ ですが、y が定義できているのは $x \geq 1$、$x \leq -1$ の範囲ですので、$x=0$ はこの範囲に入っていませんね。あれれ？

ともあれ、$x \geq 1$、$x \leq -1$ の範囲で増減表を書いてみましょうか。

問題4の8解答

x		-1		1	
y'	$-$	なし		なし	$+$
y	↘	0		0	↗

この増減表に、具体的な x の値に対する、y のいくつかの値を計算し、それに基づいて描いたのが下のグラフです。

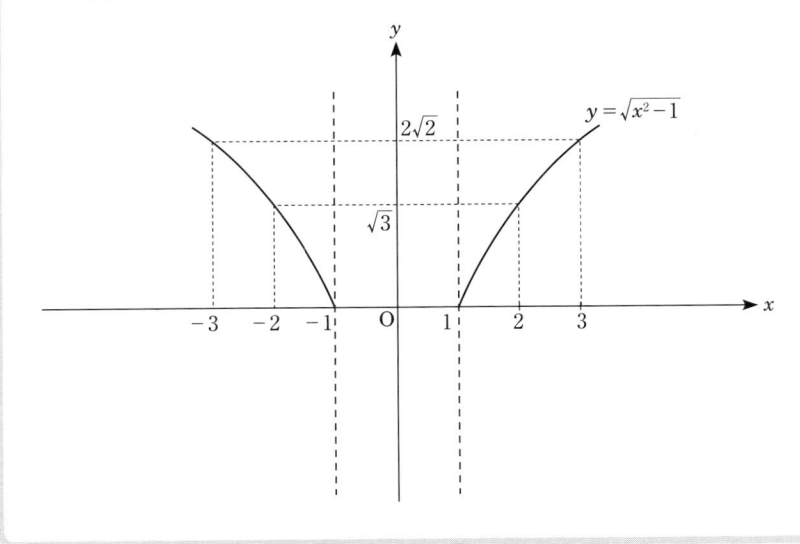

「私に描けないグラフの問題が出てきたらどうしよう？」

こんな悩みは、実のところ、お笑い種だったのかもしれません。

何しろグラフの形は、関数の形をちょっと変えるだけで、千彩万化。私の手に余る関数のグラフなんてざらにありそうです。

その10　三角関数や指数・対数の関数はどうやって微分するの？

　それでも新しい道具を身につけたからには、是非とも、これを使ってみたいと思う私でした。数式の問題をスラスラ解く上で、どこかで役に立つかもしれないではありませんか。

　少なくとも相当骨を折って基礎の考え方を学んだ、三角関数と指数・対数の関数については、これらの式を微分する方法を実際に身につけたいと切望したことはたしかです。

　そうして実際にこれらの関数を微分してみたのですが、その結果やそれを用いた練習問題だけを、ここで手軽に披露するにはためらいがあります。

　たとえば $y = \sin x$ を微分するには、当然「導関数の定義」の公式から、分子に $\{\sin(x + h) - \sin x\}$ という式が出てきます。

　これを何とか分解（計算）できないと、導関数を求める計算が先に進みません。

　この式 $\sin(x + h)$ を分解する公式（三角関数の加法定理）はたしかにあり、例の三角関数を定義した、単位円周上に三角形をとった面白い証明があるのですが、ここではとても紙数が足りません。

それとちょっと興味をひく公式 $\lim_{x \to 0} \dfrac{\sin x}{x} = 1$ も使わなくてはなりませんが、これもきちんとした証明には手間がかかります。

この公式は、角度 x が非常に 0 に近いところでは、x の sin の値と x 自身はほぼ同じ、という意味なのですから。

というわけで、三角関数を微分する方法とその結果については、紙数に構わず、組織立って勉強してみる余地はあります。

また指数関数 $y = a^x$ については、新しい無理数 e というものを新たに考えないと、この式を自由に微分することができないのです。

この e という数は「自然対数の底」と呼ばれる数で、$\sqrt{2}$ や $\sqrt{3}$ や、円周率の π の次に教科書に出てくる無理数、ということになります。

この e という無理数を定義し、まず関数 $y = e^x$ を微分してから、一般の指数関数 $y = a^x$ を微分することになるのです。

関数 $y = e^x$ は何回微分しても、結果はもとの e^x となる面白い関数です。

で、もちろん $y = \log x$ という関数は、「対数は指数の逆である」という事実を用いて微分するのです。

あ、ここで $y = \log x$ と書いたときの「底」は常用対数の 10 ではなくて、ここからは自然対数の底 e を使っていることにも注意が必要です。

その意味で、この e という新しい無理数がどんなものなのか、はじめからきちんと理解しておくことが必要と思われます。

そこで、この指数・対数の微分についても、紙数に気を使うことなく、「導関数の定義」にさかのぼって、微分を考えてみることが必要だと思うのです。

この節では、気軽に例題や練習問題を提供できないのは、上に書いたような理由からです。

303

その11 ほかの見方もあるはず「微分法」の意味。

　私は微分法についても、世の中に数限りなくあるはずの関数のグラフで、自分に描けないものがあると困る、と思いながら増減表から実際のグラフのだいたいの形をつかむことに熱中したのです。

　しかしこれは、あまり健康的でない、この分野への取り組みともいうべきものです。

　じゃ、より「健康的な」取り組み、とはどういうものか、それは「平均速度」から「瞬間の速度」に至る考えを理解することによって「微分法」を理解するということではないかと私は思います。

　「数直線上をある物体が動いています。この物体の動く速度 v m/s は、時間 t によって決まります。いまこの速度が $v = f(t) = t^2$ という式で表されているとします。」

　というふうに話が展開されると、$y = x^2$ を微分した（微分係数から導関数を求めた）時の話とつながります。

　$y = x^2$ は xy 座標の関数ですが、$v = t^2$ はいわば tv 座標の関数ですよね。しかし当時の私には、この座標の名前の変換、という意味さえなかなかすっきり理解できなかったものです。

　そこで問題です。

問題4の9

　ある点 P が数直線上を動いています。この点は、時間 t 秒のとき、$f(t) = t^2$ m/s という式で表された速度を持っています。
　① 1秒から 1.01 秒までの平均の速度を求めましょう。
　② 1秒から 1.001 秒までの平均の速度を求めましょう。

③ 1秒から1.0001秒までの平均の速度を求めましょう。

> **問題4の9解答**
>
> ① $2.01\,\text{m/s}$
> 平均の速度 $= \dfrac{f(1.01) - f(1)}{1.01 - 1} = \dfrac{(1.01)^2 - 1^2}{0.01} = 2.01$
>
> ② $2.001\,\text{m/s}$
> 平均の速度 $= \dfrac{f(1.001) - f(1)}{1.001 - 1} = \dfrac{(1.001)^2 - 1^2}{0.001} = 2.001$
>
> ③ $2.0001\,\text{m/s}$
> 平均の速度 $= \dfrac{f(1.0001) - f(1)}{1.0001 - 1} = \dfrac{(1.0001)^2 - 1^2}{0.0001} = 2.0001$

この時間 t と速度 v の式における「平均の速度」の考え方が、x、y の関数で考えた「平均変化率」ですよね。

そうして、時間 t の幅を、だんだん短くしていったときに、この「平均の速度」の値が「瞬間の速度」つまりこの問題でいうと、$t = 1$ のときの $v = t^2$ の「微分係数」の値（$2\,\text{m/s}$）に近づくといっているのです。

実際 $y = x^2$ の導関数は $y' = 2x$ ですので、これに $x = 1$ を代入すると、$y' = 2$。これが $x = 1$ における $y = x^2$ の微分係数になっていますよね。

瞬間の速度の求め方についてもこんな問題があります。

> **問題4の10**

ある点 P が数直線上を動いています。この点は、時間 t 秒のとき、$f(t) = t^2\,\text{m/s}$ という式で表される速度を持っています。

このとき、
① 3秒後における瞬間の速度を求めましょう。

② 4秒後における瞬間の速度を求めましょう。

> **問題 4 の 10 解答**
>
> ① **6 m/s**
>
> $t = 3$ から $t = 3 + h$ までの平均の速度を求めると
>
> 平均の速度 $= \dfrac{f(3+h) - f(3)}{3+h-3} = \dfrac{(3+h)^2 - 3^2}{h}$
>
> $= \dfrac{6h + h^2}{h} = \dfrac{h(6+h)}{h} = 6 + h$
>
> ここで時間の幅 h を限りなく 0 に近づけた値が、$t = 3$ のときの瞬間の速度だから、
>
> $t = 3$ のときの瞬間の速度 $= 6\,\mathrm{m/s}$
>
> ② **8 m/s**
>
> $t = 4$ から $t = 4 + h$ までの平均の速度を求めると
>
> 平均の速度 $= \dfrac{f(4+h) - f(4)}{4+h-4} = \dfrac{(4+h)^2 - 4^2}{h}$
>
> $= \dfrac{8h + h^2}{h} = \dfrac{h(8+h)}{h} = 8 + h$
>
> ここで時間の幅 h を限りなく 0 に近づけた値が、$t = 4$ のときの瞬間の速度だから、
>
> $t = 4$ のときの瞬間の速度 $= 8\,\mathrm{m/s}$

この問題も $v = t^2$ の導関数の式 $v' = 2t$ にそれぞれ $t = 3$ と $t = 4$ を代入した式に結果は一致します。

そうしてこれを x、y の関数 $y = x^2$ に置き換えて考えれば、それぞれ $x = 3$ と $x = 4$ の微分係数（接線の傾き）の値に一致する、といった寸法です。

ほかの見方もあるはず「微分法」の意味。

「瞬間の速度」から「微分係数」（＝接線の傾き）を理解する方法は、微分の考え方を初めて着想した昔の数学（物理学）者の頭に宿った考え方ではないかと思います。

つまり彼らは、自然のなかの「物の動き」をよく観察した結果、刻々と変わる速度を持って動く物体の「瞬間の速度」が計算できないか、というところに考えが及んだのでしょう。自然界には、急激かつ直角的な動きというものは少ないはず（急激な動きに見えても、それはある短い時間の中ではなだらかな動きになっているはず）なので、はじめから「微分可能」な関数しか考えなかったのかもしれません。

これを教室の中ばかりにいて、目先のテストの結果、入試の合否、などといういじましいものだけを気にしつつ学んだ、後世の凡庸な生徒である私は自然界の動きから微分積分を発想する昔の科学者の考えというものが、実感としてわかりませんでした。

学びはじめの頃「のっぽの左官屋さん」のキャラの助けを借りて、微分法の初歩である「微分係数」（＝接線の傾き）の意味を理解してきました。しかしそれは概念の世界のお話。

そこで、現実に存在する問題を、微分法を用いて解決しよう、という次のような問題にいきます。

問題 4 の 11

底面が1辺 $x$cm の正方形で、高さが $y$cm の直方体があります。
この直方体のすべての辺の和は、120 cm となっています。
この直方体の体積を最大にする、x と y の値を求めましょう。

問題 4 の 11 解説

この直方体の辺は、長さが $x$cm のものが 8 本。$y$cm のものが 4 本です。辺の総和が 120 cm ということですので、$8x + 4y = 120$

両辺を 4 で割って $2x + y = 30$ です。

これから $y = 30 - 2x$ であると同時に、高さ y が正なので、$30 - 2x > 0$ この 1 次不等式を解いて $x < 15$

ですが、底面の長さ x も正の値ですので、結局 $0 < x < 15$ ということになります。

この範囲でこの問題を考えればいいのです。

直方体の体積を x の関数と考えて $f(x)$ とおくと、

$f(x) = x^2 y = x^2(30 - 2x) = 30x^2 - 2x^3$

ここで関数 $f(x)$ の動きを調べるためにこの式を微分します。

$f'(x) = 60x - 6x^2 = 6x(10 - x)$

$f'(x) = 0$ となる x の値は $x = 0$ と $x = 10$ ですよね。

$0 < x < 15$ の範囲で、増減表を書くと、

x	0		10		15
$f'(x)$		+	0	−	
$f(x)$		↗	1000	↘	

この増減表から、$x = 10$ のとき体積 $f(x)$ が最大（$1000\,\mathrm{cm}^3$）となります。

ところで $x = 10$ のとき、高さ $y = 30 - 2x = 30 - 20 = 10$ ですので、高さも底面の正方形の 1 辺の長さに一致し、結局、この直方体は、1 辺が $10\,\mathrm{cm}$ の立方体（さいころ型）になるとき体積が最大になることがわかります。

問題 4 の 11 解答

この直方体は、1 辺 $10\,\mathrm{cm}$ の立方体のとき（$x = y = 10$ のとき）、体積が最大になります。

その12 はじめは素直に理解できた「積分すること」の意味。

　もっぱら教室の中で、教科書とノートに向かって微分積分を学んでいた私ですが、**「積分」**の考えが初めて現れたとき、これを理解することは比較的簡単でした。

　ノートの上だけで解決できることだったからです。

　「積分は微分の逆」というのがはじめに教科書に書いてあったことでした。

　たとえば、関数 $y = x^2$ を「微分する」と $y' = 2x$ でしょう？

　だから逆に、関数 $y = 2x$ があった場合、これを「積分する」と $y = x^2$ になるのですって。

　ね、話は簡単でしょう？

　もっとも定数関数 $y = c$（c は定数）を微分すると $y' = 0$ なので、「微分する」と $y = 2x$ になる関数は、$y = x^2$ ひとつに限りません。

　たとえば、$y = x^2 + 1$ だって、$y = x^2 - 3$ だって、「微分すれば」関数 $y = 2x$ になるではありませんか。

　そこでこれら x^2 のあとについてくるもろもろの定数を C という1つの文字に代表させてくっつけます。つまり、$y = x^2 + C$ という関数を、関数 $y = 2x$ を「積分した関数」と決めるのです。

　これを記号で $\int 2x dx = x^2 + C$ と書くのです。

　記号 $\int dx$ はこれで一組で、$\int$ と dx との間に積分したい関数を入れるのです。また定数 C のことを、特に「積分定数」と呼びます。

　このことをもっと一般的に書くと次の**「不定積分の定義」**になります。

　「不定積分」というのも新しい言葉ですが、「積分は微分の逆の計算」という意味から直接得られる「積分」という計算の結果、と理解してお

いてください。

　あとで「定積分」というものが出てくるので、それと区別するため、と考えておいてもいいのです。

　まず $y = f(x)$ という関数があり、「微分した結果」が $f(x)$ となる関数のひとつを $F(x)$ とおきます。この $F(x)$ という関数をもとの関数 $f(x)$ の「**原始関数**」というのです。つまり簡単にいうと、$F'(x) = f(x)$ という意味ですよね。

　たとえば $f(x) = 2x$ という関数があったとすれば、「微分した結果」がこの関数になる関数のひとつが $F(x) = x^2$ なので、この $F(x) = x^2$ が、もとの関数 $y = f(x)$ の「原始関数」ということになります。

　そこで、$f(x)$ の原始関数を $F(x)$ とおくとき、
$$\int f(x)\,dx = F(x) + C \quad \text{ただし } C \text{ は定数。}$$
これが「不定積分の定義」と呼ばれるものです。

　上で例に引いた、$y = 2x$ の「不定積分」を求める式とも合致しているでしょう？

　不定積分の出し方は簡単。

　「微分した結果」が問題の式になるような適当な文字式を考え、考えた式を微分してみて、実際にその式になるか、確かめてみればいいのです。x の多項式の場合には、だいたい、次数を1つ上げ、あとは係数の調節をすれば、答えが合います。あ、それと最後に積分定数を付けることを忘れてはいけませんよね。

　じゃ、実際の問題で「不定積分」をやってみましょうか。

　まず簡単なものからいきますよ。

　記号「$\int dx$」に慣れるために、ご自分でこれらの記号を書いてみる形式にしました。

| はじめは素直に理解できた「積分すること」の意味。|

問題 4 の 12

次の関数の不定積分を求めましょう。

① $y = 3x^2$
② $y = 4x^3$
③ $y = x^2$
④ $y = x$
⑤ $y = 5$

問題 4 の 12 解答

① $\int 3x^2 dx = x^3 + C$

右辺の式を微分すると左辺の積分記号 $\int dx$ の中の式 $3x^2$ にもどるでしょう？

以下同じです。

② $\int 4x^3 dx = x^4 + C$

③ $\int x^2 dx = \frac{1}{3} x^3 + C$

答えになぜ、係数 $\frac{1}{3}$ が付くのかおわかりになりますよね。これはひとえに「微分して」$\int dx$ の中の式 x^2 にもどしたいがゆえなのです。

④ $\int x dx = \frac{1}{2} x^2 + C$

⑤ $\int 5 dx = 5x + C$

一般に $\int x^n dx = \frac{x^{n+1}}{n+1} + C$ ですが、この公式も右辺を微分してみると、左辺の積分記号の中の式になることから理解できます。

あ、この場合 n は 0 または自然数と考えておいてください。

ここが理解できると、これらの式に係数を掛け、プラスマイナスで結んだ式（x の多項式）の不定積分を求めることができます。

不定積分についても、微分法の場合と同様に、定数倍や、和や差の公式が成り立つからです。**関数の定数倍と和や差の公式**について、ちょっと書いておきましょうか。

関数 $f(x)$ と $g(x)$ の原始関数をそれぞれ $F(x)$、$G(x)$ とおくと
① k を定数として
$$\int kf(x)\,dx = kF(x) + C$$
② $\int \{f(x) + g(x)\}\,dx = F(x) + G(x) + C$
③ $\int \{f(x) - g(x)\}\,dx = F(x) - G(x) + C$

証明は、右辺を微分した式が、左辺の記号「$\int dx$」の中の式にもどることを示せばいいのです。もちろん $F'(x) = f(x)$、$G'(x) = g(x)$ であることを使います。

それと公式②と③の場合は $F(x)$ と $G(x)$ のそれぞれに積分定数が付いてきそうな感じですが、これもひとまとめにひとつの積分定数 C で代表させます。

じゃ、この公式を使って、ちょっと長い式の不定積分を求めてみましょう。

問題 4 の 13

次の不定積分を求めましょう。
① $\int (3x^2 + 2x + 1)\,dx$
② $\int (x^2 + 4x - 2)\,dx$
③ $\int (-8x^3 + 6x^2 - 4x + 3)\,dx$
④ $\int (x+1)(x-2)\,dx$
⑤ $\int 3(x+3)(x-1)\,dx$

問題 4 の 13 解答

① $\int (3x^2 + 2x + 1)\,dx = x^3 + x^2 + x + C$

② $\int (x^2 + 4x - 2)\, dx = \dfrac{1}{3}x^3 + 2x^2 - 2x + C$

③ $\int (-8x^3 + 6x^2 - 4x + 3)\, dx = -2x^4 + 2x^3 - 2x^2 + 3x + C$

④ $\int (x + 1)(x - 2)\, dx = \dfrac{1}{3}x^3 - \dfrac{1}{2}x^2 - 2x + C$

この問題は積分記号の中の式を展開（かっこをはず）してから、項ごとに積分します。⑤も同じです。

⑤ $\int 3(x + 3)(x - 1)\, dx = x^3 + 3x^2 - 9x + C$

「積分定数」Cを主役にしたのが、こんな問題。これらの問題をやると「積分定数」の意味がよくわかります。

問題4の14

次の条件①、②をともにみたす関数$F(x)$を求めましょう。

① $F'(x) = 6(x - 2)^2$

② $F(2) = 0$

問題4の14 解説

条件①は「微分すると$6(x-2)^2$になる関数を求めましょう」といっているのですから、この関数の不定積分を求めればいいことになります。

$$\begin{aligned}
F(x) &= \int 6(x-2)^2\, dx = \int 6(x^2 - 4x + 4)\, dx \\
&= \int (6x^2 - 24x + 24)\, dx \\
&= 6 \times \dfrac{1}{3}x^3 - 24 \times \dfrac{1}{2}x^2 + 24x + C \\
&= 2x^3 - 12x^2 + 24x + C
\end{aligned}$$

さらに条件②で$F(2) = 0$だといっていますから、上で求めた$F(x)$に$x = 2$を代入してみます。

$F(2) = 16 - 48 + 48 + C = 0$ ですので、$C = -16$
つまりこの問題の答えは
$F(x) = 2x^3 - 12x^2 + 24x - 16 = 2(x^3 - 6x^2 + 12x - 8)$
$= 2(x-2)^3$ です。

①の式から不定積分を $F(x) = 2(x-2)^3 + C$ と求めることができれば、今度は $C = 0$ となり、より簡単に**問題 4 の 14** の結果が得られます。

問題 4 の 14 解答

$F(x) = 2x^3 - 12x^2 + 24x - 16 = 2(x-2)^3$

一般にはひとつには決まらない「微分すると $F(x)$ になる関数」が、ある決まった点{この場合は条件②の点$(2,0)$}を通ることがわかると、ただひとつに決まる、ということですよね。

その13 次に「定積分」という計算が出てきました。

私が学んだ教科書では、「不定積分」について学んだあと、「定積分」というものが出てきました。

「定積分」という計算は、はじめはどういう意味なのかよくわからなかったけれど、とにかく、計算だけはやり方を覚え、答えが合うように一生懸命に計算しました。小学校時代に勉強した、分数計算が、また、どさっと現れたことにびっくりもし、正直、喜びもしました。こんなに自信を持って取り組める高校数学の単元、というものも久しぶりだったからです。

さっき不定積分 $\int 2x dx = x^2 + C$ というのをやりましたよね。

次に「定積分」という計算が出てきました。

式 $\int 2x dx$ は、「微分すると $2x$ になる式を求めなさい」という意味でした。

今度はこの式にちょっと手を加えます。

$\int_1^2 2x dx$ という具合。

右辺の式にも同じく $[x^2 + C]_1^2$ と手を加えます。

そうして $\int_1^2 2x dx = [x^2 + C]_1^2$ という計算式を作ります。

$[x^2 + C]_1^2$ の計算の意味は、[ ] の中の文字式に、始め $x = 2$ を代入、それから $x = 1$ を代入し、2つの計算結果をこの順番に引く、というのでした。

$x = 2$ を代入すると $x^2 + C = 4 + C$

$x = 1$ を代入すると $x^2 + C = 1 + C$

ですので両者を引くと $(4 + C) - (1 + C) = 3$ です。

つまり $\int_1^2 2x dx = [x^2 + C]_1^2$
$= (4 + C) - (1 + C) = 3$

新しく習った $\int_1^2 2x dx$ という計算問題の答えは3ということになります。

これを一般的に書いたのが次の**「定積分の定義」**といわれるものです。

関数 $f(x)$ の原始関数を $F(x)$ とするとき $\{F'(x) = f(x)$ という意味ですよね。念のため$\}$、

$$\int_a^b f(x)\,dx = [F(x)]_a^b = F(b) - F(a)$$

この左辺の式を関数 $f(x)$ の a から b までの「定積分」と呼びます。

そうして積分記号の上に書いてある数字 b を「上端」、下に書いてある数字 a を「下端」と呼びます。上端 b は必ずしも下端 a より大きい数字である必要はなく、数 b は数 a より小さくてもいいし、a に等しくてもいいのです。

じゃ、今は意味がよくおわかりにならないかもしれませんが、この「定積分」の計算をちょっとやってみましょうか。

たとえば $\int_1^2 x^2 dx$ なら
$$\int_1^2 x^2 dx = \left[\frac{1}{3} x^3\right]_1^2 = \frac{1}{3} \times 2^3 - \frac{1}{3} \times 1^3$$
$$= \frac{8}{3} - \frac{1}{3} = \frac{7}{3}$$
という具合です。

　ここで x^2 を不定積分した式を [　] の中に収めたとき、積分定数 C が書いてありませんよね。これは、次の計算過程で、2つの計算結果を引くときに積分定数 C は消えてしまいますので、はじめから省いておくのです。

　このことが印象に残るせいか、ふたたび不定積分の問題にもどったときに、積分定数 C を書き忘れる人がいますが、これは忘れてはいけません。不定積分の問題では積分定数 C は不可欠なものです。

　あ、そうそう、ついでに「不定積分」は「文字式」（「式」）だけど「定積分」はある一定の「数」になるのだ、と覚えておくのもいいでしょう。

　それと「定積分」には小学校時代以来の分数計算が多く出てくる、という私の言い分にも納得される方が多いことでしょう。

　それでは定積分の問題をやりましょうか。

問題 4 の 15

次の計算をしましょう。

① $\int_2^3 x\,dx$

② $\int_{-1}^2 x^2\,dx$

③ $\int_3^0 5\,dx$

④ $\int_0^1 (-2x^2 + 3x)\,dx$

⑤ $\int_{-1}^2 (x-3)(x+2)\,dx$

次に「定積分」という計算が出てきました。

問題 4 の 15 解答

① $\dfrac{5}{2}$

$$\int_{2}^{3} x\,dx = \left[\dfrac{1}{2}\times x^2\right]_{2}^{3} = \dfrac{1}{2}\times 3^2 - \dfrac{1}{2}\times 2^2$$

$$= \dfrac{9}{2} - \dfrac{4}{2} = \dfrac{5}{2}$$

② 3

$$\int_{-1}^{2} x^2\,dx = \left[\dfrac{1}{3}\times x^3\right]_{-1}^{2}$$

$$= \dfrac{8}{3} - \left(\dfrac{-1}{3}\right) = \dfrac{8}{3} + \dfrac{1}{3} = \dfrac{9}{3} = 3$$

③ -15

$$\int_{3}^{0} 5\,dx = \left[5x\right]_{3}^{0} = 0 - 15 = -15$$

上端の数は必ずしも下端の数より大きくなくてもいいのでしたよね。でも計算の順番としては必ず「上端の数を代入した結果」－「下端の数を代入した結果」ですので、この点、注意が必要です。この問題の場合は、まずはじめに $x = 0$ を代入です。

④ $\dfrac{5}{6}$

$$\int_{0}^{1}(-2x^2 + 3x)\,dx = \left[-\dfrac{2}{3}\times x^3 + \dfrac{3}{2}\times x^2\right]_{0}^{1}$$

$$= \left(-\dfrac{2}{3} + \dfrac{3}{2}\right) - 0$$

$$= -\dfrac{4}{6} + \dfrac{9}{6} = \dfrac{5}{6}$$

この問題のように項が複数ある場合には、

$$\int_{0}^{1}(-2x^2 + 3x)\,dx$$
$$= \int_{0}^{1}(-2x^2)\,dx + \int_{0}^{1}(3x)\,dx$$

$$= \left[-\frac{2}{3} \times x^3 \right]_0^1 + \left[\frac{3}{2} \times x^2 \right]_0^1$$

のように項ごとに定積分の計算をすることもあります。

　こっちのほうが、同じ式に数値を代入して引き算するので、簡単になる場合もあります。

　この問題の場合は、下端の数値が 0 なので、手間はあまり変わりません。

⑤ $-\dfrac{33}{2}$

$$\int_{-1}^{2} (x-3)(x+2)\,dx$$
$$= \int_{-1}^{2} (x^2 - x - 6)\,dx$$
$$= \left[\frac{1}{3}x^3 - \frac{1}{2}x^2 - 6x \right]_{-1}^{2}$$
$$= \left(\frac{8}{3} - 2 - 12 \right) - \left(-\frac{1}{3} - \frac{1}{2} + 6 \right)$$
$$= \left(\frac{8}{3} - 14 \right) - \left(-\frac{5}{6} + 6 \right) = \left(\frac{8}{3} + \frac{5}{6} \right) - 14 - 6$$
$$= \left(\frac{16}{6} + \frac{5}{6} \right) - 20 = \frac{21}{6} - 20 = \frac{21}{6} - \frac{120}{6}$$
$$= -\frac{99}{6} = -\frac{33}{2}$$

　④で説明したように、項ごとに定積分をする方法でもやってみてください。どっちが計算しやすいでしょうかね。

その14 へーと驚いた、曲線で囲まれた面積を求める方法。

　あまり考えもなしに、教科書に現れた「定積分」の計算にいそしんでいた私でしたが、この計算には図形的な意味があるのだ、と教科書が言っているのに気づき驚きました。

　それは曲線で囲まれた図形の面積を求める、ということに関係がある、というのです。

　面積というと、公式では、三角形、四角形から始まって、台形まで、それに円の面積というのもやりましたが、微分積分を習っている現在からすれば、はるか昔、というべき小・中学校時代の教室での出来事です。

　いまさら「図形の面積」といわれても、ピンとこないところもありましたが、たしかに曲線で囲まれた図形にも「面積」というものがあるに違いありません。

　考えてみれば、半径 r の円の面積が πr^2 となるのは、何でそうなるのでしたっけ？　このあたりもよく説明されないまま、結果だけを自由に使ってきたような気がします。

　円を含めて「曲線で囲まれた図形の面積を求める」ことをはじめから学べるなら、と思って期待していたら、教科書がはじめに例に引いたのは「曲線に囲まれた図形」ではなくてやっぱり「直線に囲まれた図形」の面積と定積分の関係の話でした。

　ともあれその話を蒸し返しましょう。

　直線 $y = 2x + 1$ は、y 軸上の点 $(0, 1)$ をとおり、傾きが 2 の直線の式ですよね。

　今、$x = 2$ でこの直線を切ってみると、y 軸と $x = 2$ という直線、それに x 軸と $y = 2x + 1$ という直線で囲まれる台形ができる、というの

です。この台形の上底は 1、下底は 5、高さは 2 ですのでこの台形の面積は（上底＋下底）×高さ÷2 の公式から $(1 + 5) \times 2 \div 2$ で、6 となります。

一方、関数 $y = 2x + 1$ を $x = 0$ から $x = 2$ まで定積分してみると
$\int_0^2 (2x + 1)\, dx = [x^2 + x]_0^2$
$= (4 + 2) - 0 = 6$ となり、台形の面積の公式から得られた値、6 と一致するでしょう？

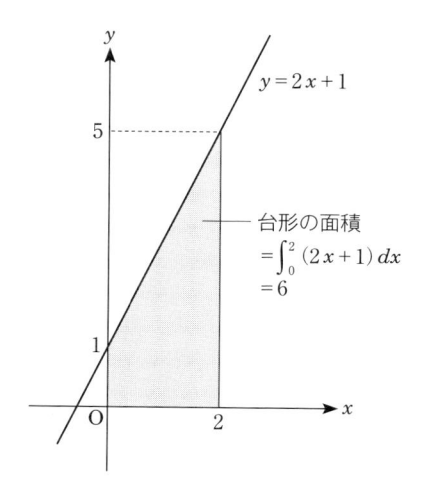

では、この直線を、上の例とは違う位置で切ってできる台形の面積について、定積分との関係を調べる問題をやりましょうか。

問題 4 の 16

①直線 $y = 2x + 1$ と直線 $x = 3$、$x = 5$ それに x 軸とで囲まれた台形の面積を「台形の面積の公式」から求めましょう。

②定積分 $\int_3^5 (2x + 1)\, dx$ の値を計算し、それが①で求めた台形の面積の値と一致することを確かめましょう。

問題 4 の 16 解答

①台形の面積 = 18

$x = 3$ を直線の式 $y = 2x + 1$ に代入すると $y = 7$。これが「上底」の値。同じく $x = 5$ を代入すると $y = 11$。これが「下底」の値ですよね。高さは $(5 - 3) = 2$ です。

これらの値から台形の面積 = $(7 + 11) \times 2 \div 2 = 18$

②定積分 $\int_3^5 (2x+1)\,dx$
 $= \left[x^2 + x\right]_3^5$
 $= (25+5) - (9+3)$
 $= 30 - 12 = 18$

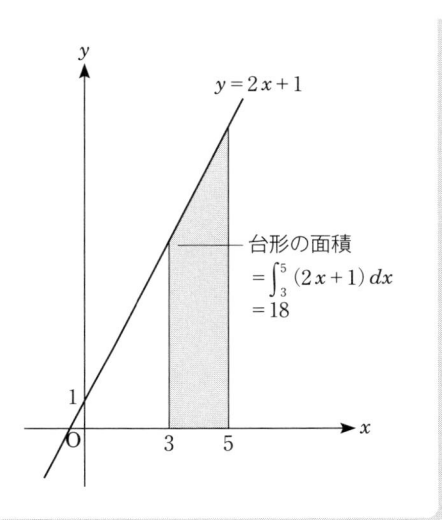

台形の面積
$= \int_3^5 (2x+1)\,dx$
$= 18$

$y = 2x+1$

　確かに①の答えと②の答えは一致しているけれど、これは「偶然の一致」かもしれません。少なくとも、今まで微分の分野で扱ってきたいろいろな曲線の式と y 軸に平行な2本の直線、それに x 軸で囲まれた図形の面積が、実際に、しかじかの定積分の値と一致することを確かめなければなりません。

　そもそも「曲線によって囲まれた図形の面積」ってどう考える（定義する）のでしょうね。

　みなさんがよく知っている関数 $y = x^2$ では、このことはどう説明されているのでしょうか。

　「放物線 $y = x^2$ と直線 $x = 1$、$x = 2$ および x 軸で囲まれた図形の面積 S を求めよう」と教科書は言っています。

　以下の説明には、そもそも「曲線で囲まれた面積」とはどういうものなのか、その値はどうやって求めるのかを考えるヒントがひそんでいるのです。

　x 軸上、$x = 1$ と $x = 2$ の間に $x = t$ という点をとります。

　$1 \leqq t \leqq 2$ ですよね。$S(t)$ で、関数 $y = x^2$ と x 軸、それと直線 $x = t$

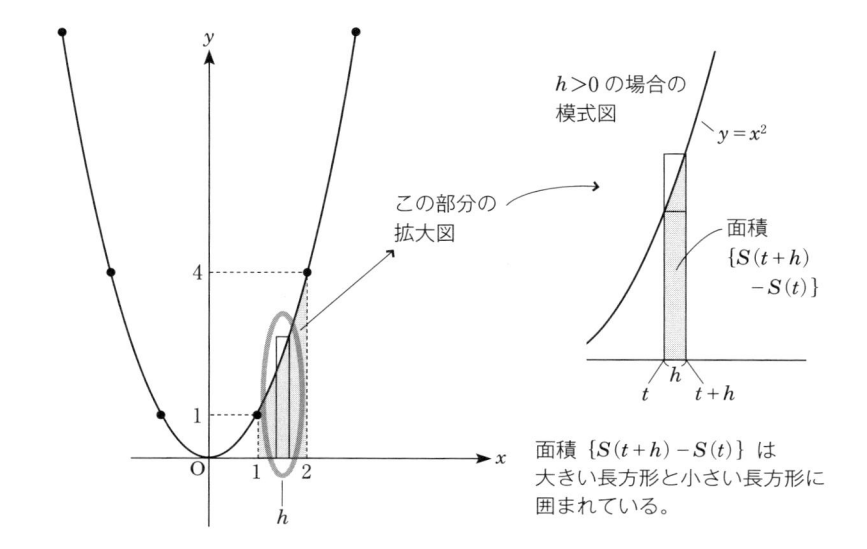

で囲まれた部分の面積を表すことにします。

今この課題で究極、求めたいのは $\{S(2) - S(1)\}$ の値だということは、よろしいでしょうかね。

$x = t$ にごく近い点を $x = t + h$ とします。「幅」h は、そう、今にいたっては、0 でない正負の数と考えておくのが正解でしょうか。

直線 $x = t$ と $x = t + h$ とで、$y = x^2$ と x 軸とで囲まれた部分の面積は、細長い形に分割されます。その細長い部分の面積は式 $\{S(t + h) - S(t)\}$ で表されます。

分割された図形の中に、小さい短冊形を 2 枚とることができます。

$h > 0$ のときは大きいほうの短冊形は、たてが $(t + h)^2$ よこが h ですから、その面積は $(t + h)^2 h$。

小さいほうの短冊形は、たてが t^2、よこが h ですので、その面積は $t^2 h$。

そうすると
$$t^2 h < S(x + h) - S(t) < (t + h)^2 h$$

幅 h は 0 でないのでこの式を h で割ることができます。

$$t^2 < \frac{S(t+h) - S(t)}{h} < (t+h)^2$$

または $t^2 > \dfrac{S(t+h) - S(t)}{h} > (t+h)^2$ ですよね。

一口に「幅」とはいっていますが、この h はマイナスの値をとることがあることも考慮に入れているのですから。

ここで「幅」h を 0 に近づけます。

ここで、真ん中の式 $\lim\limits_{h \to 0} \dfrac{S(t+h) - S(t)}{h}$ に着目してください。

「導関数の定義」の式から、これは $S'(t)$ のことですよね。

つまり　　$t^2 < S'(t) < t^2$

または　　$t^2 > S'(t) > t^2$

です。

つまり、この $S'(t)$ が 2 本の式とも、t^2 に挟まれることになります。

だからいずれにしろ $S'(t) = t^2$ と結論づけざるを得なくなります。

ところで、式 $S'(t) = t^2$ から、$S(t)$ を求めることができますよね。

「微分すると t^2 になる関数」を求めればいいのですから、

$$S(t) = \frac{1}{3} t^3 + C$$

で、今の問題で求めたい面積は、上でもいったとおり $\{S(2) - S(1)\}$ の値なのですから、$S(2) - S(1) = \left(\dfrac{1}{3} \times 2^3 + C \right) - \left(\dfrac{1}{3} \times 1^3 + C \right)$

$$= \frac{8}{3} - \frac{1}{3} = \frac{7}{3}$$

これって何の計算でしたっけ。

そう、はじめに習った、定積分 $\int_1^2 t^2 dt$ の計算の仕方と、全く同じではありませんか。

文字 t ではなく、文字 x を使った練習問題が**その 13 の「定積分の定義」**のすぐ下に、例題として出ていますから、参考になさってください。

だから「放物線 $y = x^2$ と直線 $x = 1$、$x = 2$ および x 軸で囲まれた図形の面積 S を求めよう」という課題の答えは $S = \int_1^2 x^2 dx$ を計算すればいいことになるのです。

「曲線によって囲まれた図形の面積」とは、その一部をごく狭い図形にスライス（細分）し、スライスした図形を大小 2 枚の短冊形（長方形）で挟んだ上で、細分の幅を 0 に近づけることによって求められるのです。

直線も曲線の一部ですから、はじめに教科書が例に引いた、「台形の面積」が直線を定積分して求められる、という説明も「偶然の一致」などではないことがわかります。

これを一般化したのが次の公式です。

ただ、求める面積が x 軸の上側にあることを保障したいので、そのための制約が付いていますが、図を見れば教科書が何を言いたいのか、一目瞭然です。

関数 $y = f(x)$ が $a \leq x \leq b$ の範囲で常に正（または 0）だとします。

このとき関数 $y = f(x)$ のグラフと x 軸、それに 2 直線 $x = a$ と $x = b$ によって囲まれる部分の面積 S は

$$S = \int_a^b f(x)\,dx$$

この公式を使って、実際に面積を求める問題をやってみましょうか。

問題 4 の 17

次の放物線と 2 直線、および x 軸で囲まれた部分の面積 S を求めましょう。

①放物線 $y = 3x^2$ と 2 直線 $x = 2$、$x = 3$

定積分を用いて面積を求める問題では、やっぱり具体的なグラフの形をつかんでおくことが必要だとわかったこと。

②**放物線** $y = 3x^2 + 1$ と2直線 $x = -1$、$x = 2$

問題4の17解答

①、②とも、面積を求める図形が x 軸の上側にできていることを確かめておきます。

① $S = 19$

$$S = \int_2^3 3x^2 dx = \left[x^3\right]_2^3 = 3^3 - 2^3 = 27 - 8 = 19$$

② $S = 12$

$$S = \int_{-1}^2 (3x^2 + 1) dx = \left[x^3 + x\right]_{-1}^2$$
$$= (2^3 + 2) - \{(-1)^3 - 1\} = 10 - (-2) = 12$$

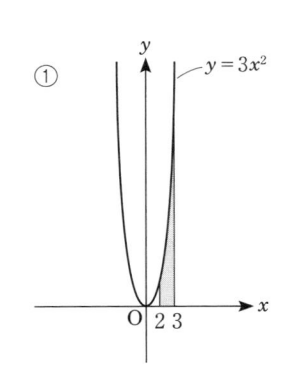

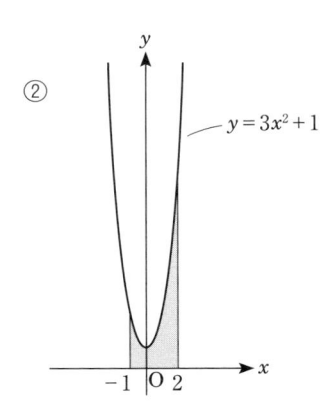

① $y = 3x^2$

② $y = 3x^2 + 1$

その15
定積分を用いて面積を求める問題では、やっぱり具体的なグラフの形をつかんでおくことが必要だとわかったこと。

定積分を使うと、軸と直線によって囲まれた図形の面積が求められるのですよね。でも、定積分の計算そのものにはマイナスの値が出てくる

こともざらにあるじゃありませんか。

あ、そうか、じゃ、これからは面積はマイナスの値であってもいいの？と半可通の私は考えました。

しかしこの考えは間違っています。

「面積」を求めなさい、といわれたら、その答えは常に正（または特殊な場合、0もありうるでしょうね）です。

そのためには、具体的な関数の形をよくつかんでおかなくてはならないのだ、ということがあらためてわかりました。

こんな問題はどうでしょう。

問題 4 の 18

放物線 $y = x^2 - 1$ と x 軸とで囲まれた部分の面積を求めましょう。

問題 4 の 18 解説

放物線 $y = x^2 - 1$ と x 軸との交点を求めると $x^2 - 1 = 0$ から、$x = \pm 1$

そこで
$$\int_{-1}^{1} (x^2 - 1)\, dx = \left[\frac{1}{3} x^3 - x\right]_{-1}^{1}$$
$$= \left(\frac{1}{3} - 1\right) - \left\{\frac{1}{3} \times (-1)^3 - (-1)\right\}$$
$$= -\frac{2}{3} - \frac{2}{3} = -\frac{4}{3}$$

と負の値が出てしまいます。グラフの形がよくわかっていれば、マイナス記号を取って $S = \dfrac{4}{3}$ と答えればいいのです。

または、このグラフの x 軸の下側の部分（$-1 \leqq x \leqq 1$ の範囲）を x 軸の上側に折り返した関数 $y = 1 - x^2$ を作り、これを -1 から 1 まで定積分すれば、求める面積がはじめから正の値として求められます。

またこのグラフが、y 軸に対して対称であることに気づけば、面積を

求めたい図形は y 軸に対して左右対称ですので、
$$\int_{-1}^{1}(1-x^2)\,dx = 2\int_{0}^{1}(1-x^2)\,dx$$
で計算が済みます。

一般にマイナスなどが出てくると計算が複雑になりますので、図形の対称性をうまく使って計算をはしょることもミスをしないために有効なことです。

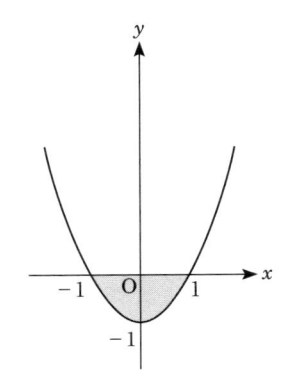

> 問題 4 の 18 解答
> $S = \dfrac{4}{3}$

実際に、数学という教科に対する意欲だけはあるように見えるけれども、実際にこれと取り組む場合には、的外れな行動ばかりをとる傾向のある生徒（=私もその一人）が引っ掛かったおぼえのある問題。

> 問題 4 の 19
> 関数 $y = x^3$ と x 軸および、2 直線 $x = -2$ と $x = 2$ によって囲まれる部分の面積 S を求めましょう。

> 問題 4 の 19 解答
> $S = 8$

ここまで学んだ定積分と面積の関係がよくわかっている人は、次のような計算からこの問題の答えを出しているはずです。

$$S = 2\int_{0}^{2} x^3\,dx = 2\left[\frac{1}{4}\times x^4\right]_{0}^{2}$$

$$= 2 \times \frac{1}{4} \times 2^4 = 8$$

私ははじめ、$\int_{-2}^{2} x^3 dx$ と定積分の計算をしてしまったので、この式の値が 0 になったときは途方にくれました。

関数 $y = x^3$ のグラフは $x = -2$ から $x = 0$ までは x 軸の下側にあり、$x = 0$ から 2 までは x 軸の上側にあって、しかも x 軸の上下にできているこの 2 つの図形は、相似なのですからね（**問題 4 の 2** で実際にグラフを描きましたのでこのグラフを参照してください）。

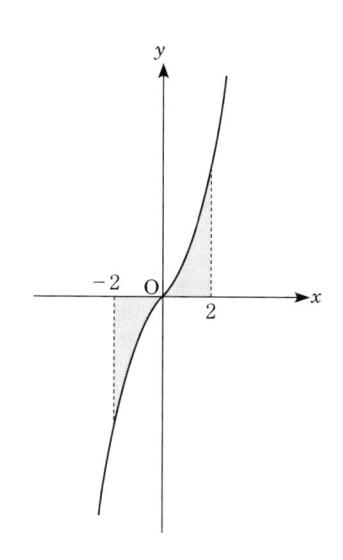

いずれにしろ、面積を求める問題は、関数のグラフの形が正確につかめていないと、うまくいきません。

やっぱり数式の問題と、図形の問題は表裏一体なのですよ。

それではすでに関数のグラフがわかっている問題を使って、実際に x 軸と直線で囲まれた部分の面積を求めてみましょう。

問題 4 の 20

3 次関数 $y = 2x^3 - 9x^2 + 12x - 5$ と、直線 $x = 1$ および直線 $x = 3$ によって囲まれた部分の面積を求めましょう。

問題 4 の 20 解説

この関数は、**第 4 章その 8 の中どころ**（p.292）で、私が実際にグラフを描いてありますので、それを参考に考えてください。グラフによると、$x = 1$ から $x = \frac{5}{2}$ までは x 軸の下側、$x = \frac{5}{2}$ から $x = 3$ までは x 軸の上側にありますので、ここで分けて積分します。

> 定積分を用いて面積を求める問題では、やっぱり具体的なグラフの形をつかんでおくことが必要だとわかったこと。

まず $x=1$ から $x=\dfrac{5}{2}$ までは、$y=2x^3-9x^2+12x-5$ の式を x 軸の上側に反転させた式、$y=-2x^3+9x^2-12x+5$ を積分します。

$$\int_{1}^{\frac{5}{2}} (-2x^3+9x^2-12x+5)\,dx$$
$$= \left[-\frac{1}{2}x^4+3x^3-6x^2+5x\right]_{1}^{\frac{5}{2}}$$
$$= \left\{-\frac{1}{2}\times\left(\frac{5}{2}\right)^4+3\times\left(\frac{5}{2}\right)^3-6\times\left(\frac{5}{2}\right)^2+5\times\frac{5}{2}\right\}$$
$$\quad -\left(-\frac{1}{2}+3-6+5\right)$$
$$= \left(\frac{75}{32}\right)-\left(\frac{3}{2}\right)=\frac{27}{32}$$

次に $x=\dfrac{5}{2}$ から $x=3$ までは与えられた関数 $y=2x^3-9x^2+12x-5$ をそのまま積分すればいいのです。

$$\int_{\frac{5}{2}}^{3} (2x^3-9x^2+12x-5)\,dx$$
$$= \left[\frac{1}{2}x^4-3x^3+6x^2-5x\right]_{\frac{5}{2}}^{3}$$
$$= \left(\frac{1}{2}\times 3^4-3\times 3^3+6\times 3^2-5\times 3\right)$$
$$\quad -\left\{\frac{1}{2}\times\left(\frac{5}{2}\right)^4-3\times\left(\frac{5}{2}\right)^3+6\times\left(\frac{5}{2}\right)^2-5\times\frac{5}{2}\right\}$$
$$= \left(-\frac{3}{2}\right)-\left(-\frac{75}{32}\right)=\frac{27}{32}$$

ここでないしょの話ですが、この積分の計算の後半の部分はすでに上の積分で計算してあり、その値は $\left(\dfrac{75}{32}\right)$ でしたので、この値の符号を変えて $\left(-\dfrac{75}{32} \text{として}\right)$ そのまま使ってあります。積分の計算はややこしいものが多いので、気を働かせてうまくやる方法をいつも考えていないと、

途中でいやになってしまいます。分数計算なども、なるべく上手にやるように、効率よい通分、約分の仕方を考えてください。

結局求める面積は $\frac{27}{32} + \frac{27}{32} = \frac{27}{16}$ です。

それにしても、このグラフでは、x 軸の下側の部分の面積と、$x = \frac{5}{2}$ と $x = 3$ で囲まれる部分の面積が等しいなんてちょっとした発見ですよね。

問題4の20 解答

$$S = \frac{27}{16}$$

ちなみに定積分 $\int_1^3 (2x^3 - 9x^2 + 12x - 5)\, dx$ をそのまま計算してみると、結果は 0 になります。グラフの形がわかっているので、あなたの計算した面積の値 $\left(\frac{27}{16}\right)$ が「正しい」らしいことはわかりますが、この計算だけでは、残念ながら、面積の値そのものは求められません。やはり一度は、ややこしい分数計算の渦に飛び込まなくてはならないということですね。

小学校時代に、分数計算というものに習熟しておいてよかった（あまり意味はよくわからなかったけれど）**と私はつくづく胸をなでおろしました。これはたしか、拡張された指数の計算の場面でも抱いた感想でした。しかし指数の拡張や、積分の計算などに至らないうちに数学という教科そのものをあきらめてしまう人もとても多いはず。そう考えれば、私の立場も、幸運とも不運ともどっちともいえないかもしれませんね。**

ところで、原点を中心にして半径が r の円の方程式はどう書けるのでしたっけ？

原点を中心にして半径 r の円の上に点 $P(x, y)$ をとると、三平方の定理から $x^2 + y^2 = r^2$ となるので、これがそのまま、「原点をとおり半

径が r の円の方程式」になるのでした。

$x^2 + y^2 = r^2$

この式を $y \geq 0$ の範囲について解いた式が $y = \sqrt{r^2 - x^2}$ です。

これが半円を表す方程式ですが、この式を $-r$ から r まで定積分すると、この半円と x 軸とで囲まれた部分の面積が求められるはず。

それを2倍すれば、半径が r の円の面積を求める公式 $S = \pi r^2$ が出てくるはず。

するといままで、ちゃんと説明されずに使ってきた、円の面積を求める公式が納得いく形で示されるはず。

円の面積は定積分 $S = 2\int_{-r}^{r} \sqrt{r^2 - x^2}\, dx$ を計算すればいいのですよね。

考え方はこれでいいのですが、この定積分の計算そのものは、なかなか一筋縄ではいきません。

途中で三角関数の積分に変換しなければならないからです。

しかし、三角関数の微分積分に加えて、いくつかある積分法のテクニックのうち、「置換法」というテクニックを学べば大丈夫です。

たしかに円の面積を求めることも、グラフと軸とに囲まれた部分の面積を求める方法でうまくいくのです。

しかし実際の積分計算が、簡単に動かせるどうかは、また別の問題にかかわってきます。

「積分法」という学問もなかなか奥が深いらしいのです。

その16 どうして式をまぜこぜにしていいの？

次に教科書にはこんな問題が載っていました。

「放物線 $y = 3x^2$ と直線 $y = 2x + 1$ に挟まれた部分の面積を求めなさい」

放物線 $y = 3x^2$ と直線 $y = 2x + 1$ の交点の x 座標を求めておきます。

$y = 3x^2$

$y = 2x + 1$

から y を消去して $3x^2 = 2x + 1$

この式から $3x^2 - 2x - 1 = 0$ という2次方程式ができますので

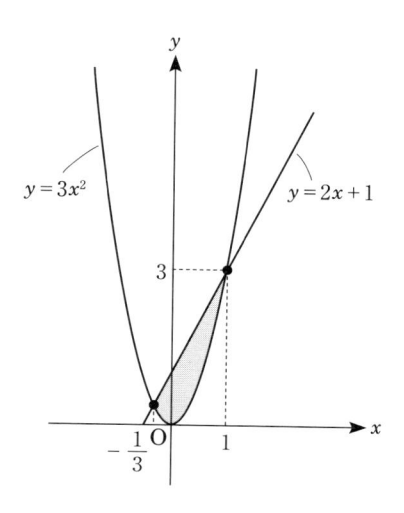

たすきがけ型因数分解（もちろん解の公式でもいいです）で解くと

$(x - 1)(3x + 1) = 0$ から $x = 1$ と $x = -\dfrac{1}{3}$

これが放物線と直線との交点の x 座標です。

直線 $y = 2x + 1$ と、2直線 $x = -\dfrac{1}{3}$、$x = 1$、それに x 軸で囲まれた図形（この場合は台形）の面積を S（上）とすると、S（上）は定積分 $\displaystyle\int_{-\frac{1}{3}}^{1}(2x + 1)\,dx$ で表されます。

また放物線 $y = 3x^2$ と、2直線 $x = -\dfrac{1}{3}$、$x = 1$ それに x 軸で囲まれた図形の面積を S（下）とすると、S（下）も、定積分 $\displaystyle\int_{-\frac{1}{3}}^{1}3x^2\,dx$ で表されます。

今、問題で求められている面積 S とは S（上）$- S$（下）のことですよね。

そこで $S = S$（上）$- S$（下）$= \displaystyle\int_{-\frac{1}{3}}^{1}(2x + 1)\,dx - \int_{-\frac{1}{3}}^{1}(3x^2)\,dx$ ですが、2つの定積分は上端（$x = 1$）と下端 $\left(x = -\dfrac{1}{3}\right)$ がともに一致しているので、1つの式にまとめることができます。

どうして式をまぜこぜにしていいの？

$$S = \int_{-\frac{1}{3}}^{1} (2x+1)\,dx - \int_{-\frac{1}{3}}^{1} (3x^2)\,dx$$

$$= \int_{-\frac{1}{3}}^{1} (2x+1-3x^2)\,dx = \left[x^2+x-x^3\right]_{-\frac{1}{3}}^{1}$$

$$= (1+1-1) - \left\{\left(-\frac{1}{3}\right)^2 + \left(-\frac{1}{3}\right) - \left(-\frac{1}{3}\right)^3\right\}$$

$$= 1 - \left(-\frac{5}{27}\right) = \frac{32}{27} \text{ です。}$$

つまり2つの関数に挟まれた図形の面積は、グラフが上の位置にある関数から、下の位置にある関数を引いて、定積分すればいいことになります。

上の式から下の式を引いた、いわばごちゃ混ぜの新しい関数を定積分すると、必要な面積が求められる、というところが新鮮でした。

これも2つのグラフの位置関係がつかめないと、求められない値ですよね。

では、この考え方を使う練習問題をやりましょうか。まず比較的扱いやすいものからです。

問題 4 の 21

次の図形の面積を求めましょう。

①**放物線 $y = x^2$ と直線 $y = x + 2$ で囲まれた部分の面積**
②**放物線 $y = x^2 + 4$ と直線 $y = x + 3$ および 2 直線 $x = -2$、$x = 1$**
③**放物線 $y = x^2$ と放物線 $y = -x^2 + 8$**

問題 4 の 21 解説

①この放物線と、直線の交点の x 座標は、2次方程式 $x^2 - x - 2 = 0$ を因数分解で $(x-2)(x+1) = 0$ から、$x = 2$ と $x = -1$ です。

この範囲では、直線のほうが放物線より上側にあるので、$(x + 2 - x^2)$

を、−1から2まで積分します。

$$\int_{-1}^{2}(x+2-x^2)\,dx$$
$$=\left[\left(\frac{1}{2}\right)\times x^2+2x-\left(\frac{1}{3}\right)\times x^3\right]_{-1}^{2}$$
$$=\frac{10}{3}-\left(-\frac{7}{6}\right)=\frac{9}{2}$$

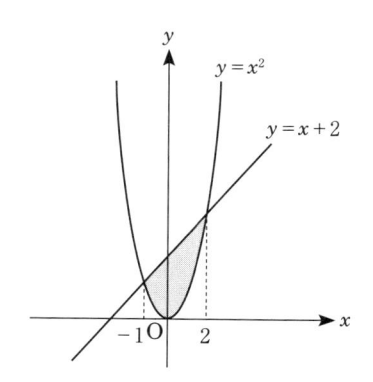

②この放物線と直線との交点を求めるために、2次方程式 $x^2-x+1=0$ を作ると、この2次方程式は実数の解を持ちません。つまりこの2つのグラフは、座標平面上で交点を持ちません。そこであらためて放物線と直線のグラフの形をよく確かめると $x=-2$ から $x=1$ までの範囲では、放物線のほうが直線より上側にあることが実感できます。

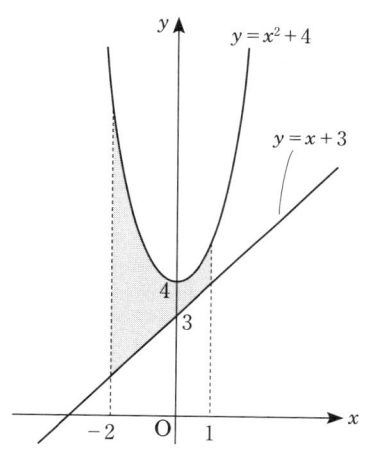

そこで $\int_{-2}^{1}(x^2-x+1)\,dx=\left[\left(\frac{1}{3}\right)\times x^3-\left(\frac{1}{2}\right)\times x^2+x\right]_{-2}^{1}$
$$=\frac{5}{6}-\left(-\frac{20}{3}\right)=\frac{15}{2}$$

③2つの放物線は、上広がり ($y=x^2$) と下広がり ($y=-x^2+8$) で、その交点の x 座標は、2次方程式 $2x^2-8=0$ から $x=\pm2$ です。

$x=-2$ から $x=2$ の範囲では、下広がりの放物線 ($y=-x^2+8$) のほうが、上広がりの放物線 ($y=x^2$) の上側にあり、しかもこれらによって囲まれた図形は、y 軸に対して左右対称になっています。そこ

で求める面積は、

$2\int_0^2 (-2x^2 + 8)\,dx$ と計算するのが、もっとも効率的です。

$$2\int_0^2 (-2x^2 + 8)\,dx$$
$$= 2\left[-\left(\frac{2}{3}\right) \times x^3 + 8x\right]_0^2$$
$$= 2 \times \frac{32}{3} = \frac{64}{3}$$

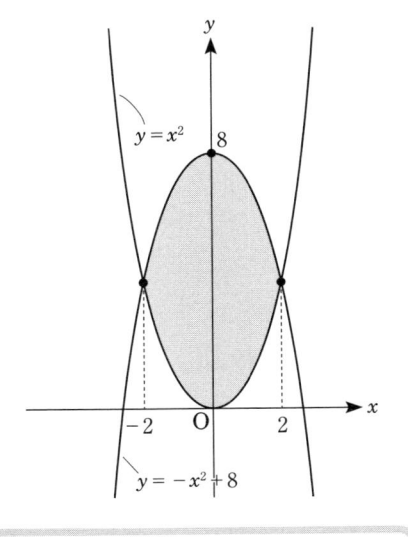

> **問題 4 の 21 解答**
>
> ① $\dfrac{9}{2}$
>
> ② $\dfrac{15}{2}$
>
> ③ $\dfrac{64}{3}$

　それでは、もう少し複雑な、関数と関数で挟まれた図形の面積を求める問題をやりましょうか。この問題に出てくる3次関数 $y = x^3 - 6x^2 + 9x$ は**問題 4 の 6 の**①でグラフを描いていますので、その形を参考にしてこの問題を考えてください。

問題 4 の 22

　3次関数 $y = x^3 - 6x^2 + 9x$ と直線 $y = 4x$ に挟まれた部分の面積を求めましょう。

問題 4 の 22 解説

まず直線と 3 次関数との交点の x 座標を求めます。

$$x^3 - 6x^2 + 9x - 4x = x^3 - 6x^2 + 5x = x(x^2 - 6x + 5)$$
$$= x(x-1)(x-5)$$

この式を 0 とおくと、交点の x 座標はそれぞれ、$x = 0$、$x = 1$、$x = 5$ です。

また実際にグラフと直線とが交わった図を見ると、

$x = 0$ から $x = 1$ までは、3 次関数が直線の上側にあり、$x = 1$ から 5 までは直線が 3 次関数の上側にあります。

3 次関数が直線の上側にある部分の面積を S_1、逆に、直線が 3 次関数の上側にある部分の面積を S_2 とおいて、それぞれの面積を別個に計算することにしましょう。

$$S_1 = \int_0^1 (x^3 - 6x^2 + 5x)\, dx$$
$$= \left[\left(\frac{1}{4}\right)x^4 - 2x^3 + \left(\frac{5}{2}\right)x^2 \right]_0^1$$
$$= \left(\frac{3}{4}\right) - 0 = \frac{3}{4}$$

$$S_2 = \int_1^5 (-x^3 + 6x^2 - 5x)\, dx$$
$$= \left[-\left(\frac{1}{4}\right)x^4 + 2x^3 - \left(\frac{5}{2}\right)x^2 \right]_1^5$$
$$= \frac{125}{4} - \left(-\frac{3}{4}\right) = \frac{128}{4} = 32$$

そこで求める面積は $S_1 + S_2 = \dfrac{3}{4} + 32 = \dfrac{131}{4}$

問題 4 の 22 解答

求める面積は $\dfrac{131}{4}$

その17　「積分は微分の逆」とはいうけれど。

　「積分は微分の逆」という考え方を私は比較的容易に理解しましたが、実際に「微分して $f(x)$ になる」ような関数 $F(x)$（この $F(x)$ をもとの関数 $f(x)$ の原始関数というのですよね）を求めることは、必ずしも容易ではないらしいということに気づくようになりました。

　たとえば微分して $y = x^n$ となるような関数は、$n = 0、1、2、……$ の場合には $\int x^n dx = \dfrac{1}{n+1} \times x^{n+1} + C$ でいいんだけど、$n = -1$ の場合、つまり $y = \dfrac{1}{x}$ という関数の場合には、この公式は当てはめられない、かと思うと $n = -2$ の場合つまり関数 $y = \dfrac{1}{x^2}$ の場合にはまた、さっきの公式を当てはめていい、など「不定積分を求めること」についても一つ一つ見極めておかなくてはならないいろいろな障害がありました。

　あとで習ったところによると $\int \dfrac{1}{x} dx = \log |x| + C$ になるのですよ。

　もちろん $\int \dfrac{1}{x^2} dx = -\dfrac{1}{x} + C$ ですよね。

　$\int \dfrac{1}{x} dx$ のほうは、**その10** でちょっと触れたように、指数関数を微分する話にさかのぼって説明づけるのです。

　また自然対数の底 e を用いた不定積分にも、簡単に不定積分（原始関数）が求まるものと求まらないものがあるのを知りました。

　三角関数などもそれで、式の形が簡単そうに見えるから、不定積分も簡単に求められるかというとそうでもなさそうなところが、頭の痛いところでした。

　逆にどう見ても扱いにくいと思える三角関数に、単独の x の式が絡ん

だものの中には、わりと簡単に不定積分が求められるものもあって、不定積分が求められるかどうかは一切「教科書の腹の内にあるのね」と思うと、正直、いい気持ちはしませんでした。

というのも、教科書に出てくる練習問題などは、みな不定積分が求まる問題なのだろう、とは予測できるけれど、その時の私個人の能力ではうまくいかないものもあります。

つまりある関数の不定積分が求まらないのは、誰が（教科書が）やっても「求まらない」のか、それとも私個人の能力に関係する事情から「求まらない」のか判断がつきにくいところに心が騒いだのです。しかも現状では「誰がやっても」求まらないことになっている不定積分の問題が、いつの日にか、練習問題として教科書に載らないとはいい切れないとも思うのです。

しかし、自分の中に沸いた、こういう一つ一つの疑問に深くかかわる暇は、高三当時の私にはすでに、ありませんでした。入試が迫っていたからです。

この先を追及するところに、私として、数学という学問をいくらかでも専門に学ぶ気持ちがあるのか、ひいては数学の「研究」という高みにまで上ろうとする意思があるのか、大きな岐路が隠されていたのです。

しかしこれまで、どう考えても志が高いとはいえない動機で数学という教科と取り組んできた私には、どうやらこれが限界でした。

つまり私は中学・高校の数学で新しい分野を学ぶたびに、常に自分の心に渦巻いていたあの問いかけ「私に解けない数学の問題が出てきたらどうしよう？」を引っ込めざるを得なくなったのです。

「私に解けない数学の問題なんてざらにあるんだわ」しかしこういうことを、生涯、決して思わないのが数学のプロといわれる人々なのです。

その18　立体の体積を積分法で求める問題。

　まもなく、立体の体積を積分法（定積分）で求めるやり方を学校で学びました。「曲線に囲まれた部分の面積」を求めるときに用いられた考え方とそっくり同じところが面白かったです。「面積」と「体積」とをこれまでとは違った視点で捉えられるような気がしたからです。

　空間の中に、立体があります。この立体を、平行な2枚の平面 α、β で切ります。

　そうして、この平面に垂直に交わるように x 軸をとります。

　これら2枚の平面と、x 軸との交点の x 座標をそれぞれ $x = a$ と $x = b$ とします。

　今、2枚の平面によってはさまれた立体の体積 V を求めることを考えようと、教科書は言っています。

　この場面では、空間の中の立体を考えているので、暗黙のうちに x 軸、y 軸に加えて z 軸というものが出てきているはずですが、この話には終始、y 軸も、z 軸も出てきません。

　そうして x 軸も、問題を考えやすいような位置にとるのです。このあたりも私にはちょっとした発想の転換を伴いました。そうか、座標軸って、自分に都合のいいようにとっていいんだわ。

　私は、目の前に大きな焼き芋用のサツマイモを思い浮かべて、この話を理解しました。

　サツマイモを包丁で平行に切った、真ん中の部分の体積を V とし、これを積分の考えを用いて求めようというのです。

　体積を求めたい立体をさらに別の平面 γ で切ります。平面 γ は x 軸に垂直で、この平面と x 軸との交点の x 座標を x、としておきます。そう

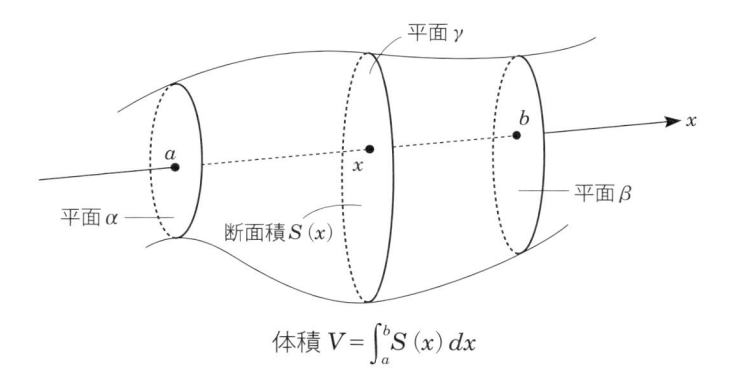

平面γで切ったときの断面積が、xの式$S(x)$

$$体積 V = \int_a^b S(x)\,dx$$

すると$a \leqq x \leqq b$ですよね。

体積を求めたい立体を、平面γで切ったときの断面積が、xの式$S(x)$で表されているとします。

そうするとこの立体の体積Vは
$$V = \int_a^b S(x)dx$$
で表される、というのです。

このことをおおざっぱにいうと、サツマイモを包丁で切ったときの断面積が、もしもこの包丁の刃に直交するx軸上にとった変数xの式で表されているとすれば、このサツマイモのある部分の体積が、上で書いた定積分の値で表されるというのです。

終始、サツマイモをイメージして教科書の言い分を理解しようとしている私には「ああ、断面積がxの式で表されるかどうかってところが難しいらしいわ」ということが想像できました。

サツマイモの切り口の形って、切る場所をちょっと変えただけで大いに違ってくるではありませんか。

なぜこの、断面積から体積を求める公式が出てきたかというと、この証明は、**その14**でやった、「曲線に囲まれた図形の面積」を求めたときと同じやり方でやればいいからです。この証明では、面積を求めたい図形を、「幅」がhの2本の直線で切って、細長い図形を作る、というと

ころがポイントでした。

こんども考え方は全く同じです。**ただし今度は扱うのが「立体」です**ので、この立体を「幅」が h の長細い立体にスライスする、というところが違います。

あとは「曲線に囲まれた図形の面積」でやったときと同じように、「体積」というものが、断面積を表す式の不定積分のひとつとして表されることを導けばいいのです。

ともあれ「断面積」が x の式で表されている立体については、その体積を求めることは、そう難しくはありません。

じゃ、具体的な問題をやってみましょうか。

問題 4 の 23

次の円錐の体積 V を求めましょう。

　　底面の半径が 3 cm で高さが 10 cm の円錐。

（この問題の場合は直円錐と考えてください）

問題 4 の 23 解説

小学校時代によく勉強した人は、直円錐の体積 $= \frac{1}{3} \times$ 底面積 $\times$ 高さ、の公式を覚えていらっしゃるはずなので、求める体積 $V = \frac{1}{3} \times (\pi \times 3^2) \times 10 = 30\pi$ (cm^3) とすぐに答えが出るはずです。

しかしこの問題を積分の考えを用いて解くと、こういうことになります。

まずこの円錐の頂点から、底面の円の中心に、x 軸を通します。

いま、変数 x の動く範囲は $0 \leq x \leq 10$ と決めていいですよね。

$0 \leq x \leq 10$ の範囲の点 x をとおり、底面に平行な平面でこの円錐を切ってできる円の半径を y とします。

そうすると比例式 $10 : 3 = x : y$ が成り立ち、$10y = 3x$ から $y = \frac{3}{10}x$

そこでこの位置にできている、この円錐の断面積を $S(x)$ とすれば

$$S(x) = \pi \times \left(\frac{3}{10}x\right)^2 = \frac{9}{100}\pi x^2$$

つまりこの式を 0 から 10 まで定積分すれば、この円錐の体積が求められるはずです。

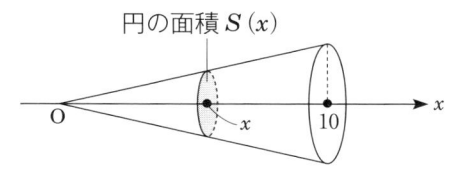

実際に、

$$\int_0^{10} \frac{9}{100}\pi x^2 dx = \left[\frac{9}{100}\pi \times \frac{1}{3}x^3\right]_0^{10} = 30\pi - 0 = 30\pi$$

で確かに、小学校時代に学んだ「円錐の体積を求める公式」で求めた値と一致します。

問題 4 の 23 解答

体積 $V = 30\pi$ (cm³)

この問題をもっと一般的に「底面の半径が r、高さが h の円錐の体積を求めましょう」

という問題に置き換えるとあのおなじみの（直）円錐の体積 V を求める公式、$V = \frac{1}{3}\pi r^2 h$ が出てくるのです。

「錐」と名の付く立体の体積を求めるとき、お題目のように出てきた $\frac{1}{3}$ という係数は、不定積分 $\int x^2 dx$ の係数から表れた数字だったのです。

今度は、三角錐で考えてみましょうか。

問題 4 の 24

底面が 1 辺の長さ 2cm の正三角形で、高さが 3cm の三角錐の体積 V を求めましょう。

立体の体積を積分法で求める問題。

> **問題 4 の 24 解説**

　この三角錐の底面積は、1辺の長さが 2cm の正三角形の高さは $\sqrt{3}$ cm（第 3 章、その 9）ですので、底面積 = $2 \times \sqrt{3} \div 2 = \sqrt{3}$ cm³ です。

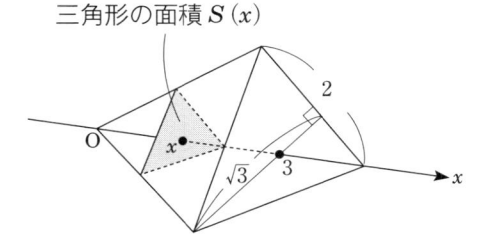

　「三角錐の体積」を求める公式を使うと $V = \dfrac{1}{3} \times 3 \times \sqrt{3} = \sqrt{3}$ cm³ です。

　積分を使うと、こういう具合になります。

　この三角錐の高さの位置に x 軸を通すと、積分の範囲は $0 \leq x \leq 3$ でいいですよね。

　今、この範囲の点 x をとおり、x 軸に垂直な平面で三角錐を切ったときの切り口の面積 $S(x)$ は変数 x の 2 乗に比例するはず。

　そこで　$\sqrt{3} : 3^2 = S(x) : x^2$ より $S(x) = \dfrac{\sqrt{3}}{9} x^2$。

　この式を 0 から 3 まで定積分すればいいのです。

　実際、$\displaystyle\int_0^3 \dfrac{\sqrt{3}}{9} x^2 dx = \left[\dfrac{\sqrt{3}}{9} \times \dfrac{1}{3} x^3 \right]_0^3 = \sqrt{3}$ となります。

> **問題 4 の 24 解答**
>
> $V = \sqrt{3}$ **cm³**

　この問題を一般化すると、三角錐に限らず、底面積が S で、高さが h であるような錐の体積が求められます。

　この錐の体積 V は $V = \displaystyle\int_0^h \dfrac{S}{h^2} \times x^2 dx = \dfrac{1}{3} Sh$ となります。

　断面積がわかっている（変数 x の式で表されている）立体の体積は積

分法で求められるのですから、その考え方を応用すると、今度はこんな立体の体積（回転体の体積）も求められることになります。

問題 4 の 25

曲線 $y = \sqrt{x}$ と x 軸および、直線 $x = 2$ と $x = 3$ で囲まれた図形を、x 軸の周りに一回転させたときに出来る立体の体積 V を求めましょう。

問題 4 の 25 解説

曲線 $y = \sqrt{x}$ のグラフは**第 3 章、その 7** で描いてあります。この図を参考にしてこの問題を考えてくださいね。

いま、体積を求める立体の断面積は、曲線 $y = \sqrt{x}$ で、半径が y の円になっているはずですので、この円の面積は $\pi y^2 = \pi (\sqrt{x})^2 = \pi x$。

これがこの立体の断面積を表す関数ですので、これを 2 から 3 まで定積分すれば、求める体積が得られます。

$$V = \int_2^3 \pi x\, dx = \left[\frac{1}{2} \times \pi x^2\right]_2^3 = \frac{1}{2} \times \pi \times 3^2 - \frac{1}{2} \times \pi \times 2^2$$
$$= \frac{9}{2}\pi - \frac{4}{2}\pi = \frac{5}{2}\pi$$

問題 4 の 25 解答

$V = \dfrac{5}{2}\pi$

この考え方（回転体の体積）を使うと、いままできちんと説明されてこなかったにもかかわらず、計算だけはさせられていた感じの「球の体積」を求める公式が、いくぶん納得いく形で得られます。

問題 4 の 26

半径 r の球の体積 V を求めましょう。

問題 4 の 26 解説

原点 O を中心とした、半径 r の球とは、同じく原点 O を中心にして半径が r の半円を x 軸の周りに 1 回転させてできた立体であると考えられます。

原点 O を中心とした、半径が r の円を表す方程式は $x^2 + y^2 = r^2$ です。今は半円を考えているので、$y \geq 0$ です。

また $-r \leq x \leq r$ はいいですよね。

体積を求めたい球を x 軸に垂直なある平面で切ったときの切り口の半径とは、上に書いた公式の y の値のことですよね。

そこでこの球の断面にあたる円の面積は $\pi y^2 = \pi(r^2 - x^2)$ ということになります。

この式を $-r$ から r まで定積分すれば、求める球の体積が出てくるはずですが、ここでも球という立体の対称性を使うと、半球の体積を求めてこれを 2 倍する計算で済むことがわかります。

$$\begin{aligned}
V &= \int_{-r}^{r} \pi(r^2 - x^2)\,dx = 2\int_{0}^{r} \pi(r^2 - x^2)\,dx \\
&= 2\left[\pi r^2 x - \frac{1}{3}\pi \times x^3\right]_{0}^{r} = 2\left(\pi r^3 - \frac{1}{3}\pi r^3\right) - 2 \times 0 \\
&= 2 \times \frac{2}{3}r^3 = \frac{4}{3}\pi r^3
\end{aligned}$$

とこれまで、いわば天下り式に使っていた、球の体積の公式が出てきます。

> **問題 4 の 26 解答**
>
> 球の体積 $V = \dfrac{4}{3}\pi r^3$

　日常めぐり合う問題にいくらかでも積分法を応用しようと考えるなら、こんな問題はどうでしょう。

> **問題 4 の 27**

　半径が r の半球形のボウルがあります。

　①このボウルに高さ t まで液体が入っているとき、この液体の量を求めましょう。

　②今、このボウルに高さ r の8分目まで液体が入っているとします。この時の、液体の容量を求めましょう。

　③②の場合、このボウルには、半球形のボウルの全容量の約何パーセントの液体が入っていますか。

> **問題 4 の 27 解説**

　①は前の**問題 4 の 26** で、$x = -r$ から $x = r$ まで積分したところを、今度は $x = r - t$ から $x = r$ まで定積分すればいいことになります。もちろん $0 \leq t \leq r$ ですよね。

$$\text{液体の容量} = \int_{r-t}^{r} \pi(r^2 - x^2)\,dx$$
$$= \pi \left[r^2 x - \frac{1}{3} x^3 \right]_{r-t}^{r}$$
$$= \pi \left(r^3 - \frac{1}{3} r^3 \right) - \pi \left\{ r^2(r-t) - \frac{1}{3}(r-t)^3 \right\}$$
$$= \pi \left(\frac{2}{3} r^3 \right) - \pi \left(\frac{2}{3} r^3 - rt^2 + \frac{1}{3} t^3 \right) = \pi rt^2 - \frac{1}{3} \pi t^3$$

　②ボウルの高さ r の8分目まで液体が入っているのですから、今 $t =$

$\dfrac{8}{10}r = \dfrac{4}{5}r$ です。この t の値を①で計算した液体の容量の式の t に代入します。

液体の容量 $= \pi \times r \times \left(\dfrac{4}{5}r\right)^2 - \dfrac{1}{3}\pi\left(\dfrac{4}{5}r\right)^3 = \dfrac{176}{375}\pi r^3$

③この半球形のボウルの全容量は、球の体積の半分ですので $\dfrac{2}{3}\pi r^3$

そこで $\dfrac{176}{375}\pi r^3$ を $\dfrac{2}{3}\pi r^3$ で割ったものが、容量の比になります。

$\dfrac{176}{375}\pi r^3 \div \dfrac{2}{3}\pi r^3 = \dfrac{88}{125} = 0.704$ ですので、約70パーセントです。

常識的にも、妥当な数字に思えますね。

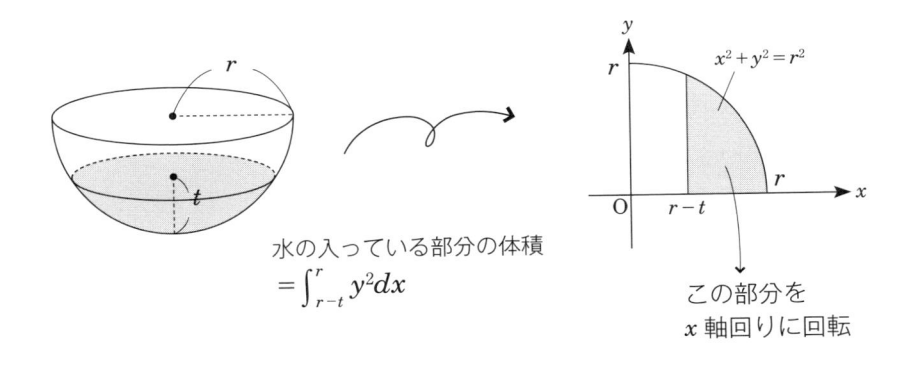

水の入っている部分の体積
$= \int_{r-t}^{r} y^2 dx$

この部分を x 軸回りに回転

問題4の27 解答

① $\pi r t^2 - \dfrac{1}{3}\pi t^3$

② $\dfrac{176}{375}\pi r^3$

③ 約70パーセント

　この問題では、はじめは文字 t(ボウルに入った液体の高さ)を定数のように考えて、変数 x で積分し、のちに問題②と③では t を変数のように扱って、容量や容量比を求めます。

　この問題で、終始、定数扱いなのはボウルの半径 r だけですよね。

この半径 r だって、当然、動き出すことがないとはいえない文字なのです。
　ボウルといっても、調理用からガスタンクのような巨大なものまで、種々ありそうではありませんか。

その19　やっぱりワープしてみたい物理学の実験室。

　微分積分の理解の底にはやっぱり、物理学の実験室があるのではないかと私は思います。現代の、電子機器が張り巡らされたような実験室ではなく、頑丈なテーブルの上に、古めかしい天秤やら、ほこりをかぶったような計測器が置かれ、かたわらで風車がかすかに温熱を放っているかと思うと、大きな振り子が天井から揺れている、といったような一時代も二時代も（ひょっとすると一世紀以上も）以前の「物理学実験室」の風景です。
　運動している物体の、刻々の位置がわかっていれば、ある時間におけるこの物体の平均の速度がわかります。この「平均の速度」から、瞬間の速度（微分係数）を求める方法があるのではないかと思いついたのが、微分法の基礎でしょう。
　逆に速度の関数がわかっている場合、「微分してこの速度の関数」になる関数が、何を表すのかに思い巡らしたのが、この分野における積分法の練習問題になるのだと思います。
　たとえばこんな問題。

問題 4 の 28

1点 P が数直線上を動いています。

時刻 t における、この点の速度 v が $v(t) = 3t^2 + 1$ で表されているとします。

① 0秒後から3秒後までに、点 P の位置はどれだけ変化したか計算しましょう。

② $t = 1$ の時の点 P の座標が $x = 3$ だとします。$t = 2$ のときの点 P の座標を求めましょう。

問題 4 の 28 解説

①は定積分 $\int_0^3 (3t^2 + 1)\, dt$ を計算すればいいのですよね。
$\int_0^3 (3t^2 + 1)\, dt = [t^3 + t]_0^3 = (27 + 3) - 0 = 30$

②は不定積分の問題になります。

$v(t) = 3t^2 + 1$ の不定積分を求めると、時刻 t におけるこの点の位置 x が一般的に（定数の差をのぞいて）わかります。

x 軸上の移動を、時刻 t を用いて表しているので、速度の関数 $v(t)$ の不定積分を x とおいていいですよね。

$x = \int (3t^2 + 1)\, dt = t^3 + t + C$ （C は積分定数）

$t = 1$ のとき、この点の位置は $x = 3$ なのですから、$2 + C = 3$ で、積分定数 $C = 1$ だとわかります。

$t = 2$ のときの点 P の位置は、$x = t^3 + t + 1$ に $t = 2$ を代入して $x = 11$ ですよね。

問題 4 の 28 解答

① 点 P の位置の変化 $= 30$

② $t = 2$ の時の点 P の座標は $x = 11$

この問題などは数直線上の「位置」と、「位置の変化」との違いがよくわかる問題ですね。

「実際に動いた距離（道のり）」と「位置の差」との違いを考えるなら、こんな問題もあります。

問題 4 の 29

1 点 P が数直線上を動いています。

時刻 t における、この点の速度 v が $v(t) = 4 - 2t$ で表されているとします。このとき、

① 0 秒後から 2 秒後までに、P の位置はどれだけ変化したか計算しましょう。

② 0 秒後から 5 秒後までに、P の動いた距離（道のり）を計算しましょう。

問題 4 の 29 解説

①は定積分 $\int_0^2 (4 - 2t)\, dt = [4t - t^2]_0^2 = (8 - 4) - 0 = 4$ の計算でいいですよね。

②のほうは速度の関数 $v(t) = 4 - 2t$ を 0 とおくと $4 - 2t = 0$ から $t = 2$ が出ます。つまり 2 秒後に点 P は x 軸上、向きを変えて動き出すのです。

0 秒後から 2 秒後までは、点 P の位置の変化が、そのまま点 P の動いた道のりです。しかし 2 秒後から 5 秒後までは、点 P は x 軸上を負の向きに動き出すので $-v(t)$ を 2 から 5 まで定積分しないと、実際に点 P の動いた距離が出ません。

$$\int_2^5 \{-v(t)\}\, dt = \int_2^5 (2t - 4)\, dt$$
$$= [t^2 - 4t]_2^5 = (25 - 20) - (4 - 8) = 5 + 4 = 9$$

これに 4 を加えた値 13 が 0 秒後から 5 秒後までに点 P が数直線上を

実際に動いた距離（道のり）になります。

> **問題 4 の 29 解答**
> ① 0 秒後から 2 秒後までの点 P の位置の変化 = 4
> ② 0 秒後から 5 秒後までに点 P の動いた道のり = 13

上の 2 題の問題は、点 P の動きが「たて」方向になっても考え方は変わりません。

> **問題 4 の 30**

ある物体を地上から真上に、速度 30 m/s で打ち上げました。
この物体の、t 秒後の速度 v m/s は $v(t) = 30 - 9.8t$ で表されています。
ただし $0 \leq t \leq 6$ とします。
①この物体の 2 秒後の高さを計算しましょう。
②この物体の 4 秒後の高さを計算しましょう。

> **問題 4 の 30 解説**

①、②ともそれぞれ $t = 0$ から $t = 2$ までと $t = 0$ から $t = 4$ までの定積分を計算すればいいのですよね。

①は $\int_0^2 (30 - 9.8t)\, dt = [30t - 4.9t^2]_0^2 = (60 - 19.6) - 0$
$\qquad\qquad\qquad\qquad\qquad\qquad = 40.4$
②は $\int_0^4 (30 - 9.8t)\, dt = [30t - 4.9t^2]_0^4 = (120 - 78.4) - 0$
$\qquad\qquad\qquad\qquad\qquad\qquad = 41.6$

> **問題 4 の 30 解答**
> ① 2 秒後の高さ　40.4 m
> ② 4 秒後の高さ　41.6 m

①と②の答えの数値があまり変わらないのは、4秒後には、この物体はすでにピークを通り過ぎ、地面に向かって落下しはじめているからです。

　ところで、問題の最後に付いている条件 $0 \leq t \leq 6$ はどこで使うのでしょうね。

　そう、この物体は約6.1秒後には、地上に着いている（激突している？）はずなので、とりあえず、6秒後までは問題の速度の式を保障しましょう、という話でしょう。物理学から出た問題らしい条件のつけ方だと思います。

　問題4の28と4の29は1点Pが x 軸（よこ軸）上を移動する問題、これに対して問題4の30は、いわばこの点が y 軸（たて軸）上を移動する問題ですよね。

　では一般に点Pが、平面上や空間内を移動する問題となると、どう考えるのでしょうね。

　ここにベクトルなどの点の移動を、たとえば平面内なら「たて・よこ」に分解してつかむ考え方が生まれてくるのだと思います。

　そうして性懲りもなくまた「私に解けない微分積分の問題が出てきたらどうしよう？」と悩み始めた私。

　これまでにも数々の方程式の問題に苦しんで（いや、正確には苦しむことを楽しんで）きましたので、微分積分の世界にも「方程式」の問題があるのではないかと期待（？）しました。

　あるんです。微分積分の世界にも方程式が。

　一般に「微分方程式」と呼ばれる分野ですよね。不定積分を求める式なども、微分方程式の一種です。

　たとえばこの章でたびたび出てきた $\dfrac{dy}{dx} = 2x$ という式なども微分方

程式ですよね。

この式は、微分すると $2x$ となる y の式を求めなさい、という意味なのですからこれはそのまま不定積分 $\int 2x dx$ の意味となり、

$y = \int 2x dx = x^2 + C$（C は積分定数）

が、この微分方程式の解（一般解）ということになるわけです。

もちろん、もっと難しい微分方程式の問題も数々あります。

一般に与えられた微分方程式が解けるか解けないかは、不明なことが多いようです。しかも、物理の世界では、いろいろな物体の変化の様子を、まず、微分方程式で捉える（表現する）ことが多いらしいのです。

そのくせ、この微分方程式が一般的に解けるかどうかは、わからないという現状があるのです。ここを打開しようと、関数をごく狭い範囲で多項式で近似する方法（テイラー展開）などの考え方が生まれたのではないかと思います。

やっぱり「私に解けない数学の問題が出てきたらどうしよう？」などという考えは、狭い、狭い。

結局、才乏しいがゆえに、そこから脱皮できなかった私ですが、思い返してみると、大いに「悩むことを楽しみ」ました。

索 引

あ

i ……………………………………… 105
余り ……………………………………… 56
イコール（＝）という記号の持つ性質
　……………………………………… 85
イコールは天秤 ………………………… 86
位置 …………………………………… 350
位置関係 ……………………………… 191
1 次不等式 ……………………… 122, 182
1 次方程式 …………………………… 84
位置の変化 …………………………… 350
一般解 …………………………… 221, 353
一般角 ………………………………… 213
移動する ……………………………… 352
因数定理 …………………………… 60, 118
因数分解 ………………………… 36, 60, 65
$\int dx$ ……………………………… 309
a の実数乗 …………………………… 230
a の分数乗 …………………………… 230
a の累乗根 …………………………… 228
x 軸に接して ………………………… 177
x の関数 ……………………………… 158
xy 座標 ……………………………… 157
$\sqrt[n]{a}$ ……………………………… 228
円の接線 ……………………………… 273
円の方程式 ……………………… 209, 300
円の面積を求める公式 ……………… 331
折れ線 …………………………… 166, 194

か

回転数 ………………………………… 213
回転体の体積 ………………………… 344
解の吟味 ……………………………… 196
掛け算の交換法則 …………………… 13
加減法 ………………………………… 89
傾き …………………………………… 160
下端 …………………………………… 315
関数の定数倍と和や差の公式
　……………………………………… 312
逆 ……………………………………… 166
逆関数 ………………………………… 240
$q = \log_a p$ ………………………… 238
球の体積 ……………………………… 345
境界 …………………………………… 169
共通因数 ………………………… 69, 98
共通部分 ……………………………… 125
共通分母 ……………………………… 139
極限値 ………………………………… 272
極小値 ………………………………… 291
曲線で囲まれた面積 ………………… 321
極大値 ………………………………… 291
虚数 …………………………………… 142
虚数解 ………………………………… 136

虚数単位 …………………………… 106	軸 …………………………………… 170
グラフ …………………… 147, 156	指数 ………………………………… 223
決定問題 …………………………… 176	指数 x の拡張 …………………… 237
原始関数 …………………………… 310	指数計算 …………………………… 224
項 …………………………………… 12	指数・対数の連立方程式 ……… 258
交換法則 …………………………… 29	次数の低い文字 ………………… 73
高次方程式 ………………………… 116	指数法則 …………………………… 224
恒等式 ……………………………… 150	指数方程式 ………………………… 253
降べき ……………………………… 24	自然対数の底 ……………………… 303
答えの間 …………………………… 128	実数の範囲 ………………………… 133
答えの外側 ………………………… 128	重解 …………………………… 98, 131
弧の長さ …………………………… 215	周期関数 …………………………… 221

さ

	10^n ………………………………… 226
	10^{-n} ……………………………… 226
座標 ………………………………… 156	瞬間の速度 ………………………… 305
三角関数 …………………………… 203	象限 ………………………………… 186
三角関数の加法定理 …………… 302	上端 ………………………………… 315
三角定規の三角形 ……………… 203	昇べき ……………………………… 24
三角錐の体積 ……………………… 342	商 …………………………………… 56
三角比 ……………………………… 198	常用対数 …………………………… 249
三角比の拡張 ……………………… 203	剰余の定理 ………………………… 59
三角比の表 ……………… 202, 217	真数 ………………………………… 244
三角方程式 ………………………… 221	数学的帰納法 ……………………… 281
3項の2乗の公式 ………………… 40	数直線の向き ……………………… 122
3次関数 …………………………… 268	数表 ………………………………… 185
3乗の公式 ………………………… 40	数列の極限値 ……………………… 236
3乗の和と差の公式 …………… 40	積分 ………………………………… 309
360°を越える角度 ……………… 221	積分定数 …………………………… 309
三平方の定理 ……………………… 200	

355

積分は微分の逆	337
接線	271
接線の傾き	273
絶対値記号	167
切片	160
漸近線	186
素因数分解	51
増減表	275

た

台形の面積の公式	320
対数	229, 238
対数の性質	245
対数方程式	255
代入法	89
多項式	46, 54
足し算の交換法則	13
たすきがけ型	65
たすきがけ型の公式	35
たて型	22, 32, 141
単位円	209
単項式	45
頂点	170
直線	157
底	244, 260
$\dfrac{dy}{dx}$	280
定積分	310, 325
定積分の定義	315
底の変換公式	246

テイラー展開	353
展開	60
展開公式	35, 40, 62
導関数	274
導関数の定義	295
動径	206
動点	206
同類項	12, 20

な

二項定理	281
2次の連立方程式	111
2次不等式	180
2次方程式	82, 94
2次方程式の解の公式	103
2乗の公式	35
$2^{\sqrt{3}}$	237
2本の直線の交点	115

は

場合分け	126
反比例	185
判別式	134
微分可能	284
微分係数	272
微分する	274
微分・積分	148
微分できない	282
微分方程式	352
微分法の公式	285

比例	159
不定積分	309
不定積分の定義	310
不等号	121
不等式の問題	261
分数関数	185, 295
分数計算	330
分数の掛け算	51
分数の割り算	51
分数方程式	138
分配法則	13, 29
分母の有理化	109
平均の速度	305
平均変化率	272
平行移動	136, 172
平方完成	100, 136, 173
平面上	352
ベクトル	352
変数 z	184
方程式	150
放物線	170

ま

マイナスの角度	211
道のり	350
無理関数	185, 295
無理数 e	303
無理方程式	142
面積	319, 326

ら

ラジアン	216
立体の体積	339
領域	137, 153
累乗	26
累乗根	228
$\sqrt{}$	95
連続	287
連立不等式	124, 137
連立方程式	88

わ

$y = x$ に関して対称	241
和と差の公式	35
和と積の公式	35
割り算	45

著者紹介

南 みや子（みなみ・みやこ）

1948年、神奈川県藤沢市生まれ。
上智大学大学院修士課程修了（専攻は位相幾何学）。
学業修了後は、主として定時制高校に勤務し、さまざまな立場の生徒たちと関わりました。
若い頃には、多くの数学のプロたちと付き合い、その後「数学がわからない」と訴える生徒たちととことん付き合った結果、「数学がわかる」ということがどういうことなのか、身にしみてわかってきました。

【著書】
『やさしいトポロジー』『ポアンカレの贈り物』(講談社ブルーバックス、いずれも共著)、『なぜ？どうして？をとことん考える高校数学』『数学の教科書が言ったこと、言わなかったこと』(ベレ出版)

高校数学の計算問題が、誰でもスラスラ解けるようになる

2015年4月25日　　初版発行

著者	南 みや子
カバー・本文デザイン	村上 沙織（ハッシィ）
図版	有限会社 ハッシィ
DTP	有限会社 ハッシィ

Ⓒ Miyako Minami 2015. Printed in Japan

発行者	内田 真介
発行・発売	有限会社 ベレ出版 〒162-0832　東京都新宿区岩戸町12　レベッカビル TEL.03-5225-4790　FAX.03-5225-4795 ホームページ　http://www.beret.co.jp/ 振替 00180-7-104058
印刷	三松堂株式会社
製本	根本製本株式会社

落丁本・乱丁本は小社編集部あてにお送りください。送料小社負担にてお取り替えします。
本書の無断複写は著作権法上での例外を除き、禁じられています。購入者以外の第三者による本書のいかなる電子複製も一切認められておりません。

ISBN 978-4-86064-434-5 C2041　　　　　　　　　　　編集担当　坂東一郎

好評発売中　ベレ出版の数学の本

「なぜ？どうして？」をとことん考える高校数学

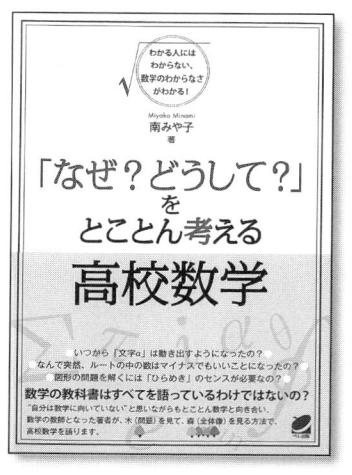

南みや子　著
Ａ５判並製
本体価格 1700 円
ISBN 978-4-86064-356-0

「ところでここに出てくる x って何のこと？」「なんで文字 a が動くの？」「ルートの中にマイナスって一体どういうこと？？」など、高校時代にいわゆる"できる子"たちが特に気にもしないようなところで立ち止まり、転び起きては徹底的に数学と向き合ってきた著者が、中学・高校のどこかの時点でやむをえず数学をあきらめ、大人になってから後悔の念をもち、学びなおせるものなら今からでも学びなおしたいと思っている読者に向けて、問題を一緒に解きながら、高校数学の全体像について語ります。今まで感じることのなかった数学の世界が見えてくるかもしれません。

数学の教科書が言ったこと、言わなかったこと

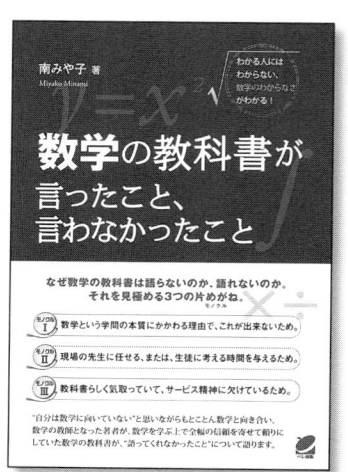

南みや子　著
Ａ５判並製
本体価格 1700 円
ISBN 978-4-86064-390-4

著者は高校生のころ、「数学の教科書には、それまでに習ってきた数学の内容がすべて書かれている」と信じ、わからないのは自分が悪いからだと思いながら徹底的に読み込んでいました。しかしやがて、実は教科書にはそれまでの数学が全て語られているわけではないと気づくことになります。それがなぜかということを考えるにつれ、数学を理解できなかったのは必ずしも自分のせいだけではないと思うようになります。実際に問題も解きながら、数学についてじっくり考える。大人の学びなおしに最適です。